초등
3-1

계산력 한눈에 보기

1권 (1-1)

단원	단계	내용
1. 9까지의 수	1단계	(1) 1부터 5까지의 수 알아보기
		(2) 6부터 9까지의 수, 0 알아보기
		(3) 몇째인지 알아보기
		(4) 수의 순서 알아보기
	2단계	(1) 1 큰 수와 1 작은 수 알아보기
		(2) 두 수의 크기 비교하기
3. 더하기와 빼기	3단계	(1) 1~5까지의 수 모으기와 가르기
		(2) 6~9까지의 수 모으기와 가르기
		(3) 1~9까지의 수 모으기와 가르기
		(4) 0을 더하거나 빼기
	4단계	(1) 덧셈 / (2) 뺄셈
		(3) 세 수로 덧셈식, 뺄셈식 만들기
6. 50까지의 수	5단계	(1) 9 다음 수 알아보기 / (2) 십몇 알아보기
		(3) 11~15 모으기와 가르기 / (4) 16~19 모으기와 가르기
	6단계	(1) 몇십 알아보기 / (2) 몇십몇 알아보기
		(3) 50까지의 수의 순서 / (4) 더 큰수 찾아보기

2권 (1-2)

단원	단계	내용
1. 100까지의 수	1단계	(1) 몇십 알아보기 / (2) 99까지의 수 알아보기
		(3) 수의 순서 알아보기 / (4) 수의 크기 비교하기
		(5) 짝수와 홀수 알아보기
2. 덧셈과 뺄셈(1)	2단계	(1) 받아올림이 없는 (몇십몇)+(몇) 계산하기
		(2) 받아올림이 없는 (몇십)+(몇십) 계산하
		(3) 받아올림이 없는 (몇십몇)+(몇십몇) 계산하기
		(4) 그림을 보고 덧셈하기, 여러 가지 방법으로 덧셈하기
	3단계	(1) 받아내림이 없는 (몇십몇)-(몇) 계산하기
		(2) 받아내림이 없는 (몇십)-(몇십) 계산하기
		(3) 받아내림이 없는 (몇십몇)-(몇십몇) 계산하기
		(4) 그림을 보고 뺄셈하기, 여러 가지 방법으로 뺄셈하기
4. 덧셈과 뺄셈(2)	4단계	(1) 계산 결과가 한 자리 수인 세 수의 덧셈
		(2) 계산 결과가 한 자리 수인 세 수의 뺄셈
	5단계	(1) 10이 되는 더하기 / (2) 10에서 빼기
		(3) 10을 만들어 세 수를 더하기
6. 덧셈과 뺄셈(3)	6단계	(1) 10을 이용하여 모으기와 가르기
		(2) 여러 가지 방법으로 (몇)+(몇)=(십몇) 계산하기
		(3) 여러 가지 방법으로 (십몇)-(몇)=(몇) 계산하기

3권 (2-1)

단원	단계	내용
1. 100까지의 수	1단계	(1) 백, 몇백 알아보기
		(2) 뛰어서 세기, 1000 알아보기
		(3) 두 수의 크기 비교하기
2. 덧셈과 뺄셈(1)	2단계	(1) 일의 자리에서 받아올림이 있는 (두 자리 수)+(한 자리 수)
		(2) 일의 자리에서 받아올림이 있는 (두 자리 수)+(두 자리 수)
		(3) 십의 자리에서 받아올림이 있는 (두 자리 수)+(두 자리 수)
		(4) 일, 십의 자리에서 받아올림이 있는 (두 자리 수)+(두 자리 수)
		(5) 여러 가지 방법으로 덧셈
	3단계	(1) 받아내림이 있는 (두 자리 수)-(한 자리 수)
		(2) 받아내림이 있는 (몇십)-(몇십몇)
		(3) 받아내림이 있는 (두 자리 수)-(두 자리 수)
		(4) 여러 가지 방법으로 뺄셈
4. 덧셈과 뺄셈(2)	4단계	(1) 덧셈을 뺄셈, 뺄셈을 덧셈으로 나타내기
		(2) 덧셈식에서 □의 값
		(3) 뺄셈식에서 □의 값
	5단계	(1) 세 수의 덧셈 / (2) 세 수의 뺄셈
		(3) 세 수의 덧셈과 뺄셈
6. 덧셈과 뺄셈(3)	6단계	(1) 몇의 몇 배 알아보기
		(2) 곱셈식으로 나타내기

4권 (2-2)

단원	단계	내용
1. 네 자리 수	1단계	(1) 100이 10개인 수 알아보기
		(2) 몇천 알아보기
		(3) 네 자리 수 알아보기
		(4) 각 자리의 숫자가 나타내는 값 알아보기
	2단계	(1) 뛰어 세기
		(2) 네 자리 수의 크기 비교하기
2. 곱셈구구	3단계	(1) 2의 단 곱셈구구
		(2) 5의 단 곱셈구구
	4단계	(1) 3, 6의 단 곱셈구구 / (2) 4, 8의 단 곱셈구구
		(3) 7의 단 곱셈구구 / (4) 9의 단 곱셈구구
	5단계	(1) 1의 단 곱셈구구와 0의 곱
		(2) 곱셈표 만들기, 곱셈구구를 이용하여 문제 해결하기
6. 규칙 찾기	6단계	(1) 덧셈표에서 규칙 찾아보기
		(2) 곱셈표에서 규칙 찾아보기
		(3) 무늬에서 규칙 찾아보기
		(4) 쌓은 모양에서 규칙 찾아보기

5권 (3-1)

단원	단계	내용
1. 덧셈과 뺄셈	1단계	(1) 받아올림이 없는 (세 자리수)+(세 자리수)
		(2) 받아올림이 한번 있는 (세 자리수)+(세 자리수)
		(3) 받아올림이 두 번 있는 (세 자리수)+(세 자리수)
		(4) 받아올림이 여러 번 있는 (세 자리수)+(세 자리수)
	2단계	(1) 받아내림이 없는 (세 자리수)-(세 자리수)
		(2) 받아내림이 한번 있는 (세 자리수)-(세 자리수)
		(3) 받아내림이 두번 있는 (세 자리수)-(세 자리수)
2. 평면도형	3단계	(1) 선, 각, 직각 알아보기
		(2) 직각삼각형, 직사각형, 정사각형 알아보기
3. 나눗셈	4단계	(1) 똑같이 나누기
		(2) 곱셈과 나눗셈의 관계
4. 곱셈	5단계	(1) (몇십)×(몇) / (2) 올림이 없는 (몇십 몇)×(몇)
		(3) 올림이 한 번 있는 (두 자리 수)×(한 자리 수)
		(4) 올림이 두 번 있는 (두 자리 수)×(한 자리 수)
5. 길이와 시간	6단계	(1) 길이와 거리 / (2) 시간의 합
		(3) 시간의 차
6. 분수와 소수	7단계	(1) 분수의 크기 비교
		(2) 소수와 분수의 크기 비교

6권 (3-2)

단원	단계	내용
1. 곱셈	1단계	(1) 올림이 없는 (세 자리 수)×(한 자리 수)
		(2) 올림이 있는 (세 자리 수)×(한 자리 수)
	2단계	(1) (몇십)×(몇십) 또는 (몇십몇)×(몇십)
		(2) (몇)×(몇십몇)
		(3) 올림이 있는 (몇십몇)×(몇십몇)
2. 평면도형	3단계	(1) 내림이 없는 (몇십)÷(몇)
		(2) 내림이 있는 (몇십)÷(몇)
		(3) 나머지가 없는 (몇십몇)÷(몇)
		(4) 나머지가 있는 (몇십몇)÷(몇)
	4단계	(1) 나머지가 없는 (세 자리 수)÷(한 자리 수)
		(2) 나머지가 있는 (세 자리 수)÷(한 자리 수)
3. 원	5단계	(1) 원의 중심, 반지름, 지름 알아보기
		(2) 원의 성질 알아보기
4. 분수	6단계	(1) 분수로 나타내고 얼마인지 알아보기
		(2) 대분수와 가분수 알아보기 / (3) 분모가 같은 분수의 크기 비교
5. 들이와 무게	7단계	(1) 들이를 비교하고, 덧셈과 뺄셈을 해보기
		(2) 무게를 비교하고, 덧셈과 뺄셈을 해보기
6. 자료의 정리	8단계	(1) 표 읽고 만들기
		(2) 그림그래프 알아보기

7권 (4-1)

1. 큰 수	1단계	(1) 1만과 다섯 자리 수
		(2) 십만, 백만, 천만 / (3) 억과 조
		(4) 뛰어 세기 / (5) 수의 크기 비교
2. 각도	2단계	(1) 각도의 합과 차
		(2) 삼각형과 사각형 각의 크기의 합
3. 곱셈과 나눗셈	3단계	(1) (몇백)×(몇십) / (2) (몇백 몇십)×(몇십)
		(3) (세 자리 수)×(몇십) / (4) (세 자리 수)×(두 자리 수)
	4단계	(1) (몇백몇십)÷(몇십) / (2) (두 자리 수)÷(두 자리 수)
		(3) (세 자리 수)÷(몇십)
		(4) 몫이 한 자리 수인 (세 자리 수)÷(두 자리 수)
		(5) 몫이 두 자리 수인 (세 자리 수)÷(두 자리 수)
4. 평면도형의 이동	5단계	(1) 평면도형 밀기, 뒤집기, 돌리기
		(2) 평면도형을 뒤집고 돌리기
5. 막대그래프	6단계	(1) 막대그래프 알아보기 / (2) 막대그래프 그리기
6. 규칙 찾기	7단계	(1) 수의 배열에서 규칙 찾기 / (2) 도형의 배열에서 규칙 찾기
		(3) 덧셈, 뺄셈의 계산식에서 규칙 찾기
		(4) 곱셈, 나눗셈의 계산식에서 규칙 찾기

8권 (4-2)

1. 분수의 덧셈과 뺄셈	1단계	(1) 분수의 덧셈과 뺄셈
		(2) (자연수)-(분수)
		(3) 받아내림이 있는 (대분수)-(대분수)
		(4) 분수의 크기 비교
2. 삼각형	2단계	(1) 삼각형을 변의 길이로 분류하기
		(2) 삼각형의 성질
		(3) 삼각형을 변과 각으로 분류하기
3. 소수의 덧셈과 뺄셈	3단계	(1) 소수 두 자리 수 알아보기
		(2) 소수 세 자리 수 알아보기, 소수의 크기 비교
		(3) 소수 사이의 관계를 이용한 소수의 크기 변화
	4단계	(1) 소수 한 자리 수의 덧셈
		(2) 소수 한 자리 수의 뺄셈
		(3) 소수 두 자리 수의 덧셈
		(4) 소수 두 자리 수의 뺄셈
4. 사각형	5단계	(1) 수직과 평행, 평행선 사이의 거리
		(2) 사다리꼴과 평행사변형
		(3) 평행사변형의 성질
		(4) 마름모
		(5) 여러 가지 사각형

9권 (5-1)

1. 자연수의 혼합계산	1단계	(1) 덧셈과 뺄셈이 섞여있는 식 / (2) 곱셈과 나눗셈이 섞여있는 식
		(3) 덧셈, 뺄셈, 곱셈이 섞여있는 식
		(4) 덧셈, 뺄셈, 나눗셈이 섞여있는 식
		(5) 덧셈, 뺄셈, 곱셈, 나눗셈이 섞여있는 식
		(6) 괄호가 있는 식의 계산
2. 약수와 배수	2단계	(1) 약수와 배수 / (2) 약수와 배수의 관계
		(3) 공약수와 최대공약수 / (4) 공배수와 최소공배수
3. 규칙과 대응	3단계	(1) 일상생활에서 규칙이 있는 두 수의 대응관계
		(2) 도형에서 규칙이 있는 두 수의 대응관계
4. 약분과 통분	4단계	(1) 약분 / (2) 통분
		(3) 분수의 크기 비교 / (4) 세 분수의 크기 비교
5. 분수의 덧셈과 뺄셈	5단계	(1) 진분수의 덧셈 / (2) 받아올림이 있는 진분수의 덧셈
		(3) 대분수의 덧셈 / (4) 진분수의 뺄셈
		(5) 대분수의 뺄셈 / (6) 세 분수의 계산
		(7) 분수를 덧셈과 뺄셈하여 크기 비교 / (8) 어떤수 구하기
6. 다각형의 둘레와 넓이	6단계	(1) 직사각형, 정사각형의 둘레
		(2) 직사각형과 정사각형의 넓이
		(3) 직각도형으로 이루어진 여러 도형의 넓이
		(4) 평행사변형의 넓이 / (5) 사다리꼴의 넓이
		(6) 마름모와 다각형의 넓이

10권 (5-2)

1. 수의 범위와 어림하기	1단계	(1) 이상, 이하 / (2) 초과, 미만
		(3) 올림 알아보기 / (4) 버림, 반올림
2. 분수의 곱셈	2단계	(1) (진분수)×(자연수) / (2) (대분수)×(자연수)
		(2) (자연수)×(진분수) / (4) (자연수)×(대분수)
		(5) (단위분수)×(단위분수) / (진분수)×(진분수)
		(6) (대분수)×(대분수) / (7) 세 분수의 곱
3. 합동과 대칭	3단계	(1) 도형의 합동 / (2) 합동인 도형의 성질
		(3) 선대칭도형과 그 성질
		(4) 점대칭도형과 그 성질
4. 소수의 곱셈	4단계	(1) 분수를 소수로 나타내기
		(2) 소수를 분수로 나타내기
		(3) (소수)×(자연수) / (4) (자연수)×(소수)
		(5) 곱의 소수점 위치 / (6) (소수)×(소수)
5. 직육면체	5단계	(1) 직육면체
		(2) 직육면체의 겨냥도와 전개도
6. 평균과 가능성	6단계	(1) 평균알고 구하기 / (2) 여러가지 방법으로 평균구하기
		(3) 평균을 이용하여 문제 해결하기
		(4) 사건이 일어날 가능성

11권 (6-1)

1. 분수의 나눗셈	1단계	(1) (자연수)÷(자연수)
		(2) (진분수)÷(자연수)
		(3) (대분수)÷(자연수)
2. 각기둥과 각뿔	2단계	(1) 각기둥과 각뿔 알아보기 / (2) 각기둥의 전개도 알아보기
3. 소수의 나눗셈	3단계	(1) 몫이 소수 한 자리 수인 (소수)÷(자연수)
		(2) 몫이 소수 두 자리 수인 (소수)÷(자연수)
		(3) 몫이 1보다 작은 (소수)÷(자연수)
		(4) 소수점 아래 0을 내려 계산하는 (소수)÷(자연수)
		(5) 몫의 소수 첫째 자리에 0이 있는 (소수)÷(자연수)
		(6) (자연수)÷(자연수)의 몫을 소수로 나타내기
		(7) 몫을 반올림하여 나타내기
		(8) 어림셈하여 몫의 소수점 위치 찾기
4. 비와 비율	4단계	(1) 두 수 비교하기, 비와 비율 구하기
		(2) 비율을 백분율로, 백분율을 비율로 나타내기
		(3) 사건이 일어날 가능성 알아보기
		(4) 비교하는 양, 기준량 구하기
		(5) 속력 구하기 / (6) 인구밀도와 용액의 진하기
5. 비율그래프	5단계	(1) 띠그래프 / (2) 원그래프
6. 직육면체의 겉넓이와 부피	6단계	(1) 직육면체, 정육면체의 겉넓이
		(2) 직육면체와 정육면체의 부피

12권 (6-2)

1. 분수의 나눗셈	1단계	(1) (자연수)÷(단위분수) / (2) (진분수)÷(단위분수)
		(3) (진분수)÷(진분수) / (4) (자연수)÷(분수)
		(5) (대분수)÷(진분수), (진분수)÷(대분수)
		(6) (대분수)÷(대분수)
2. 소수의 나눗셈	2단계	(1) (소수 한 자리 수)÷(소수 한 자리 수)
		(2) (소수 두 자리 수)÷(소수 두 자리 수)
		(3) (소수 두 자리 수)÷(소수 한 자리 수)
		(4) (자연수)÷(소수 한 자리 수)
		(5) 몫을 자연수 부분까지 구하고 나머지 구하기
		(6) 몫을 반올림하여 나타내기
3. 공간과입체	3단계	(1) 쌓기나무의 수 / (2) 위, 앞, 옆에서 본 모양 그리기
		(3) 전체모양 알아보기 / (4) 여러가지 모양 만들기
4. 비례식과 비례 배분	4단계	(1) 비례식 / (2) 비의 성질
		(3) 간단한 자연수의 비로 나타내기 / (4) 비례식의 성질
		(5) 비례배분 / (6) 비례배분 활용하기
5. 원의 넓이	5단계	(1) 원주율 알아보기 / (2) 지름 구하기 / (3) 원주 구하기
		(4) 원의 넓이 어림하기 / (5) 여러가지 원의 넓이 구하기
6. 원기둥, 원뿔, 구	6단계	(1) 원기둥과 원기둥의 전개도
		(2) 원뿔 / (3) 구

수학을 잘 하려면, 어떻게 공부해야 할까요?

1. 수학은 지겨워하지 않고 흥미를 가지면서 공부해야 합니다.

OECD 국가 중에 우리나라 학생들의 수학 실력은 상위 수준이지만 수학에 대한 흥미도는 하위 수준이라는 조사 결과가 말하듯이 많은 학생들이 학년이 올라가면서 점점 더 수학에 흥미를 잃고 있습니다.

특히나 초등학생들이 직면하는 연산은 기초 원리를 이해하면서 호기심과 흥미를 느껴야 하는 과목임에도 불구하고, 반복적 학습을 통한 훈련만이 정답인 것처럼 생각하는 기성세대들의 고정관념을 강요당하여, 같은 방식의 문제를 더 많이 더 빨리 반복 풀이하는 훈련을 지나칠 정도로 시키게 됩니다. 이런 방식은 아이들 입장에서는 피하고 싶은 고문과도 같아서 수학에 점차 흥미를 잃고 지겨워하게 하는 이유가 됩니다.

수학은 암기과목이 아닙니다. 아이들은 이미 우리 생각보다 많은 수학적 호기심과 이해력을 가지고 있습니다. 이런 아이들에게 공식이나 절차와 함께, 자연스럽게 원리를 이해하게 하고, 흥미를 가지고 접근하도록 유도하는 것이 무엇보다 중요합니다.

2. 집중과 몰입의 공부 방법이 중요합니다.

우리나라 초등 교과서는 선진국 중에서도 상위 수준입니다. 그런데 우리 아이들의 연산 교재는 10년 전이나 지금이나 한결같은 반복 훈련으로 더 빨리 더 많이 푸는 기계식 학습에서 머물러 있는 실정입니다.

매일 규칙적으로 적정 분량을 학습하는 훈련을 통하여 집중력을 키우고, 문제풀이 과정을 통해 자연스럽게 연산 방식이 어떤 원리와 규칙성이 있으며, 실생활에는 어떻게 적용되는지를 알게 하여 아이들의 호기심을 자극하여 학습의 흥미와 함께 몰입도를 높여야 합니다.

3. 원리를 알고 기본기를 튼튼히 해야 합니다.

    수학은 모든 단원들이 별개가 아니고 유기적인 관계로 연결되어있습니다. 그런데 공식과 절차만을 암기하여, 서로 연결된 개념과 원리의 관계 구조를 이해하지 못한다면 더이상 사고를 확장 시키지 못하게 되고 흥미도 잃게 되어 실력도 급격히 저하되게 됩니다.

    연산 법칙은 물론, 개념의 관계 구조를 알게 하여 복잡해 보이는 문제라 할지라도 원리를 이용해 단순하게 구조화시켜서 풀이할 수 있는 능력을 길러줘야 합니다.

4. 문제를 단순화 구조화 할 수 있어야 합니다.

    구조화만 시키면 모든 문제는 쉽고 단순하게 풀립니다.

    문장제도 연산의 응용일 따름입니다. 연산을 배우는 것은 실생활에 적용하기 위함인데, 식으로 된 계산은 잘 풀면서 실생활 관련 문장제만 나오면 겁을 집어먹는 이유는 도구적 이해에 갇혀서 더 이상 사고가 확장 되지 않기 때문입니다. 복잡하고 어려운 문제도 구조화 시켜 놓으면 그냥 계산식일 뿐인데 말이죠. 원리를 알고 구조화 시키는 훈련을 조금만 하면 모든 문제가 간단히 풀립니다.

5. 실수를 줄여나가야 합니다.

    반복적인 문제 풀이만 하다 보면 수학적 개념과 원리를 소홀히 하게 되고 암기식으로 치우쳐, 응용력과 분석 및 적용력이 떨어지게 됩니다. 이런 아이들은 조금만 문제가 달라져도 틀리게 됩니다. 그리고 심지어 같은 유형 마저도 빨리 풀려고 손으로 써가며 푸는 대신 눈으로 읽으며 풀어서 실수할 수 있습니다.

    실수를 줄이기 위해서는 반복적인 연습 보다는 오히려 쉬운 문제라 할지라도 원리와 풀이 과정에 입각해서 직접 손으로 써보면서 정확하게 푸는 습관이 필요합니다.

1. 원리를 쉽게 이해하게 됩니다.

원리를 이해하면 계산 방법을 재구성할 수 있으며, 단순 계산력 훈련을 하더라도 지식의 체계화 과정에서 지적 자극을 통한 사고 과정을 확장할 수 있습니다.

본 책은 풀이 과정을 따라가면서 설명한 내용을 읽고, 제시된 이미지를 통해서 입체적으로 개념을 정리하도록 했습니다.

2. 계산력을 강화합니다.

수학의 기본은 연산이고 연산은 속도와 정확성이 관건입니다. 틀리지 않고 정확하게 푸는데 집중하면서 점차 빨리 푸는 훈련을 해나가는 과정에서 실수하지 않도록 집중해서 훈련을 하다보면 적당한 긴장과 성취감을 느끼게 됨으로써 흥미를 잃지 않고 공부할 수 있습니다.

본 책은 두 가지 이상의 계산 방식으로 유형의 변화를 주어 지루하지 않도록 배려했으며 충분한 문제를 풀면서 계산능력이 체계적으로 올라가도록 구성하였습니다.

3. 사고력을 확장합니다.

그림 언어인 그래픽 구성을 채워나가면서, 단순 계산에서 오는 지루함을 벗어나 새롭게 흥미를 느끼게 되고 계산 방식을 체계화하게 되며, 자연스럽게 지적 자극을 주어 생각의 폭이 확장 되도록 하였습니다.

이 때 대부분의 책에서처럼 기계식으로 빈칸을 채워 넣기만 하면 의미가 없고, 서술형 문제를 단순화 시켜서 계산식을 세우는 과정과 연결하여 학습하는 것이 중요합니다.

4. 구조화하기를 통한 관계적 학습을 돕습니다.

연산은 잘하는데 단순한 문장제만 나와도 손도 못 대는 아이들이 허다합니다.

그러나 연산을 글로 설명한 것이 문장제이며, 실제 생활 관련한 서술형 문제들이 사고력 창의력 관련 문제들인데, 이런 문제들을 아이들은 많이 어려워합니다. 그런데 실상은 어렵고 복잡해 보이는 문제도 구조화해놓고 보면 쉽고 단순하게 풀립니다.

그런데, 대부분의 연산 교재들이 기계적으로 빨리 푸는 훈련에 치중하기 때문에 아이들의 수학적 사고력을 닫히게 하고, 흥미까지 잃게 합니다. 수학은 개념들이 서로 연결되어 있어서 개념 사이의 관계를 구조화시켜 이해하면 흥미를 느낌은 물론, 다음 표에서 보듯 기억률도 현저히 높아집니다.

<관계적 학습과 도구적 학습의 기억률 차이>

구분	직후	하루 후	4주 후
관계적 학습	69%	69%	58%
도구적 학습	32%	23%	8%

본 책은 아래와 같이 구조화하기를 통하여 문제를 단순화 시켜서, 쉽고 재미있게 학습면서 아이들의 사고력과 창의력 확장에 도움을 주도록 구성했습니다.

1. 변화형 구조와 그룹형 구조

사과 3개를 먹고 남은 것이 7개입니다. 처음 몇 개를 가지고 있었나요?

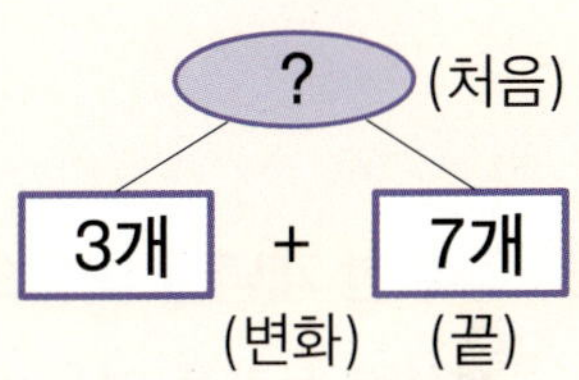

2. 비교형 구조

철이는 구슬을 300개를 가지고 있고 도희는 철이 보다 구슬을 50개를 더 가지고 있습니다.

도희는 몇 개를 가지고 있나요?

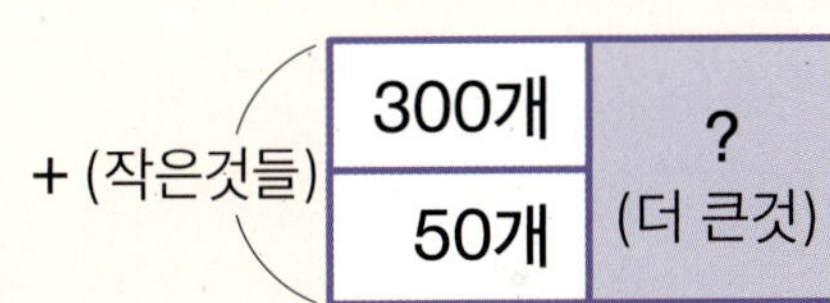

3. 동등한 그룹형 구조

자전거는 걷는 것보다 2배가 빠릅니다. 자전거로 500미터를 가는 동안 걸어서는 얼마를 갈 수 있을까요?

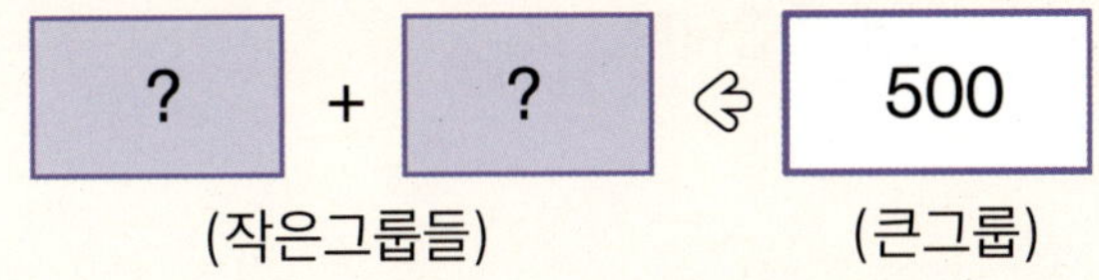

4. 곱셈 비교형 구조

한반에 30명인 여학생 3반과 한반에 25명인 남학생 몇 반이 있습니다. 모두 합한 학생 수가 140명이라면 남학생은 몇 반입니까?

이 책의 구성과 특징

초등연마 계산력의 특장점

1. 계산력을 키우기 위한 알찬 개념

최대한 쉽게 개념을 설명하고, 그림이나 숫자를 이용해 아이들의 이해를 돕습니다.

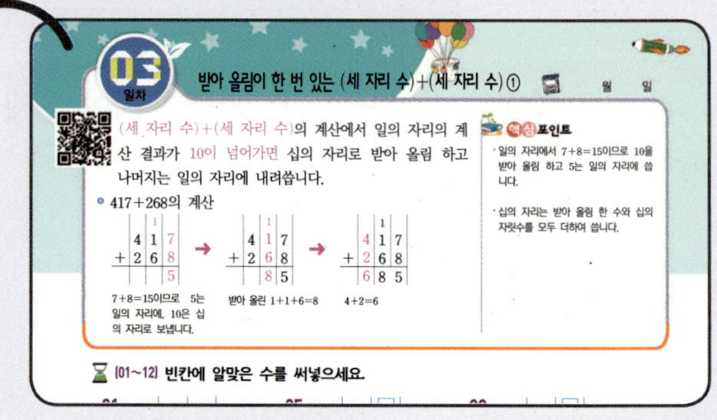

2. 공부한 개념을 바탕으로 문제풀이

계산력 문제를 아무 생각 없이 풀기보단 개념과 연결된 문제를 풀기 때문에 계산 실력을 차곡차곡 쌓을 수 있습니다.

3. 구조화하기

간단한 구조를 계산 문제에 적용하여, 단순 계산 문제 풀이를 학습하는 동안 그 구조를 익혀 서술형에 대비할 수 있게 돕습니다.

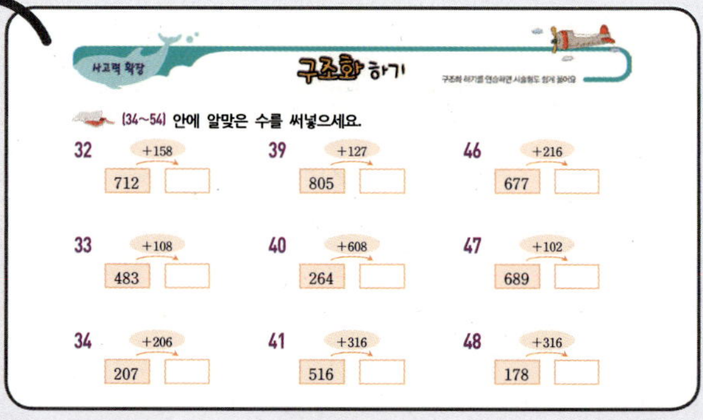

4. 서술형 풀어보기

앞에서 공부한 구조화하기를 서술형에 적용해 봅니다. 식만 주르륵 나와 있을 때는 어렵지 않게 답을 척척 쓰다가, 글자만 많아지면 머리 아파하는 경우가 많은데, 서술형을 구조화시킴으로 단순계산 문제를 풀듯 쉽게 서술형을 해결할 수 있습니다.

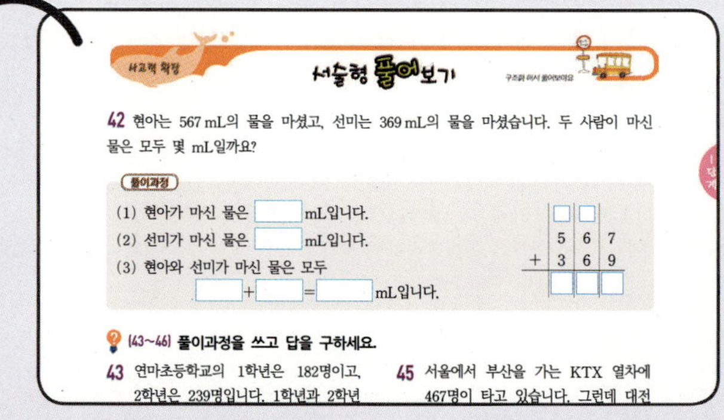

초등연마 계산력의 구조 한눈에 보기

개념 없이 문제 풀다가는 조금만 응용이 들어가도 못 풀어요!

개념과 연관된 문제 풀이를 통해 앞에서 배운 개념을 더 확실히 익혀요!

구조화하기를 통해 서술형까지 정복할 수 있어요!

앞서 배운 구조화하기를 통해 서술형도 단순 계산으로 변신시켜요!

이렇게 활용해 보세요!

1. 동영상을 활용해 보세요.

○ 개념을 스스로 익히지 못하는 아이들을 위한 개념 설명 동영상이 있어요. 개념 창 옆의 큐알코드를 활용하시면 동영상을 보실 수 있습니다.

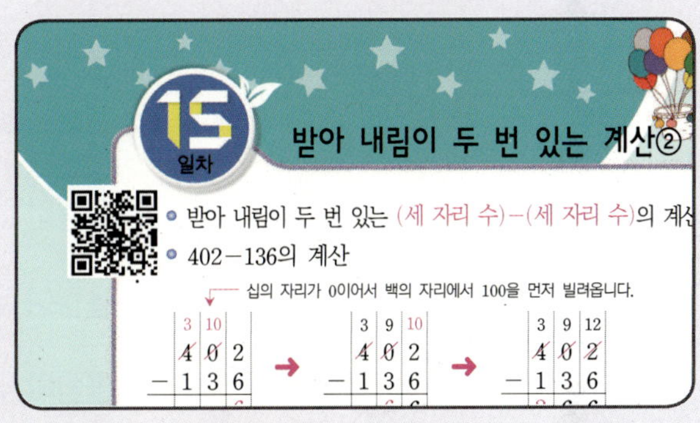

2. 연마 Check 활용

문제풀이를 마친 뒤, 연마 Check에 맞힌 개수와 푼 시간 등을 적어두면 한 눈에 본인 실력을 확인할 수 있어요.

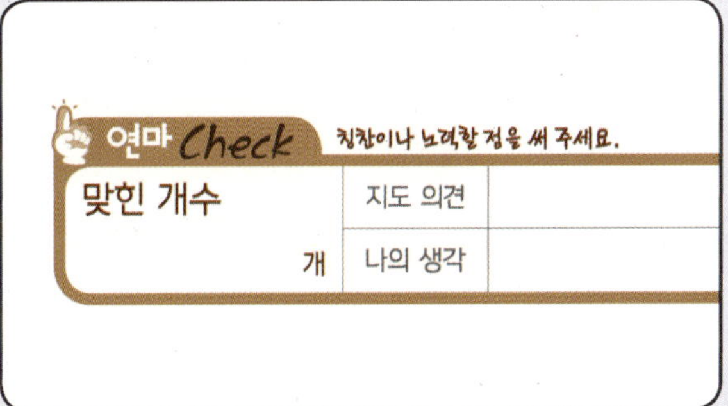

3. 선생님/부모님 가이드 활용

○ 선생님/부모님 가이드를 통해 꼭 알아야 할 내용과, 문제 풀이 시간을 기입해 성적표로 활용하시거나, 표를 통한 분석으로 아이의 공부 방향을 조정할 수 있어요.

○ 답지를 본문 축소하여서 아이가 어느 부분의 어떤 문제를 틀리는지 바로 확인 가능해요. 답과 문제집을 따로 확인하지 않아도 되게 구성했어요. (책속책 가이드북)

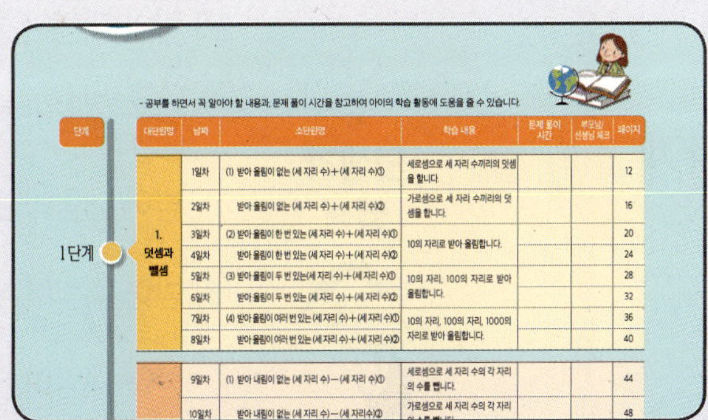

5권

3학년 1학기

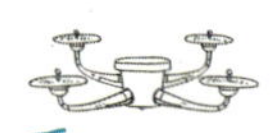
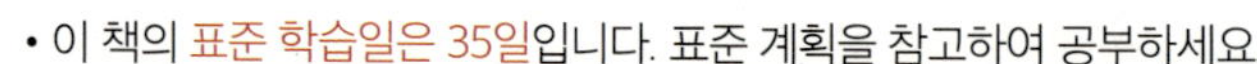
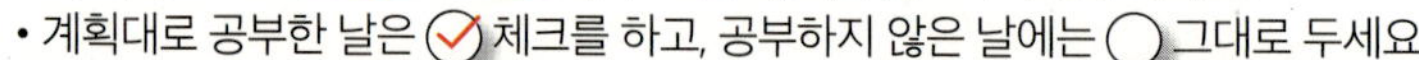

단계	대단원명	소단원명	확인	날짜	쪽수
1단계	1. 덧셈과 뺄셈	(1) 받아 올림이 없는 (세 자리 수)＋(세 자리 수)①	◯	1일차	12쪽
		받아 올림이 없는 (세 자리 수)＋(세 자리 수)②	◯	2일차	16쪽
		(2) 받아 올림이 한번 있는 (세 자리 수)＋(세 자리 수)①	◯	3일차	20쪽
		받아 올림이 한번 있는 (세 자리 수)＋(세 자리 수)②	◯	4일차	24쪽
		(3) 받아 올림이 두 번 있는 (세 자리 수)＋(세 자리 수)①	◯	5일차	28쪽
		받아 올림이 두 번 있는 (세 자리 수)＋(세 자리 수)②	◯	6일차	32쪽
		(4) 받아 올림이 여러 번 있는 (세 자리 수)＋(세 자리 수)①	◯	7일차	36쪽
		받아 올림이 여러 번 있는 (세 자리 수)＋(세 자리 수)②	◯	8일차	40쪽
2단계	1. 덧셈과 뺄셈	(1) 받아 내림이 없는 (세 자리 수)－(세 자리 수)①	◯	9일차	44쪽
		받아 내림이 없는 (세 자리 수)－(세 자리수)②	◯	10일차	48쪽
		(2) 받아 내림이 한 번 있는 (세 자리 수)－(세 자리 수)①	◯	11일차	52쪽
		받아 내림이 한 번 있는 (세 자리 수)－(세 자리 수)②	◯	12일차	56쪽
		받아 내림이 한 번 있는 (세 자리 수)－(세 자리 수)③	◯	13일차	60쪽
		(3) 받아 내림이 두 번 있는 (세 자리 수)－(세 자리 수)①	◯	14일차	64쪽
		받아 내림이 두 번 있는 (세 자리 수)－(세 자리 수)②	◯	15일차	68쪽
		받아 내림이 두 번 있는 (세 자리 수)－(세 자리 수)③	◯	16일차	72쪽

받아 올림이 없는 (세 자리 수)+(세 자리 수) ①

 월 일

받아 올림이 없는 (세 자리 수)+(세 자리 수)의 계산은 일의 자리부터 순서대로 계산합니다.

핵심 포인트

· 세로셈 계산은 각 자리의 숫자를 맞추어 적은 뒤 일의 자리부터 더한 값을 차례대로 적습니다.

● 124+352의 계산

$$\begin{array}{r} 1\ 2\ 4 \\ +\ 3\ 5\ 2 \\ \hline 6 \end{array}$$
일의 자리부터 계산합니다.

→

$$\begin{array}{r} 1\ 2\ 4 \\ +\ 3\ 5\ 2 \\ \hline 7\ 6 \end{array}$$
십의 자리를 계산합니다.

→

$$\begin{array}{r} 1\ 2\ 4 \\ +\ 3\ 5\ 2 \\ \hline 4\ 7\ 6 \end{array}$$
백의 자리를 계산합니다.

(01~12) 빈칸에 알맞은 수를 써넣으세요.

01
$$\begin{array}{r} 2\ 0\ 2 \\ +\ 5\ 8\ 6 \\ \hline 7\ 8\ \square \end{array}$$

02
$$\begin{array}{r} 1\ 0\ 2 \\ +\ 5\ 2\ 5 \\ \hline 6\ \square\ \square \end{array}$$

03
$$\begin{array}{r} 3\ 8\ 2 \\ +\ 2\ 0\ 5 \\ \hline \square\ \square\ \square \end{array}$$

04
$$\begin{array}{r} 5\ 2\ 3 \\ +\ 2\ 6\ 1 \\ \hline \square\ \square\ \square \end{array}$$

05
$$\begin{array}{r} 7\ 5\ 1 \\ +\ 2\ 1\ 7 \\ \hline \square\ \square\ \square \end{array}$$

06
$$\begin{array}{r} 3\ 1\ 1 \\ +\ 4\ 5\ 7 \\ \hline \square\ \square\ \square \end{array}$$

07
$$\begin{array}{r} 2\ 0\ 3 \\ +\ 2\ 9\ 4 \\ \hline \square\ \square\ \square \end{array}$$

08
$$\begin{array}{r} 1\ 0\ 3 \\ +\ 3\ 5\ 4 \\ \hline \square\ \square\ \square \end{array}$$

09
$$\begin{array}{r} 5\ 6\ 3 \\ +\ 3\ 1\ 5 \\ \hline \square\ \square\ \square \end{array}$$

10
$$\begin{array}{r} 4\ 5\ 1 \\ +\ 2\ 1\ 6 \\ \hline \square\ \square\ \square \end{array}$$

11
$$\begin{array}{r} 6\ 1\ 2 \\ +\ 2\ 1\ 7 \\ \hline \square\ \square\ \square \end{array}$$

12
$$\begin{array}{r} 1\ 2\ 2 \\ +\ 5\ 3\ 7 \\ \hline \square\ \square\ \square \end{array}$$

계산력 강화하기

(13~30) 다음을 계산하세요.

13
```
  6 5 4
+ 2 4 2
```

14
```
  1 0 5
+ 5 6 2
```

15
```
  2 1 4
+ 2 5 5
```

16
```
  6 4 1
+ 2 2 8
```

17
```
  3 6 1
+ 4 0 7
```

18
```
  3 8 1
+ 1 1 4
```

19
```
  3 3 3
+ 5 6 2
```

20
```
  3 3 1
+ 6 4 7
```

21
```
  3 4 4
+ 3 1 2
```

22
```
  2 2 4
+ 5 0 1
```

23
```
  1 3 5
+ 3 6 4
```

24
```
  5 2 2
+ 3 2 7
```

25
```
  2 0 5
+ 7 1 1
```

26
```
  4 0 1
+ 5 1 7
```

27
```
  2 0 5
+ 6 4 4
```

28
```
  5 1 3
+ 2 4 2
```

29
```
  1 0 2
+ 4 7 5
```

30
```
  6 3 4
+ 1 6 1
```

구조화 하기를 연습하면 서술형도 쉽게 풀어요

(31~40) 빈칸에 알맞은 수를 써넣으세요.

31
+ ↓

113	705
226	142

36
+ ↓

851	147
124	652

32
+ ↓

233	461
154	315

37
+ ↓

413	284
525	312

33
+ ↓

104	335
743	123

38
+ ↓

711	226
145	312

34
+ ↓

133	624
401	305

39
+ ↓

322	251
435	542

35
+ ↓

672	317
325	471

40
+ ↓

131	258
264	331

서술형 풀어보기

구조화 해서 풀어보아요

41 현석이네 집에서 우체국까지의 거리는 442 m이고, 우체국에서 병원까지의 거리는 356 m 입니다. 현석에네 집에서 우체국을 지나 병원까지 가는 거리는 몇 m일까요?

풀이과정

(1) 현석이네 집에서 우체국까지의 거리는 ☐ m입니다.

(2) 우체국에서 병원까지의 거리는 ☐ m입니다.

(3) 현석에네 집에서 우체국을 지나 병원까지의 거리는
☐ + ☐ = ☐ m입니다.

$$\begin{array}{r} 4\ \ 4\ \ 2 \\ +\ 3\ \ 5\ \ 6 \\ \hline \square\ \square\ \square \end{array}$$

(42~45) 풀이과정을 쓰고 답을 구하세요.

42 박물관의 방문자가 어제는 283명, 오늘은 516명이었습니다. 어제와 오늘 박물관에 방문한 사람은 모두 몇 명일까요?

풀이 ___________________

답 ________ 명

44 사과농장 주인이 오전에 115개의 사과를 땄고, 오후에 773개의 사과를 땄습니다. 사과농장 주인은 오늘 모두 몇 개의 사과를 땄을까요?

풀이 ___________________

답 ________ 개

43 민속촌에 입장한 사람들을 조사해보니 남자가 431명, 여자가 365명이었습니다. 합하면 모두 몇 명일까요?

풀이 ___________________

답 ________ 명

45 상자에 흰 돌 482개, 검은 돌 215개가 있습니다. 상자에 들어있는 돌은 모두 몇 개일까요?

풀이 ___________________

답 ________ 개

연마 Check 칭찬이나 노력할 점을 써 주세요.

맞힌 개수	지도 의견		확인란
개	나의 생각		

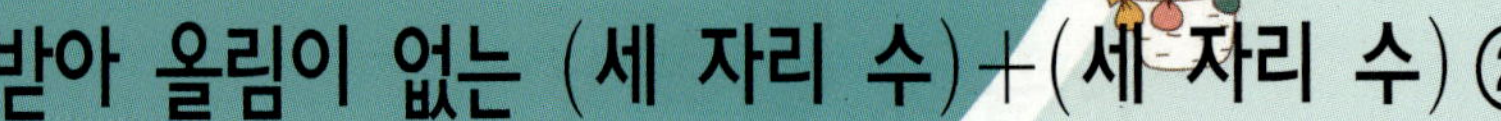

- $312+184=(300+10+2)+(100+80+4)$
  $=(300+100)+(10+80)+(2+4)$
  $=400+90+6=496$

- $115+573=(100+15)+(500+73)$
  $=(15+73)+(100+500)$
  $=88+600=688$

핵심 포인트

· 각 자리에 맞추어 일의 자리부터 십의 자리, 백의 자리 순서대로 적습니다.

(01~10) 빈칸에 알맞은 수를 쓰세요.

01 $392+507=\boxed{\ }\boxed{\ }\boxed{\ }$

02 $682+216=\boxed{\ }\boxed{\ }\boxed{\ }$

03 $274+624=\boxed{\ }\boxed{\ }\boxed{\ }$

04 $171+415=\boxed{\ }\boxed{\ }\boxed{\ }$

05 $506+142=\boxed{\ }\boxed{\ }\boxed{\ }$

06 $131+258=\boxed{\ }\boxed{\ }\boxed{\ }$

07 $313+516=\boxed{\ }\boxed{\ }\boxed{\ }$

08 $203+352=\boxed{\ }\boxed{\ }\boxed{\ }$

09 $402+371=\boxed{\ }\boxed{\ }\boxed{\ }$

10 $333+124=\boxed{\ }\boxed{\ }\boxed{\ }$

단계

(11~28) 다음을 계산하세요.

11 552 + 127

12 254 + 434

13 245 + 751

14 411 + 356

15 735 + 153

16 222 + 356

17 514 + 185

18 251 + 308

19 104 + 871

20 168 + 211

21 352 + 647

22 473 + 213

23 171 + 415

24 422 + 171

25 611 + 356

26 523 + 225

27 502 + 473

28 281 + 405

구조화 하기

구조화 하기를 연습하면 서술형도 쉽게 풀어요

[29~49] 두 수의 덧셈을 빈칸에 쓰세요.

29	433	405

36	192	804

43	643	105

30	121	446

37	342	451

44	271	115

31	622	155

38	362	323

45	115	264

32	241	315

39	191	802

46	501	362

33	373	516

40	772	225

47	131	546

34	831	157

41	652	341

48	423	226

35	862	136

42	461	527

49	325	163

서술형 풀어보기

구조화 해서 풀어보아요

50 경찰서에서 소방서까지 571 m이고, 소방서에서 도서관까지 128 m입니다. 경찰서에서 소방서를 지나 도서관까지의 거리는 몇 m입니까?

풀이과정

(1) 경찰서에서 소방서까지는 ☐ m입니다.

(2) 소방서에서 도서관까지는 ☐ m입니다.

(3) 경찰서에서 소방서를 지나 도서관까지의 거리는
☐ + ☐ = ☐ m입니다.

571	128

💡 **(51~54) 풀이과정을 쓰고 답을 구하세요.**

51 은정이는 어제 줄넘기를 202번, 오늘은 614번 했습니다. 은정이가 어제와 오늘 한 줄넘기 횟수는 모두 몇 번일까요?

풀이 ___________

답 __________ 번

53 126 mL의 물이 들어있는 비커에 332 mL의 물을 더 부었습니다. 비커에 들어있는 물은 몇 mL일까요?

풀이 ___________

답 __________ mL

52 어떤 공연장의 좌석 수는 1층 375석, 2층 303석입니다. 1층과 2층을 합한 좌석 수는 모두 몇 석일까요?

풀이 ___________

답 __________ 석

54 첫 번째 상자에 클립이 441개 있고, 두 번째 상자에 클립이 242개 있습니다. 두 상자의 클립을 합하면 모두 몇 개 일까요?

풀이 ___________

답 __________ 개

연마 Check 칭찬이나 노력할 점을 써 주세요.

맞힌 개수		지도 의견		확인란
	개	나의 생각		

 **일차**

받아 올림이 한 번 있는 (세 자리 수)+(세 자리 수) ①

(세 자리 수)+(세 자리 수)의 계산에서 일의 자리의 계산 결과가 10이 넘어가면 십의 자리로 받아 올림 하고 나머지는 일의 자리에 내려씁니다.

● 417+268의 계산

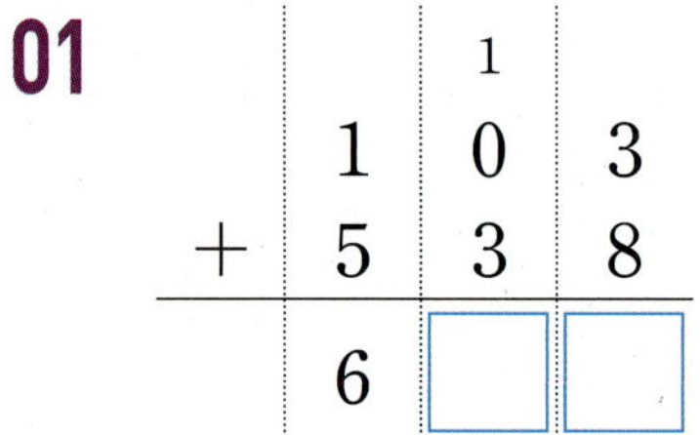

7+8=15이므로 5는 일의 자리에, 10은 십의 자리로 보냅니다.

받아 올린 1+1+6=8

4+2=6

핵심 포인트

· 일의 자리에서 7+8=15이므로 10을 받아 올림 하고 5는 일의 자리에 씁니다.

· 십의 자리는 받아 올림 한 수와 십의 자릿수를 모두 더하여 씁니다.

(01~12) 빈칸에 알맞은 수를 써넣으세요.

01
$$\begin{array}{r} 1\\ 1\ 0\ 3\\ +\ 5\ 3\ 8\\ \hline 6\ \square\ \square \end{array}$$

02
$$\begin{array}{r} \square\\ 1\ 3\ 2\\ +\ 1\ 2\ 8\\ \hline \square\ \square\ \square \end{array}$$

03
$$\begin{array}{r} \square\\ 5\ 5\ 4\\ +\ 3\ 3\ 8\\ \hline \square\ \square\ \square \end{array}$$

04
$$\begin{array}{r} \square\\ 3\ 0\ 4\\ +\ 5\ 2\ 8\\ \hline \square\ \square\ \square \end{array}$$

05
$$\begin{array}{r} \square\\ 6\ 0\ 5\\ +\ 1\ 5\ 8\\ \hline \square\ \square\ \square \end{array}$$

06
$$\begin{array}{r} \square\\ 5\ 7\ 4\\ +\ 2\ 1\ 6\\ \hline \square\ \square\ \square \end{array}$$

07
$$\begin{array}{r} \square\\ 4\ 5\ 6\\ +\ 4\ 2\ 8\\ \hline \square\ \square\ \square \end{array}$$

08
$$\begin{array}{r} \square\\ 4\ 2\ 7\\ +\ 4\ 5\ 7\\ \hline \square\ \square\ \square \end{array}$$

09
$$\begin{array}{r} \square\\ 7\ 6\ 3\\ +\ 2\ 1\ 8\\ \hline \square\ \square\ \square \end{array}$$

10
$$\begin{array}{r} \square\\ 1\ 1\ 9\\ +\ 1\ 4\ 3\\ \hline \square\ \square\ \square \end{array}$$

11
$$\begin{array}{r} \square\\ 6\ 1\ 7\\ +\ 1\ 3\ 6\\ \hline \square\ \square\ \square \end{array}$$

12
$$\begin{array}{r} \square\\ 3\ 5\ 7\\ +\ 1\ 3\ 6\\ \hline \square\ \square\ \square \end{array}$$

계산력 강화하기

(13~30) 다음을 계산하세요.

13	19	25
445 + 327	577 + 118	325 + 558

14	20	26
378 + 418	172 + 719	478 + 418

15	21	27
879 + 111	614 + 248	123 + 369

16	22	28
474 + 216	154 + 227	439 + 159

17	23	29
168 + 515	604 + 277	775 + 116

18	24	30
734 + 147	656 + 318	464 + 328

 구조화 하기

구조화 하기를 연습하면 서술형도 쉽게 풀어요

(31~51) 두 수의 덧셈을 빈칸에 쓰세요.

31
206
587

38
548
117

45
519
376

32
405
258

39
275
315

46
822
169

33
344
436

40
705
226

47
119
119

34
355
618

41
225
347

48
814
138

35
407
449

42
663
128

49
256
335

36
728
134

43
267
617

50
454
116

37
129
324

44
336
147

51
602
159

52 빨간 구슬 248개와 파란 구슬 715개를 섞어서 상자에 담았습니다. 상자에는 구슬이 모두 몇 개 있을까요?

풀이과정

(1) 빨간 구슬이 ☐ 개 있습니다.

(2) 파란 구슬이 ☐ 개 있습니다.

(3) 상자 안에는 모두 ☐ + ☐ = ☐ 개의 구슬이 있습니다.

$$\begin{array}{r} \square \\ 2\ 4\ 8 \\ +\ 7\ 1\ 5 \\ \hline \square\ \square\ \square \end{array}$$

💡 **(53~56) 풀이과정을 쓰고 답을 구하세요.**

53 어제 수영장에 어른이 567명, 어린이가 216명 입장했습니다. 어제 수영장에 입장한 사람은 모두 몇 명일까요?

풀이 _______________________

답 _________ 명

55 103장의 신문을 쌓고, 그 위에 448장의 신문을 더 쌓았습니다. 모두 몇 장의 신문을 쌓았을까요?

풀이 _______________________

답 _________ 장

54 첫 번째 상자에 구슬이 327개 있고, 두 번째 상자에 구슬이 247개 있습니다. 두 상자의 구슬을 합하면 모두 몇 개일까요?

풀이 _______________________

답 _________ 개

56 상인이 고등어 705마리 삼치 126마리를 샀습니다. 모두 몇 마리의 생선을 샀을까요?

풀이 _______________________

답 _________ 마리

👆 **연마 Check**　칭찬이나 노력할 점을 써 주세요.

맞힌 개수	지도 의견	
개	나의 생각	확인란

04 일차

(세 자리 수)+(세 자리 수)의 계산에서 일의 자리의 계산 결과가 10이 넘어가면 십의 자리로 받아 올림 하고 나머지는 일의 자리에 내려씁니다.

- 228+435의 계산
$$=(200+20+8)+(400+30+5)$$
$$=(200+400)+(20+30)+(8+5)$$
$$=600+50+13=663$$

 핵심포인트

- 일의 자리에서 $8+5=13$이므로 10을 받아 올림 합니다.

 **(01~10) 빈칸에 알맞은 수를 써넣으세요.**

01 $104+657=$ ☐☐☐

02 $775+216=$ ☐☐☐

03 $636+148=$ ☐☐☐

04 $209+338=$ ☐☐☐

05 $845+138=$ ☐☐☐

06 $306+449=$ ☐☐☐

07 $276+617=$ ☐☐☐

08 $121+609=$ ☐☐☐

09 $141+629=$ ☐☐☐

10 $144+137=$ ☐☐☐

정확하게 풀어보아요

[11~31] 계산을 하세요.

11 623＋269	**18** 755＋228	**25** 227＋647
12 415＋369	**19** 164＋628	**26** 855＋128
13 667＋116	**20** 255＋536	**27** 507＋206
14 608＋226	**21** 236＋426	**28** 827＋155
15 549＋213	**22** 152＋128	**29** 754＋128
16 555＋216	**23** 746＋117	**30** 363＋609
17 143＋239	**24** 352＋318	**31** 427＋156

구조화 하기를 연습하면 서술형도 쉽게 풀어요

 **(32~52)** 빈칸에 알맞은 수를 써넣으세요.

32 +158
712 □

39 +127
805 □

46 +216
677 □

33 +108
483 □

40 +608
264 □

47 +102
689 □

34 +206
207 □

41 +316
516 □

48 +316
178 □

35 +236
715 □

42 +255
316 □

49 +443
508 □

36 +668
214 □

43 +753
218 □

50 +356
505 □

37 +437
535 □

44 +425
366 □

51 +119
875 □

38 +657
128 □

45 +229
352 □

52 +668
223 □

서술형 풀어보기

53 첫 번째 통에 259마리의 새우가 있고, 두 번째 통에 533마리의 새우가 있습니다. 두 통의 새우를 합하면 모두 몇 마리일까요?

풀이과정

(1) 첫 번째 통에는 새우가 ☐ 마리 있습니다.

(2) 두 번째 통에는 새우가 ☐ 마리 있습니다.

(3) 새우는 모두 ☐ + ☐ = ☐ 마리입니다.

259 →(+533)→ ☐

[54~57] 풀이과정을 쓰고 답을 구하세요.

54 545 m를 걸은 다음 147 m를 더 걸었습니다. 몇 m를 걸었을까요?

풀이 ________________

답 ________ m

56 병아리가 어제는 153마리 태어났고, 오늘은 638마리가 태어났습니다. 어제와 오늘 태어난 병아리는 모두 몇 마리 몇 마리일까요?

풀이 ________________

답 ________ 마리

55 사과를 지난주에 477개 팔았고, 이번 주에 317개 팔았습니다. 지난주와 이번 주 모두 몇 개의 사과를 팔았을까요?

풀이 ________________

답 ________ 개

57 민호네 집에서 학교까지 864 m이고, 지은이네 집에서 학교까지 129 m입니다. 민호가 집에서 학교까지 갔다가, 지은이네 집으로 갔다면 민호가 간 거리는 몇 m일까요?

풀이 ________________

답 ________ m

연마 Check 칭찬이나 노력할 점을 써 주세요.

맞힌 개수		지도 의견		확인란
	개	나의 생각		

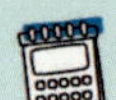

(세 자리 수)+(세 자리 수)의 계산에서 계산 한 결과가 10이 넘어가는 자리마다 다음 자리로 받아 올림을 합니다.

● 375+348의 계산

$$
\begin{array}{r}
{}1{} \\
3\ 7\ 5 \\
+\ 3\ 4\ 8 \\
\hline
3
\end{array}
\rightarrow
\begin{array}{r}
1\ 1 \\
3\ 7\ 5 \\
+\ 3\ 4\ 8 \\
\hline
2\ 3
\end{array}
\rightarrow
\begin{array}{r}
1\ 1 \\
3\ 7\ 5 \\
+\ 3\ 4\ 8 \\
\hline
7\ 2\ 3
\end{array}
$$

5+8=13이므로 3은 일의 자리에, 10은 십의 자리로 보냅니다.

받아 올린 10+70+40= 120, 100을 백의 자리로 올림 합니다.

100+300+300=700

핵심 포인트

· 일의 자리에서 5+8=13이므로 10을 받아 올림 합니다.

· 십의 자리에서 10+70+40=120이므로 100을 받아 올림 합니다.

[01~12] 빈칸에 알맞은 수를 써넣으세요.

01
$$\begin{array}{r} 1\ \ 1 \\ 1\ 3\ 5 \\ +\ 2\ 8\ 9 \\ \hline 4\ \square\ \square \end{array}$$

02
$$\begin{array}{r} \square\ \square \\ 1\ 7\ 4 \\ +\ 1\ 5\ 9 \\ \hline \square\ \square\ \square \end{array}$$

03
$$\begin{array}{r} \square\ \square \\ 3\ 8\ 6 \\ +\ 1\ 8\ 5 \\ \hline \square\ \square\ \square \end{array}$$

04
$$\begin{array}{r} \square\ \square \\ 6\ 5\ 6 \\ +\ 1\ 6\ 9 \\ \hline \square\ \square\ \square \end{array}$$

05
$$\begin{array}{r} \square\ \square \\ 4\ 5\ 8 \\ +\ 2\ 5\ 6 \\ \hline \square\ \square\ \square \end{array}$$

06
$$\begin{array}{r} \square\ \square \\ 5\ 9\ 4 \\ +\ 1\ 2\ 8 \\ \hline \square\ \square\ \square \end{array}$$

07
$$\begin{array}{r} \square\ \square \\ 5\ 2\ 8 \\ +\ 3\ 8\ 3 \\ \hline \square\ \square\ \square \end{array}$$

08
$$\begin{array}{r} \square\ \square \\ 2\ 6\ 7 \\ +\ 2\ 6\ 7 \\ \hline \square\ \square\ \square \end{array}$$

09
$$\begin{array}{r} \square\ \square \\ 2\ 7\ 9 \\ +\ 3\ 4\ 4 \\ \hline \square\ \square\ \square \end{array}$$

10
$$\begin{array}{r} \square\ \square \\ 5\ 9\ 6 \\ +\ 2\ 3\ 6 \\ \hline \square\ \square\ \square \end{array}$$

11
$$\begin{array}{r} \square\ \square \\ 3\ 5\ 7 \\ +\ 1\ 6\ 8 \\ \hline \square\ \square\ \square \end{array}$$

12
$$\begin{array}{r} \square\ \square \\ 2\ 6\ 8 \\ +\ 3\ 3\ 6 \\ \hline \square\ \square\ \square \end{array}$$

(13~30) 다음을 계산하세요.

13 $\begin{array}{r}1\,3\,4\\+\,2\,9\,7\\\hline\end{array}$	**19** $\begin{array}{r}4\,7\,6\\+\,2\,4\,5\\\hline\end{array}$	**25** $\begin{array}{r}1\,5\,9\\+\,1\,6\,5\\\hline\end{array}$
14 $\begin{array}{r}1\,7\,7\\+\,3\,4\,5\\\hline\end{array}$	**20** $\begin{array}{r}5\,4\,5\\+\,1\,6\,8\\\hline\end{array}$	**26** $\begin{array}{r}2\,8\,5\\+\,6\,3\,6\\\hline\end{array}$
15 $\begin{array}{r}5\,6\,5\\+\,2\,4\,5\\\hline\end{array}$	**21** $\begin{array}{r}2\,5\,8\\+\,1\,8\,8\\\hline\end{array}$	**27** $\begin{array}{r}6\,4\,8\\+\,1\,6\,8\\\hline\end{array}$
16 $\begin{array}{r}1\,9\,7\\+\,3\,5\,8\\\hline\end{array}$	**22** $\begin{array}{r}1\,3\,6\\+\,4\,9\,6\\\hline\end{array}$	**28** $\begin{array}{r}7\,5\,7\\+\,1\,8\,3\\\hline\end{array}$
17 $\begin{array}{r}5\,8\,7\\+\,2\,2\,8\\\hline\end{array}$	**23** $\begin{array}{r}1\,5\,6\\+\,3\,4\,8\\\hline\end{array}$	**29** $\begin{array}{r}7\,5\,9\\+\,1\,5\,5\\\hline\end{array}$
18 $\begin{array}{r}1\,9\,6\\+\,3\,2\,6\\\hline\end{array}$	**24** $\begin{array}{r}2\,3\,8\\+\,6\,7\,3\\\hline\end{array}$	**30** $\begin{array}{r}6\,9\,7\\+\,2\,2\,7\\\hline\end{array}$

(31~40) 빈칸에 알맞은 수를 써넣으세요.

31 +

359	372
185	439

36 +

237	195
584	336

32 +

659	125
153	388

37 +

147	475
355	265

33 +

556	354
148	267

38 +

747	178
164	337

34 +

146	577
279	153

39 +

676	265
145	378

35 +

294	199
327	585

40 +

236	695
684	137

서술형 풀어보기

구조화 해서 풀어보아요

41 현아는 567 mL의 물을 마셨고, 선미는 369 mL의 물을 마셨습니다. 두 사람이 마신 물은 모두 몇 mL일까요?

풀이과정

(1) 현아가 마신 물은 ☐ mL입니다.

(2) 선미가 마신 물은 ☐ mL입니다.

(3) 현아와 선미가 마신 물은 모두

☐ + ☐ = ☐ mL입니다.

$$
\begin{array}{ccc}
 & \square & \square \\
5 & 6 & 7 \\
+\quad 3 & 6 & 9 \\
\hline
\square & \square & \square
\end{array}
$$

💡 **(42~45)** 풀이과정을 쓰고 답을 구하세요.

42 연마초등학교의 1학년은 182명이고, 2학년은 239명입니다. 1학년과 2학년을 합하면 모두 몇 명일까요?

풀이 _________________

답 _________ 명

44 서울에서 부산을 가는 KTX 열차에 467명이 타고 있습니다. 그런데 대전역에서 158명이 더 탔다면 모두 몇 명이 KTX 열차 안에 있을까요?

풀이 _________________

답 _________ 명

43 동현이네 학교 학생들의 혈액형을 조사해보니 A형이 178명, O형이 228명이었습니다. A형과 O형인 학생들은 모두 몇 명일까요?

풀이 _________________

답 _________ 명

45 철민이는 256 m를 걸은 후 657 m를 달렸습니다. 철민이가 이동한 거리는 모두 몇 m일까요?

풀이 _________________

답 _________ m

👆 **연마 Check** 칭찬이나 노력할 점을 써 주세요.

맞힌 개수	지도 의견		확인란
개	나의 생각		

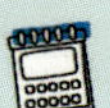

(세 자리 수)+(세 자리 수)의 계산에서 계산 한 결과가 10이나 100이 넘으면 다음 자리로 받아 올림을 합니다.

- 428+495의 계산

$$=(400+20+8)+(400+90+5)$$
$$=(400+400)+(20+90)+(8+5)$$
$$=800+110+13=923$$

핵심 포인트

- (일의 자리)+(일의 자리)가 10이 넘으면 10은 십의 자리로 보냅니다.
  → 일의 자리에서 8+5=13이므로 10을 받아 올림 합니다.

- (십의 자리)+(십의 자리)가 100이 넘으면 100은 백의 자리로 보냅니다.
  → 십의 자리에서 10+20+90=120이므로 100을 받아 올림 합니다.

[01~10] 빈칸에 알맞은 수를 써넣으세요.

01　549+168=

02　537+188=

03　127+696=

04　345+398=

05　479+366=

06　795+157=

07　588+336=

08　569+183=

09　773+159=

10　366+568=

(11~31) 계산을 하세요.

11 428＋186	**18** 487＋237	**25** 375＋228
12 195＋448	**19** 219＋392	**26** 396＋125
13 786＋154	**20** 445＋278	**27** 736＋188
14 367＋169	**21** 237＋168	**28** 713＋187
15 495＋155	**22** 568＋333	**29** 319＋195
16 746＋156	**23** 287＋545	**30** 147＋275
17 253＋568	**24** 379＋145	**31** 546＋368

 구조화 하기

구조화 하기를 연습하면 서술형도 쉽게 풀어요

(32~52) 두 수의 덧셈을 빈칸에 쓰세요.

32

193	217

33

599	213

34

528	188

35

378	537

36

237	589

37

143	577

38

728	185

39

695	149

40

637	275

41

257	356

42

535	168

43

387	255

44

566	138

45

148	378

46

188	333

47

163	369

48

687	163

49

259	362

50

665	145

51

238	388

52

398	326

서술형 풀어보기

구조화 해서 풀어보아요

53 초콜릿이 155개가 있고, 젤리가 275개 있습니다. 초콜릿과 젤리를 합하면 모두 몇 개일까요?

풀이과정

(1) 초콜릿이 ☐ 개 있습니다.

(2) 젤리가 ☐ 개 있습니다.

(3) 초콜릿과 젤리는 모두 ☐ + ☐ = ☐ 개 있습니다.

155	275

(54~57) 풀이과정을 쓰고 답을 구하세요.

54 비커에 물 677 mL에 식초 137 mL을 넣었습니다. 비커에는 몇 mL의 물과 식초가 섞여 있을까요?

풀이 ___________________

답 ___________ mL

56 토끼는 537 m를 이동했고, 강아지는 286 m를 이동했습니다. 토끼와 강아지의 이동 거리를 합하면 모두 몇 m일까요?

풀이 ___________________

답 ___________ m

55 438명의 자원봉사자가 마을을 청소하는데 일손이 부족하여 275명의 자원봉사자가 더 왔습니다. 모두 몇 명의 자원봉사자가 마을청소를 할까요?

풀이 ___________________

답 ___________ 명

57 245개의 사과와 488개의 귤이 있습니다. 사과와 귤을 합하면 모두 몇 개 있을까요?

풀이 ___________________

답 ___________ 개

연마 Check 칭찬이나 노력할 점을 써 주세요.

맞힌 개수	지도 의견		확인란
개	나의 생각		

각 자리 수의 계산 결과가 **10이 넘을 때마다** 다음 자리로 받아 올림을 합니다.

● 765＋846의 계산

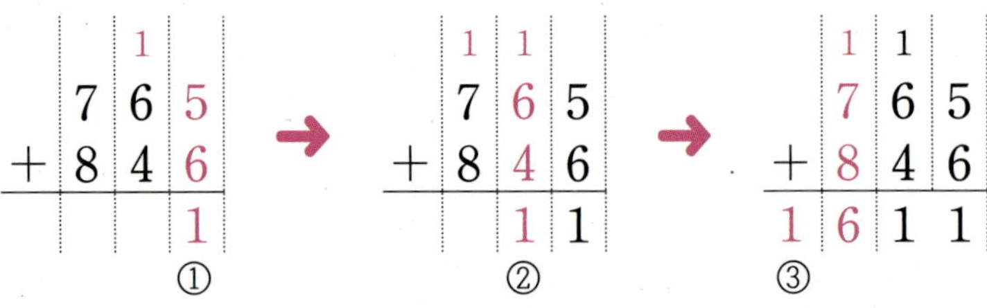

① 5＋6＝11이므로 1은 일의 자리에, 10은 십의 자리로 보냅니다.

② 받아 올린 10＋60＋40＝110, 100을 백의 자리로 올림 합니다.

③ 100＋700＋800 ＝1600

핵심 포인트

- 5＋6＝11이므로 10을 십의 자리로 받아 올림 합니다.

- 십의 자리는 10＋60＋40이므로 110이 되어 100을 백의 자리로 올림 합니다.

- 백의 자리에서 100＋700＋800 ＝1600이므로 1000을 받아 올림 합니다.

⏳ **(01~12) 빈칸에 알맞은 수를 써넣으세요.**

01

$$\begin{array}{r} {}^{1}3\ {}^{1}8\ 8 \\ +\ 8\ 1\ 7 \\ \hline \square\ \square\ 5 \end{array}$$

02

$$\begin{array}{r} \square\ \square\ \\ 2\ 1\ 9 \\ +\ 8\ 8\ 3 \\ \hline \square\ \square\ \square \end{array}$$

03

$$\begin{array}{r} \square\ \square\ \\ 8\ 3\ 4 \\ +\ 6\ 8\ 9 \\ \hline \square\ \square\ \square \end{array}$$

04

$$\begin{array}{r} \square\ \square\ \\ 6\ 3\ 8 \\ +\ 5\ 6\ 4 \\ \hline \square\ \square\ \square \end{array}$$

05

$$\begin{array}{r} \square\ \square\ \\ 9\ 8\ 8 \\ +\ 2\ 3\ 6 \\ \hline \square\ \square\ \square \end{array}$$

06

$$\begin{array}{r} \square\ \square\ \\ 7\ 5\ 8 \\ +\ 3\ 6\ 9 \\ \hline \square\ \square\ \square \end{array}$$

07

$$\begin{array}{r} \square\ \square\ \\ 2\ 3\ 4 \\ +\ 9\ 7\ 7 \\ \hline \square\ \square\ \square \end{array}$$

08

$$\begin{array}{r} \square\ \square\ \\ 2\ 1\ 7 \\ +\ 8\ 9\ 5 \\ \hline \square\ \square\ \square \end{array}$$

09

$$\begin{array}{r} \square\ \square\ \\ 5\ 8\ 5 \\ +\ 8\ 3\ 9 \\ \hline \square\ \square\ \square \end{array}$$

10

$$\begin{array}{r} \square\ \square\ \\ 4\ 2\ 5 \\ +\ 8\ 8\ 6 \\ \hline \square\ \square\ \square \end{array}$$

11

$$\begin{array}{r} \square\ \square\ \\ 9\ 4\ 5 \\ +\ 3\ 6\ 6 \\ \hline \square\ \square\ \square \end{array}$$

12

$$\begin{array}{r} \square\ \square\ \\ 7\ 8\ 8 \\ +\ 3\ 3\ 6 \\ \hline \square\ \square\ \square \end{array}$$

(13~30) 계산을 하세요.

13   3 7 4
    + 6 5 6
	19 9 3 9
	    + 2 6 2
		25 5 7 4
		    + 6 3 8

14   4 4 7
    + 7 8 5
	20 7 3 8
	    + 4 8 2
		26 5 4 6
		    + 6 8 5

15   2 3 5
    + 8 8 6
	21 9 2 4
	    + 1 7 8
		27 7 2 9
		    + 3 9 2

16   3 3 8
    + 8 8 3
	22 4 7 2
	    + 7 3 9
		28 6 3 2
		    + 4 8 8

17   5 5 7
    + 7 5 9
	23 8 9 3
	    + 3 4 7
		29 2 9 3
		    + 7 9 8

18   4 3 6
    + 5 8 6
	24 2 6 9
	    + 8 5 4
		30 5 7 8
		    + 7 4 2

구조화 하기

구조화 하기를 연습하면 서술형도 쉽게 풀어요

(31~51) 두 수의 덧셈을 빈칸에 쓰세요.

31 484 787

32 688 332

33 385 875

34 844 597

35 544 689

36 967 365

37 828 683

38 883 327

39 536 785

40 933 277

41 389 924

42 837 568

43 963 178

44 748 563

45 286 837

46 737 476

47 497 864

48 725 689

49 972 228

50 863 458

51 275 838

서술형 풀어보기

구조화 해서 풀어보아요

52 영화관에서 어느 날 관람객 수를 조사해보니 남자가 678명, 여자가 377명이었습니다. 모두 몇 명이 관람했을까요?

풀이과정

(1) 남자 관람객 수는 ☐ 명입니다.

(2) 여자 관람객 수는 ☐ 명입니다.

(3) 관람객 수는 모두 ☐ + ☐ = ☐ 명입니다.

$$\begin{array}{r} \square\ \square \\ 6\ 7\ 8 \\ +\ 3\ 7\ 7 \\ \hline \square\ \square\ \square\ \square \end{array}$$

[53~56] 풀이과정을 쓰고 답을 구하세요.

53 검은색 바둑돌이 589개, 흰색 바둑돌이 435개 있습니다. 검은색과 흰색 바둑돌은 모두 몇 개일까요?

풀이 ___________

답 ______ 개

55 진영이는 점심에 983 kcal를 먹고 간식으로 387 kcal를 더 먹었습니다. 진영이는 점심과 간식으로 모두 몇 kcal를 먹었을까요?

풀이 ___________

답 ______ kcal

54 올라가는 길이 736 m, 내려가는 길이 494 m인 산을 올라갔다가 내려오면 총 몇 m를 걸어야 할까요?

풀이 ___________

답 ______ m

56 어느 호텔에서 816인분의 식사를 준비했는데 손님이 더 와서 297인분의 식사를 더 만들었습니다. 모두 몇 인분의 식사를 만들었을까요?

풀이 ___________

답 ______ 인분

연마 Check 칭찬이나 노력할 점을 써 주세요.

맞힌 개수	지도 의견	
개	나의 생각	확인란

각 자리 수의 계산 결과가 10, 또는 100이 넘을 때 다음 자리로 올림을 합니다.

- 356＋775의 계산

$$=(300+50+6)+(700+70+5)$$
$$=(300+700)+(50+70)+(6+5)$$
$$=1000+120+11=1131$$

핵심 포인트

- 일의 자리에서 $6+5=11$

- 십의 자리는 $50+70$이므로 120

- 백의 자리에서 $300+700=1000$
  → $1000+120+11=1131$

(01~10) 빈칸에 알맞은 수를 써넣으세요.

01 $216+884=$ ☐☐☐☐

02 $586+437=$ ☐☐☐☐

03 $397+654=$ ☐☐☐☐

04 $897+233=$ ☐☐☐☐

05 $444+679=$ ☐☐☐☐

06 $657+469=$ ☐☐☐☐

07 $573+538=$ ☐☐☐☐

08 $662+458=$ ☐☐☐☐

09 $226+875=$ ☐☐☐☐

10 $368+863=$ ☐☐☐☐

(11~28) 계산을 하세요.

11 793+438

12 576+675

13 686+384

14 749+284

15 695+447

16 948+264

17 383+928

18 295+927

19 457+694

20 376+747

21 769+262

22 289+765

23 878+372

24 977+125

25 798+433

26 884+428

27 597+736

28 475+638

구조화 하기

구조화 하기를 연습하면 서술형도 쉽게 풀어요

[29~49] 빈칸에 알맞은 수를 써넣으세요.

29 +345   668 → ☐

30 +768   249 → ☐

31 +128   993 → ☐

32 +695   527 → ☐

33 +489   852 → ☐

34 +695   395 → ☐

35 +678   562 → ☐

36 +776   337 → ☐

37 +448   783 → ☐

38 +683   437 → ☐

39 +458   792 → ☐

40 +386   647 → ☐

41 +975   959 → ☐

42 +682   739 → ☐

43 +578   524 → ☐

44 +739   384 → ☐

45 +538   696 → ☐

46 +685   347 → ☐

47 +567   595 → ☐

48 +764   358 → ☐

49 +796   475 → ☐

서술형 풀어보기

구조화 해서 풀어보아요

50 민아는 과수원에서 작년에 사과를 694개 땄고, 올해는 작년보다 477개 더 많이 땄습니다. 민아가 과수원에서 올해 딴 사과는 모두 몇 개일까요?

[풀이과정]

(1) 작년에 딴 사과의 수는 ☐ 개입니다.

(2) 올해는 작년보다 ☐ 개를 더 땄습니다.

(3) 올해 딴 사과의 수는 ☐+☐=☐ 개입니다.

```
      □ □
    6 9 4
  + 4 7 7
  ─────────
  □ □ □ □
```

(51~54) 풀이과정을 쓰고 답을 구하세요.

51 민수는 점심 식사 때 278 mL의 물을 마셨고, 오후 체육 시간이 끝나고 855 mL의 물을 더 마셨습니다. 민수가 마신 물의 양은 모두 몇 mL일까요?

풀이

답 ____________ mL

52 719개의 종이학과 385개의 종이별을 접어 유리병 속에 넣었습니다. 유리병 속에는 모두 몇 개의 종이학과 종이별이 있을까요?

풀이

답 ____________ 개

53 만두 가게에서 어제는 877개의 만두를, 오늘은 356개의 만두를 팔았습니다. 어제와 오늘 판 만두는 모두 몇 개일까요?

풀이

답 ____________ 개

54 검은 바둑돌이 493개, 흰 바둑돌이 558개가 섞여 있는 상자가 있습니다. 상자 안에는 모두 몇 개의 바둑돌이 있을까요?

풀이

답 ____________ 개

연마 Check

칭찬이나 노력할 점을 써 주세요.

맞힌 개수		지도 의견		확인란
	개	나의 생각		

받아 내림이 없는 (세 자리 수)−(세 자리 수) ①

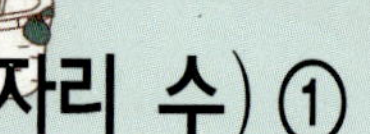 

월 일

(세 자리 수)−(세 자리 수)를 세로셈으로 계산할 때에는 일의 자리, 십의 자리, 백의 자리 순서로 계산을 합니다.

핵심 포인트

· 세로셈을 계산할 때에는 각 자리의 숫자를 맞추어 적습니다.

● 645−432의 계산

 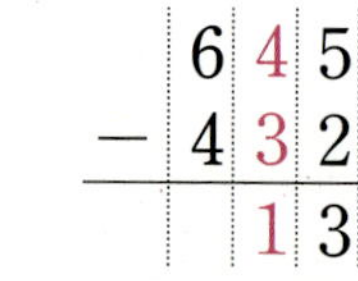 

```
  6 4 5          6 4 5          6 4 5
-   4 3 2    →   - 4 3 2    →   - 4 3 2
        3          1 3        2 1 3
```

일의 자리부터 계산합니다.　　십의 자리를 계산합니다.　　백의 자리를 계산합니다.

⏳ **(01~12) 빈칸에 알맞은 수를 써넣으세요.**

01
```
    4 0 6
  - 1 0 1
    3 0 □
```

02
```
    6 9 3
  - 2 8 1
    □ □ □
```

03
```
    5 9 2
  - 4 4 1
    □ □ □
```

04
```
    5 6 4
  - 3 2 3
    □ □ □
```

05
```
    7 1 4
  - 5 1 2
    □ □ □
```

06
```
    4 1 9
  - 2 1 3
    □ □ □
```

07
```
    8 9 4
  - 7 5 2
    □ □ □
```

08
```
    9 6 4
  - 5 0 3
    □ □ □
```

09
```
    3 6 5
  - 1 2 2
    □ □ □
```

10
```
    6 1 9
  - 5 0 5
    □ □ □
```

11
```
    9 5 6
  - 8 1 3
    □ □ □
```

12
```
    5 5 3
  - 1 2 2
    □ □ □
```

 계산력 강화하기

(13~30) 계산을 하세요.

13
```
  4 6 5
- 2 3 1
```

14
```
  5 3 4
- 3 1 2
```

15
```
  4 3 8
- 2 1 5
```

16
```
  6 9 8
- 2 7 7
```

17
```
  8 8 9
- 6 2 8
```

18
```
  2 6 2
- 1 5 1
```

19
```
  7 3 3
- 3 2 2
```

20
```
  5 0 6
- 3 0 2
```

21
```
  5 2 6
- 2 1 5
```

22
```
  8 6 6
- 5 1 4
```

23
```
  6 2 7
- 1 1 6
```

24
```
  8 4 7
- 2 3 5
```

25
```
  9 2 8
- 5 1 3
```

26
```
  6 3 5
- 2 2 2
```

27
```
  7 2 2
- 5 0 1
```

28
```
  4 6 3
- 3 1 1
```

29
```
  8 3 3
- 4 1 1
```

30
```
  7 5 6
- 4 1 4
```

구조화 하기를 연습하면 서술형도 쉽게 풀어요

(31~40) 빈칸에 알맞은 수를 써넣으세요.

31

318	215
216	114

36

538	435
316	204

32

646	334
435	212

37

776	523
464	222

33

446	235
325	114

38

937	732
635	412

34

655	442
344	231

39

589	856
378	145

35

853	513
742	401

40

657	324
445	221

서술형 풀어보기

구조화 해서 풀어보아요

41 학생들이 학교 주변에서 496개의 음료수 캔과 355개의 병을 주웠습니다. 학생들은 음료수 캔을 병보다 몇 개 더 주웠을까요?

풀이과정

(1) 학생들은 ☐ 개의 음료수 캔을 주웠습니다.

(2) 학생들은 ☐ 개의 병을 주웠습니다.

(3) 음료수 캔과 병의 차이를 계산하면

☐ − ☐ = ☐ 개를 더 주웠습니다.

$$\begin{array}{r} 4\ 9\ 6 \\ -\ 3\ 5\ 5 \\ \hline \end{array}$$

(42~45) 풀이과정을 쓰고 답을 구하세요.

42 철물점에 못이 517개, 망치가 206개 있습니다. 못이 망치보다 몇 개 더 많을까요?

풀이 ________________

답 ________ 개

44 빵집에서 소보루빵을 246개, 팥빵을 123개 팔았다면 팥빵보다 소보루빵을 몇 개 더 팔았을까요?

풀이 ________________

답 ________ 개

43 다승이네 학교 학생 가운데 953명은 휴대전화를 가지고 있고, 522명은 휴대전화가 없습니다. 휴대전화를 가진 학생 수는 휴대전화가 없는 학생 수보다 몇 명 더 많을까요?

풀이 ________________

답 ________ 명

45 만두 가게에서 고기만두 664개, 김치만두 421개를 팔았다면 고기만두는 김치만두 보다 몇 개 더 팔았을까요?

풀이 ________________

답 ________ 개

연마 Check

칭찬이나 노력할 점을 써 주세요.

맞힌 개수		지도 의견		확인란
	개	나의 생각		

받아 내림이 없는 (세 자리 수)−(세 자리 수) ②

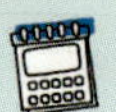  

(세 자리 수)−(세 자리 수)를 가로셈으로 계산할 때 각 자리의 수를 각각 뺍니다.

● 549−335의 계산
$$=(500+40+9)-(300+30+5)$$
$$=(500-300)+(40-30)+(9-5)$$
$$=200+10+4=214$$

핵심포인트

· 백의 자리, 십의 자리, 일의 자리의 각자리 수끼리 뺄셈을 한 뒤, 계산 결과를 더합니다.

(01~10) 빈칸에 알맞은 수를 써넣으세요.

01 $445-231=\square\square\square$

02 $237-123=\square\square\square$

03 $625-413=\square\square\square$

04 $416-205=\square\square\square$

05 $228-115=\square\square\square$

06 $786-343=\square\square\square$

07 $768-531=\square\square\square$

08 $969-217=\square\square\square$

09 $387-254=\square\square\square$

10 $647-225=\square\square\square$

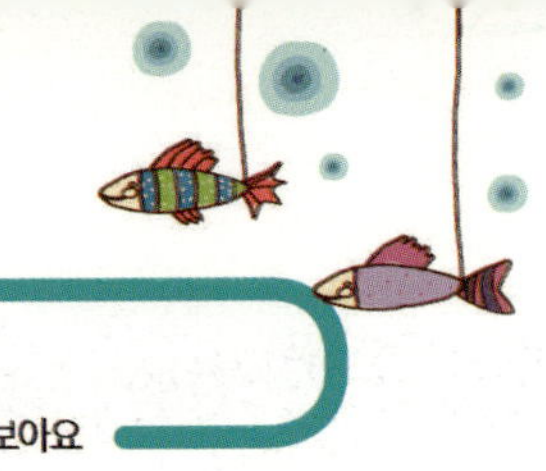

정확하게 풀어보아요

(11~28) 계산을 하세요.

11 467 − 136

12 595 − 271

13 764 − 143

14 657 − 215

15 944 − 513

16 358 − 236

17 659 − 326

18 248 − 137

19 379 − 137

20 896 − 382

21 817 − 602

22 867 − 363

23 969 − 613

24 819 − 114

25 946 − 134

26 486 − 204

27 256 − 112

28 935 − 621

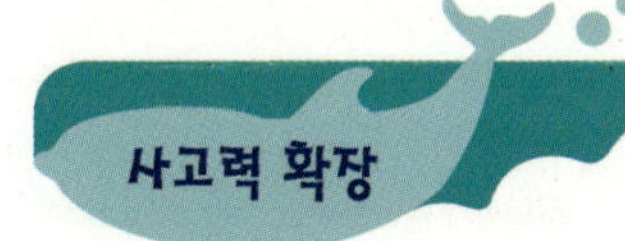

구조화 하기

구조화 하기를 연습하면 서술형도 쉽게 풀어요

(29~49) 큰 수에서 작은 수를 빼세요.

29	328	213

36	668	514

43	287	143

30	743	431

37	491	350

44	868	154

31	542	231

38	686	183

45	289	158

32	724	213

39	694	381

46	848	526

33	739	604

40	926	214

47	973	521

34	576	152

41	388	125

48	551	210

35	752	531

42	263	131

49	362	151

50 서울에서 부산을 가는 기차에 687명이 타고 있었는데, 천안역에서 435명이 내렸습니다. 기차 안에는 모두 몇 명이 남아있을까요?

풀이과정

(1) 기차에 [ ] 명이 타고 있었습니다.

(2) 천안역에서 [ ] 명이 내렸습니다.

(3) 기차 안에는 [ ] − [ ] = [ ] 명의 사람이 남았습니다.

687	435

(51~54) 풀이과정을 쓰고 답을 구하세요.

51 927 mL의 우유를 425 mL 마셨다면 우유는 얼마큼 남았을까요?

풀이 _______________

답 _______ mL

52 현석이네 집에서 학교까지 497 m이고, 현석에네 집에서 우체국까지는 373 m입니다. 현석에네 집에서 학교는 우체국보다 얼마나 더 멀까요?

풀이 _______________

답 _______ m

53 834개의 대추 가운데 523개의 대추를 팔았습니다. 팔고 남은 대추는 몇 개일까요?

풀이 _______________

답 _______ 개

54 쿠키가 288개 있었는데 152개를 먹었습니다. 남아있는 쿠키는 몇 개일까요?

풀이 _______________

답 _______ 개

연마 Check   칭찬이나 노력할 점을 써 주세요.

맞힌 개수	지도 의견		확인란
개	나의 생각		

받아 내림이 한 번 있는 (세 자리 수)−(세 자리 수) ①

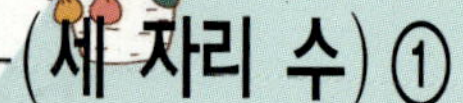  월 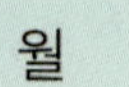 일

- 받아 내림이 한 번 있는 (세 자리 수)−(세 자리 수)의 계산
→ 십의 자리에서 일의 자리에 10을 빌려줍니다.

- 581−365의 계산

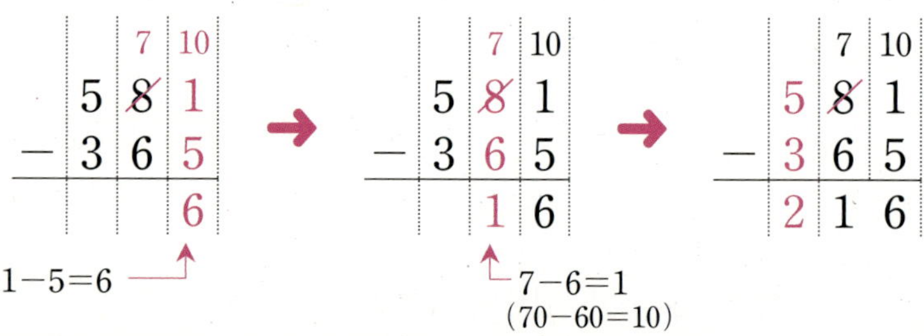

$11-5=6$

$7-6=1$
$(70-60=10)$

 **핵심 포인트**

· 일의 자리에서 1−5를 계산할 수 없을 때는 10의 자리에서 10을 내려서 계산합니다. 그러면 10+1−5가 되므로 11−5=6, 그래서 일의 자리는 6이 됩니다.

(01~12) 빈칸에 알맞은 수를 써넣으세요.

01
```
      4  10
   2  5   2
 - 1  2   8
   1  □   □
```

02
```
      □   □
   6  9   5
 - 4  3   7
   □  □   □
```

03
```
      □   □
   7  3   6
 - 5  1   8
   □  □   □
```

04
```
      □   □
   4  9   6
 - 2  4   8
   □  □   □
```

05
```
      □   □
   4  5   3
 - 2  3   5
   □  □   □
```

06
```
      □   □
   7  2   1
 - 2  1   3
   □  □   □
```

07
```
      □   □
   4  4   7
 - 3  2   8
   □  □   □
```

08
```
      □   □
   9  7   5
 - 3  2   8
   □  □   □
```

09
```
      □   □
   6  8   1
 - 3  3   8
   □  □   □
```

10
```
      □   □
   9  8   1
 - 5  1   2
   □  □   □
```

11
```
      □   □
   5  8   1
 - 2  3   7
   □  □   □
```

12
```
      □   □
   8  9   8
 - 7  6   9
   □  □   □
```

(13~30) 계산을 하세요.

13
```
  2 6 1
- 1 3 6
```

14
```
  4 3 5
- 3 2 6
```

15
```
  4 8 5
- 3 1 6
```

16
```
  3 9 6
- 2 8 9
```

17
```
  8 9 2
- 6 8 3
```

18
```
  2 9 8
- 1 7 9
```

19
```
  8 9 7
- 6 8 8
```

20
```
  3 9 4
- 2 8 7
```

21
```
  5 9 7
- 1 2 8
```

22
```
  7 3 1
- 4 1 5
```

23
```
  2 9 6
- 1 8 8
```

24
```
  8 1 6
- 2 0 7
```

25
```
  7 6 1
- 4 1 6
```

26
```
  6 7 1
- 2 3 2
```

27
```
  6 3 3
- 1 1 6
```

28
```
  9 9 3
- 1 7 4
```

29
```
  5 6 6
- 4 1 7
```

30
```
  4 6 6
- 2 3 8
```

 구조화 하기

구조화 하기를 연습하면 서술형도 쉽게 풀어요

 **(31~51) 큰 수에서 작은 수를 빼세요.**

31 595 258

32 491 224

33 341 216

34 966 719

35 633 528

36 841 325

37 523 114

38 986 448

39 891 735

40 793 128

41 347 128

42 941 606

43 484 247

44 792 185

45 762 335

46 645 128

47 863 539

48 868 609

49 542 305

50 931 524

51 274 137

서술형 풀어보기

구조화 해서 풀어보아요

52 빵집에서 크림빵 846개 가운데 218개를 팔았습니다. 팔고 남은 크림빵은 몇 개일까요?

풀이과정

(1) ☐ 개의 크림빵이 있습니다.

(2) ☐ 개의 크림빵을 팔았습니다.

(3) ☐ − ☐ = ☐ 개의 크림빵이 남았습니다.

$$
\begin{array}{r}
\ \square\ \square \\
8\ 4\ 6 \\
-\ 2\ 1\ 8 \\
\hline
\square\ \square\ \square
\end{array}
$$

(53~56) 풀이과정을 쓰고 답을 구하세요.

53 916개의 사탕 가운데 507개를 먹었다면 몇 개의 사탕이 남았을까요?

풀이 ______________________

답 ________ 개

55 진영이는 366 cm의 끈에서 138 cm를 자른 나머지를 사용했습니다. 진영이가 사용한 끈은 몇 cm 일까요?

풀이 ______________________

답 ________ cm

54 승준이네 학교 613명의 학생 중 305명이 남학생입니다. 여학생은 몇 명일까요?

풀이 ______________________

답 ________ 명

56 495대의 자동차 가운데 378대를 팔았습니다. 팔고 남은 자동차는 몇 대일까요?

풀이 ______________________

답 ________ 대

연마 Check 칭찬이나 노력할 점을 써 주세요.

맞힌 개수	지도 의견		확인란
개	나의 생각		

받아 내림이 한 번 있는 (세 자리 수) − (세 자리 수) ②

- 받아 내림이 한 번 있는 (세 자리 수) − (세 자리 수)의 계산
- 825 − 716의 계산: 가로셈을 세로셈으로 고쳐 풀면 더 편리합니다.

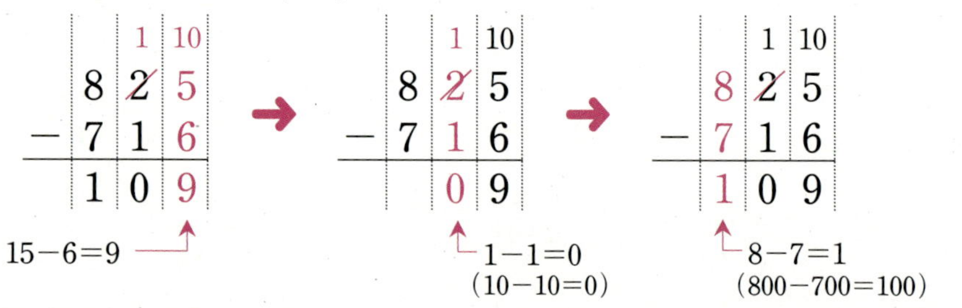

$15 - 6 = 9$

$1 - 1 = 0$ $(10 - 10 = 0)$

$8 - 7 = 1$ $(800 - 700 = 100)$

핵심포인트

- 일의 자리에서 $5 - 6$을 계산할 수 없을 때는 10의 자리에서 10을 내려서 계산합니다.

- $825 - 716$

$$= (800 - 700) + (10 - 10) + (15 - 6)$$
$$= 100 + 0 + 9 = 109$$

[01~10] 빈칸에 알맞은 수를 써넣으세요.

01 $796 - 259 = \square\square\square$

02 $657 - 329 = \square\square\square$

03 $997 - 888 = \square\square\square$

04 $996 - 337 = \square\square\square$

05 $791 - 633 = \square\square\square$

06 $596 - 489 = \square\square\square$

07 $436 - 219 = \square\square\square$

08 $395 - 176 = \square\square\square$

09 $777 - 659 = \square\square\square$

10 $922 - 715 = \square\square\square$

계산력 강화하기

(11~31) 계산을 하세요.

11 794−125

12 594−135

13 895−476

14 986−259

15 285−157

16 872−423

17 732−324

18 254−136

19 991−225

20 678−359

21 455−328

22 865−737

23 482−308

24 542−218

25 823−119

26 387−249

27 781−524

28 566−128

29 915−608

30 685−437

31 961−432

구조화 하기

구조화 하기를 연습하면 서술형도 쉽게 풀어요

(32~49) 빈칸에 두 수의 차를 써넣으세요.

32 
341　124

38 
982　313

44 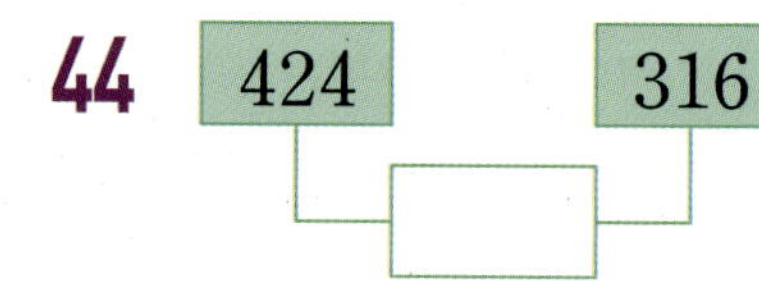
424　316

33
896　357

39
273　155

45
787　148

34 
694　555

40 
867　458

46 
532　216

35
974　548

41
486　319

47
786　217

36 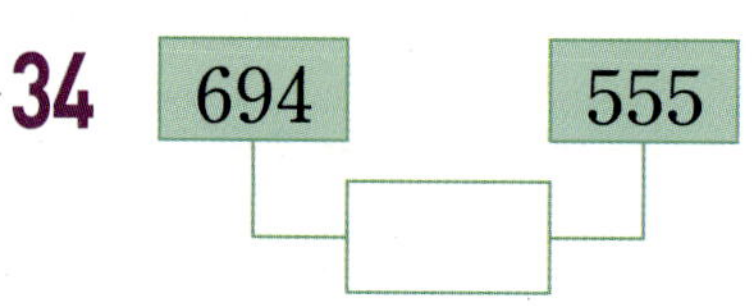
691　372

42 
845　136

48 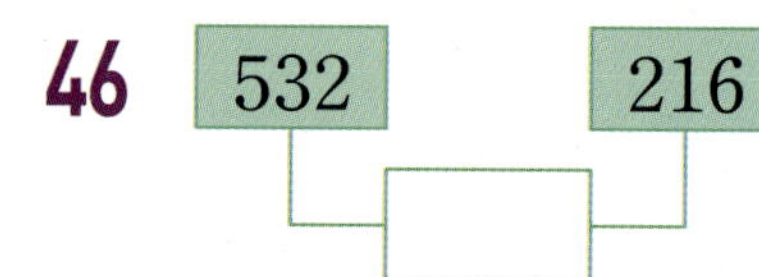
686　338

37
475　246

43
971　238

49 
884　267

서술형 풀어보기

구조화 해서 풀어보아요

50 711 mL의 물 가운데 503 mL를 쏟았습니다. 남아있는 물은 몇 mL일까요?

풀이과정

(1) 처음에 있던 물은 [ ] mL입니다.

(2) 쏟은 물은 [ ] mL입니다.

(3) 남아있는 물은 [ ] − [ ] = [ ] mL입니다.

$$\begin{array}{r} \square\ \square \\ 7\ 1\ 1 \\ -\ 5\ 0\ 3 \\ \hline \square\ \square\ \square \end{array}$$

💡 **(51~54) 풀이과정을 쓰고 답을 구하세요.**

51 895마리의 연어 가운데 187마리를 팔았습니다. 팔고 남은 연어는 몇 마리일까요?

풀이 ________________________

답 ________ 마리

52 전체가 491쪽인 책을 372쪽 읽었습니다. 책을 다 읽으려면 몇 쪽을 더 읽어야 할까요?

풀이 ________________________

답 ________ 쪽

53 선생님이 951개의 젤리 가운데 137개의 젤리를 친구들에게 나눠주셨습니다. 나눠주고 남은 젤리는 몇 개일까요?

풀이 ________________________

답 ________ 개

54 693개의 못 중에서 275개를 사용했습니다. 남아있는 못은 몇 개일까요?

풀이 ________________________

답 ________ 개

👆 **연마 Check** 칭찬이나 노력할 점을 써 주세요.

맞힌 개수	지도 의견		확인란
개	나의 생각		

- 받아 내림이 한 번 있는 (세 자리 수)−(세 자리 수)의 계산

- 375−137의 계산

$$
\begin{array}{ccc}
& {}^{6}\!7\ {}^{10}5 \\
3\ \ 7\ \ 5 \\
-\ 1\ \ 3\ \ 7 \\
\hline
8
\end{array}
\quad\rightarrow\quad
\begin{array}{ccc}
3\ \ 7\ \ 5 \\
-\ 1\ \ 3\ \ 7 \\
\hline
3\ \ 8
\end{array}
\quad\rightarrow\quad
\begin{array}{ccc}
3\ \ 7\ \ 5 \\
-\ 1\ \ 3\ \ 7 \\
\hline
2\ \ 3\ \ 8
\end{array}
$$

핵심 포인트

- 5−7을 할 수 없으므로 십의 자리에서 10을 내려 15−7을 합니다.

- 70은 10을 일의 자리에 빌려줬기 때문에 60이 됩니다.

(01~12) 빈칸에 알맞은 수를 써넣으세요.

01
$$
\begin{array}{ccc}
& 7 & 10 \\
4 & 8 & 8 \\
-\ 1 & 6 & 9 \\
\hline
3 & \square & \square
\end{array}
$$

02
$$
\begin{array}{ccc}
7 & 2 & 1 \\
-\ 6 & 0 & 4 \\
\hline
\square & \square & \square
\end{array}
$$

03
$$
\begin{array}{ccc}
4 & 9 & 3 \\
-\ 1 & 3 & 7 \\
\hline
\square & \square & \square
\end{array}
$$

04
$$
\begin{array}{ccc}
9 & 9 & 4 \\
-\ 3 & 6 & 5 \\
\hline
\square & \square & \square
\end{array}
$$

05
$$
\begin{array}{ccc}
2 & 9 & 5 \\
-\ 1 & 5 & 7 \\
\hline
\square & \square & \square
\end{array}
$$

06
$$
\begin{array}{ccc}
9 & 8 & 6 \\
-\ 6 & 3 & 7 \\
\hline
\square & \square & \square
\end{array}
$$

07
$$
\begin{array}{ccc}
6 & 8 & 5 \\
-\ 1 & 2 & 9 \\
\hline
\square & \square & \square
\end{array}
$$

08
$$
\begin{array}{ccc}
9 & 8 & 4 \\
-\ 3 & 0 & 8 \\
\hline
\square & \square & \square
\end{array}
$$

09
$$
\begin{array}{ccc}
5 & 8 & 6 \\
-\ 3 & 4 & 7 \\
\hline
\square & \square & \square
\end{array}
$$

10
$$
\begin{array}{ccc}
4 & 8 & 3 \\
-\ 1 & 1 & 5 \\
\hline
\square & \square & \square
\end{array}
$$

11
$$
\begin{array}{ccc}
6 & 5 & 7 \\
-\ 1 & 1 & 8 \\
\hline
\square & \square & \square
\end{array}
$$

12
$$
\begin{array}{ccc}
7 & 5 & 2 \\
-\ 2 & 3 & 8 \\
\hline
\square & \square & \square
\end{array}
$$

📟 (13~33) 계산을 하세요.

13 273−148

14 687−218

15 492−363

16 586−169

17 775−527

18 551−424

19 695−558

20 541−137

21 487−328

22 995−547

23 231−127

24 453−117

25 693−554

26 337−118

27 987−478

28 985−329

29 688−159

30 983−747

31 893−375

32 788−559

33 967−348

구조화 하기를 연습하면 서술형도 쉽게 풀어요

(34~54) 두 수의 뺄셈을 빈칸에 쓰세요.

34	952 / 516	41	532 / 425	48	992 / 363
35	722 / 316	42	386 / 158	49	446 / 127
36	881 / 354	43	494 / 245	50	645 / 336
37	972 / 436	44	523 / 405	51	247 / 138
38	692 / 474	45	294 / 135	52	541 / 225
39	897 / 548	46	496 / 157	53	468 / 239
40	984 / 167	47	356 / 227	54	284 / 157

55 674 cm의 끈이 있는데 이 가운데 447 cm를 포장하는 데 사용하였습니다. 남은 끈은 몇 cm일까요?

풀이과정

(1) 처음 끈의 길이는 ☐☐☐ cm입니다.

(2) 사용한 끈은 ☐☐☐ cm 입니다.

(3) 남아있는 끈은 ☐☐☐ − ☐☐☐ = ☐☐☐ cm입니다.

$$\begin{array}{r} 6\ 7\ 4 \\ -\ 4\ 4\ 7 \\ \hline \end{array}$$

(56~59) 풀이과정을 쓰고 답을 구하세요.

56 선생님이 346개의 복숭아를 207명의 학생에게 하나씩 나누어 주었습니다. 나눠주고 남은 복숭아는 몇 개일까요?

풀이 ________________

답 ________ 개

58 물통에 있던 965 mL의 물 가운데 527 mL를 사용하였습니다. 물통에 남아있는 물은 몇 mL일까요?

풀이 ________________

답 ________ mL

57 상자에 있던 795개의 구슬 중에서 428을 꺼냈습니다. 상자에 남아있는 구슬은 몇 개일까요?

풀이 ________________

답 ________ 개

59 주차장에 486대의 자동차가 있는데 검은색 차가 258대입니다. 검은색이 아닌 자동차는 몇 대일까요?

풀이 ________________

답 ________ 대

엄마 *Check*　칭찬이나 노력할 점을 써 주세요.

맞힌 개수		지도 의견		확인란
	개	나의 생각		

받아 내림이 두 번 있는 (세 자리 수)−(세 자리 수) ①

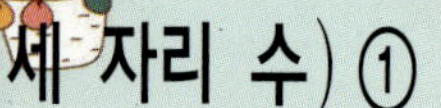

월   일

- 받아 내림이 두 번 있는 (세 자리 수)−(세 자리 수)의 계산
- 913−295의 계산

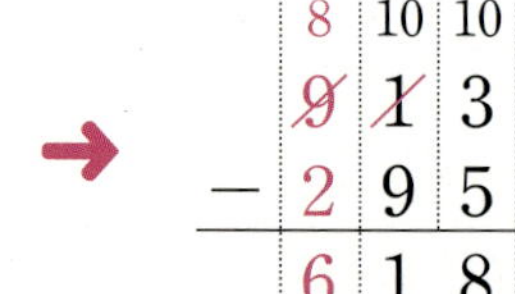

일의 자리에 10을 빌려줘서 십의 자리는 0이 됩니다.

10의 자리에 100을 빌려줘서 100의 자리는 8이 됩니다.

핵심 포인트

- 일의 자리에서 3−5를 계산할 수 없을 때는 10의 자리에서 10을 내려서 계산합니다. → 13−5=8

- 십의 자리에서 0−9를 계산할 수 없을 때는 100의 자리에서 100을 내려서 계산합니다. → 100−90=10

⏳ **[01~12] 빈칸에 알맞은 수를 써넣으세요.**

01

	7	10	10
	8	1	2
−	4	1	6
	□	□	6

05

	□	□	□
	4	1	1
−	1	2	7
	□	□	□

09

	□	□	□
	9	1	1
−	3	8	2
	□	□	□

02

	□	□	□
	6	1	2
−	4	7	9
	□	□	□

06

	□	□	□
	7	7	2
−	3	9	5
	□	□	□

10

	□	□	□
	5	7	3
−	2	8	5
	□	□	□

03

	□	□	□
	3	8	2
−	1	9	5
	□	□	□

07

	□	□	□
	7	4	1
−	4	5	6
	□	□	□

11

	□	□	□
	8	1	5
−	3	4	8
	□	□	□

04

	□	□	□
	4	1	5
−	2	3	8
	□	□	□

08

	□	□	□
	8	1	6
−	4	2	8
	□	□	□

12

	□	□	□
	5	7	2
−	1	9	4
	□	□	□

정확하게 풀어보아요

(13~30) 계산을 하세요.

13 $\begin{array}{r}813\\-537\\\hline\end{array}$	**19** $\begin{array}{r}734\\-545\\\hline\end{array}$	**25** $\begin{array}{r}616\\-358\\\hline\end{array}$
14 $\begin{array}{r}811\\-536\\\hline\end{array}$	**20** $\begin{array}{r}425\\-137\\\hline\end{array}$	**26** $\begin{array}{r}373\\-185\\\hline\end{array}$
15 $\begin{array}{r}624\\-175\\\hline\end{array}$	**21** $\begin{array}{r}913\\-367\\\hline\end{array}$	**27** $\begin{array}{r}565\\-188\\\hline\end{array}$
16 $\begin{array}{r}587\\-198\\\hline\end{array}$	**22** $\begin{array}{r}842\\-559\\\hline\end{array}$	**28** $\begin{array}{r}462\\-275\\\hline\end{array}$
17 $\begin{array}{r}563\\-196\\\hline\end{array}$	**23** $\begin{array}{r}431\\-259\\\hline\end{array}$	**29** $\begin{array}{r}338\\-179\\\hline\end{array}$
18 $\begin{array}{r}623\\-445\\\hline\end{array}$	**24** $\begin{array}{r}714\\-475\\\hline\end{array}$	**30** $\begin{array}{r}843\\-678\\\hline\end{array}$

구조화 하기

구조화 하기를 연습하면 서술형도 쉽게 풀어요

(31~40) 빈칸에 알맞은 수를 써넣으세요.

31

911	323
536	147

36

861	382
573	184

32

904	465
516	278

37

471	285
283	196

33

861	472
584	295

38

537	368
348	179

34

711	512
432	146

39

862	574
675	386

35

602	454
335	167

40

912	734
645	456

서술형 풀어보기

41 874개의 달걀 중 185개가 깨졌습니다. 깨지지 않은 달걀은 모두 몇 개일까요?

[풀이과정]

(1) 달걀이 ☐ 개 있습니다.

(2) 깨진 달걀은 ☐ 개입니다.

(3) 깨지지 않은 달걀은 ☐ - ☐ = ☐ 개입니다.

$$\begin{array}{r} 8\ \ 7\ \ 4 \\ -\ 1\ \ 8\ \ 5 \\ \hline \end{array}$$

(42~45) 풀이과정을 쓰고 답을 구하세요.

42 과일가게에서 717개의 사과 중에서 128개를 팔았습니다. 팔고 남은 사과는 몇 개일까요?

풀이 ______________________

답 ________ 개

44 비타민이 821개 있었는데 437개를 먹었습니다. 남은 비타민은 몇 개일까요?

풀이 ______________________

답 ________ 개

43 어느 박물관에 317명의 관람객 중 149명이 남자였다면 여자는 몇 명일까요?

풀이 ______________________

답 ________ 명

45 민선이는 출발점에서 512m 달린 뒤 반대 방향으로 돌아서 256m를 달렸습니다. 민선이는 출발점과 얼마큼 떨어진 위치에 있을까요?

풀이 ______________________

답 ________ m

연마 Check 칭찬이나 노력할 점을 써 주세요.

맞힌 개수	지도 의견		확인란
개	나의 생각		

 **15 일차**

받아 내림이 두 번 있는 (세 자리 수) – (세 자리 수) ②

- 받아 내림이 두 번 있는 (세 자리 수) – (세 자리 수)의 계산
- 402 – 136의 계산

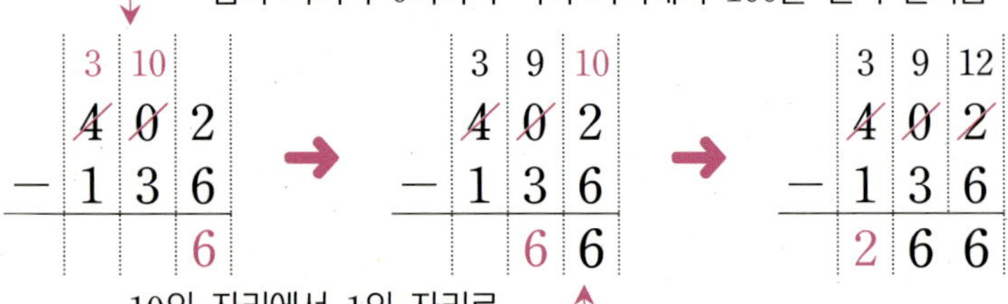

십의 자리가 0이어서 백의 자리에서 100을 먼저 빌려옵니다.

10의 자리에서 1의 자리로 10을 받아 내림합니다.

핵심 포인트

· 십의 자리가 0일 때 받아 내림
① 십의 자리가 0일 때에는 일의 자리에 받아 내림을 할 수 없으므로 백의 자리에서 100을 내립니다.
② 일의 자리의 계산이 안 되면 십의 자리에 10을 내려서 계산을 합니다.

(01~12) 빈칸에 알맞은 수를 써넣으세요.

01

2	9	10
3	0	1
– 1	2	5

02

7	1	1
– 5	3	4

03

9	2	4
– 5	8	5

04

4	5	4
– 1	6	5

05

6	8	4
– 1	9	7

06

9	1	4
– 1	8	6

07

3	1	1
– 1	2	4

08

9	0	2
– 2	4	5

09

5	0	4
– 3	2	6

10

4	7	1
– 1	8	2

11

6	4	2
– 2	5	8

12

5	1	3
– 3	2	9

정확하게 풀어보아요

(13~30) 계산을 하세요.

13
```
   3 1 2
 − 1 7 3
```

14
```
   5 2 4
 − 1 8 8
```

15
```
   8 7 1
 − 6 8 2
```

16
```
   6 3 1
 − 4 7 3
```

17
```
   7 4 4
 − 5 5 9
```

18
```
   4 6 7
 − 2 7 9
```

19
```
   8 5 4
 − 3 8 5
```

20
```
   7 1 3
 − 2 7 8
```

21
```
   4 5 7
 − 2 8 8
```

22
```
   9 4 5
 − 3 6 9
```

23
```
   4 7 8
 − 2 9 9
```

24
```
   6 1 6
 − 3 4 7
```

25
```
   9 3 4
 − 6 8 5
```

26
```
   6 4 3
 − 1 8 4
```

27
```
   9 2 1
 − 4 5 2
```

28
```
   5 2 2
 − 2 4 3
```

29
```
   5 4 6
 − 2 7 7
```

30
```
   8 4 4
 − 3 6 5
```

[31~51] 두 수의 뺄셈을 빈칸에 쓰세요.

31
441	
152	

32
827	
538	

33
574	
397	

34
742	
363	

35
555	
189	

36
715	
129	

37
764	
375	

38
611	
122	

39
472	
296	

40
614	
237	

41
362	
174	

42
824	
659	

43
954	
485	

44
354	
167	

45
562	
294	

46
771	
284	

47
388	
199	

48
942	
263	

49
651	
262	

50
515	
287	

51
428	
139	

서술형 풀어보기

구조화 해서 풀어보아요

52 602명의 학생 중 345명이 준비물을 가지고 왔습니다. 준비물을 가져오지 않은 학생들은 몇 명일까요?

풀이과정

(1) 학생은 [ ] 명입니다.

(2) 준비물을 가져온 학생은 [ ] 명입니다.

(3) 준비물을 가져오지 않는 학생은 [ ] ― [ ] = [ ] 명입니다.

```
    ☐ ☐ ☐
    6 0 2
 ―  3 4 5
 ──────────
    ☐ ☐ ☐
```

💡 **(53~56) 풀이과정을 쓰고 답을 구하세요.**

53 호수에 433마리의 백조가 있었는데 248마리가 날아갔습니다. 호수에 남아있는 백조는 몇 마리일까요?

풀이 ________________________

답 ________ 마리

55 525 cm의 밧줄 중에서 267 cm를 잘라버렸습니다. 남아있는 밧줄은 몇 cm일까요?

풀이 ________________________

답 ________ cm

54 바나나 농장에서 963개의 바나나를 따서 495개를 상자에 담았습니다. 상자에 담지 않은 바나나는 몇 개일까요?

풀이 ________________________

답 ________ 개

56 814마리의 물고기 가운데 477마리를 수산시장에 팔았습니다. 팔지 않은 물고기는 몇 마리일까요?

풀이 ________________________

답 ________ 마리

👆 **연마 Check** 칭찬이나 노력할 점을 써 주세요.

맞힌 개수		지도 의견		확인란
	개	나의 생각		

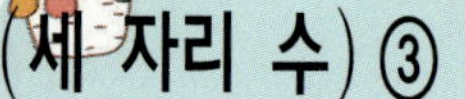

● 받아 내림이 두 번 있는 (세 자리 수)−(세 자리 수)의 계산

● 962−389의 계산

	5	10	→		8	15	12	→		8	15	10
9	6	2			9	6	2			9	6	2
− 3	8	9		−	3	8	9		−	3	8	9
		3				7	3			5	7	3

핵심 포인트

- 일의 자리에서 2−9를 계산할 수 없을 때는 10의 자리에서 10을 내려서 계산합니다.
  → $12-9=3$

- 십의 자리에서 5−8를 계산할 수 없을 때는 100의 자리에서 100을 내려서 계산합니다.
  → $150-80=70$

(01~12) 빈칸에 알맞은 수를 써넣으세요.

01

	7	12	10
	8	3	5
−	1	6	7
	□	□	8

02

	□	□	□
	9	2	3
−	3	5	4
	□	□	□

03

	□	□	□
	5	0	3
−	1	1	8
	□	□	□

04

	□	□	□
	8	5	5
−	4	8	6
	□	□	□

05

	□	□	□
	7	1	2
−	3	6	8
	□	□	□

06

	□	□	□
	6	4	1
−	3	6	2
	□	□	□

07

	□	□	□
	8	5	1
−	4	6	4
	□	□	□

08

	□	□	□
	4	4	3
−	2	5	4
	□	□	□

09

	□	□	□
	4	4	8
−	1	6	9
	□	□	□

10

	□	□	□
	8	5	2
−	5	6	9
	□	□	□

11

	□	□	□
	6	7	3
−	4	9	5
	□	□	□

12

	□	□	□
	9	4	3
−	4	6	9
	□	□	□

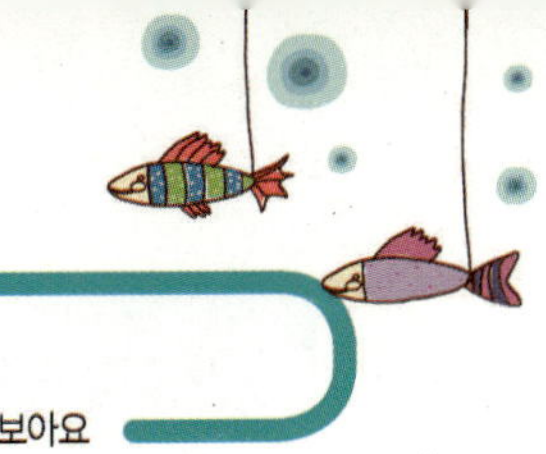

계산력 강화하기

정확하게 풀어보아요

[13~33] 계산을 하세요.

13   906 − 328

14   451 − 273

15   621 − 246

16   818 − 129

17   512 − 227

18   822 − 533

19   801 − 752

20   527 − 138

21   832 − 475

22   543 − 144

23   735 − 377

24   615 − 168

25   561 − 382

26   725 − 578

27   652 − 385

28   763 − 299

29   932 − 475

30   636 − 448

31   813 − 257

32   751 − 362

33   514 − 346

2단계

구조화 하기

구조화 하기를 연습하면 서술형도 쉽게 풀어요

(34~54) 빈칸에 알맞은 수를 써넣으세요.

34 812 →(−425)→ ☐

35 556 →(−267)→ ☐

36 755 →(−166)→ ☐

37 552 →(−365)→ ☐

38 831 →(−256)→ ☐

39 826 →(−167)→ ☐

40 365 →(−177)→ ☐

41 753 →(−475)→ ☐

42 622 →(−337)→ ☐

43 414 →(−225)→ ☐

44 925 →(−163)→ ☐

45 607 →(−239)→ ☐

46 672 →(−384)→ ☐

47 532 →(−385)→ ☐

48 805 →(−177)→ ☐

49 907 →(−558)→ ☐

50 873 →(−397)→ ☐

51 773 →(−198)→ ☐

52 567 →(−279)→ ☐

53 207 →(−138)→ ☐

54 642 →(−263)→ ☐

서술형 풀어보기

구조화 해서 풀어보아요 

55 623개의 초콜릿이 있었는데 336개가 녹았습니다. 녹지 않은 초콜릿은 몇 개일까요?

풀이과정

(1) 초콜릿이 ☐ 개 있습니다.

(2) 녹은 초콜릿은 ☐ 개입니다.

(3) 녹지 않은 초콜릿은 ☐ − ☐ = ☐ 개입니다.

$$
\begin{array}{r}
\ \ \square\ \square\ \square \\
6\ 2\ 3 \\
-\ \ 3\ 3\ 6 \\
\hline
\square\ \square\ \square
\end{array}
$$

(56~59) 풀이과정을 쓰고 답을 구하세요.

56 766개의 쿠키를 구워서 388개의 쿠키를 포장하였습니다. 포장하지 않은 쿠키는 몇 개일까요?

풀이 ____________________

답 __________ 개

58 서울에서 춘천으로 가는 기차에 804명이 타고 있었는데 대성리역에서 629명이 내렸습니다. 기차에 남아있는 사람은 몇 명일까요?

풀이 ____________________

답 __________ 명

57 571mL의 식용유 중 182mL의 식용유를 튀김에 사용했습니다. 남아있는 식용유는 몇 mL일까요?

풀이 ____________________

답 __________ mL

59 현진이는 933m를 달렸고, 수진이는 759m를 달렸습니다. 현진이는 수진이보다 몇 m 더 달렸을까요?

풀이 ____________________

답 __________ m

연마 Check 칭찬이나 노력할 점을 써 주세요.

맞힌 개수	지도 의견		확인란
개	나의 생각		

선, 각, 직각 알아보기

월 일

- 두 점을 곧게 이은 선을 선분이라고 합니다.
- 한 점에서 그은 두 반직선으로 이루어진 도형을 각이라고 합니다.
- 종이를 반듯하게 두 번 접었을 때 생기는 각을 직각이라고 합니다.

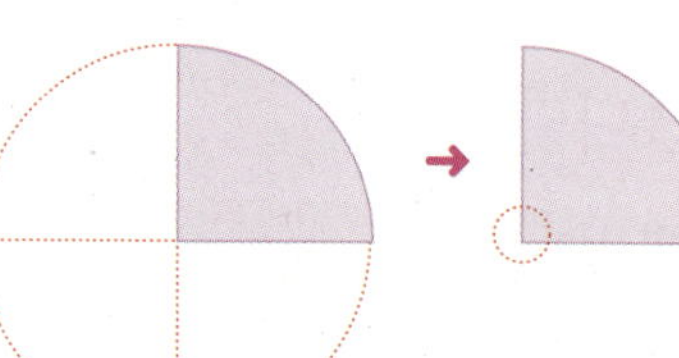

핵심포인트

- 반직선: 한 점에서 시작하여 한쪽으로 끝없이 늘인 곧은 선

- 직선: 선분을 양쪽으로 끝없이 늘인 곧은 선

- 직각을 찾을 때는 삼각자의 직각 부분이나 책의 모서리를 이용하면 편리합니다.

(01~06) 선분 ㄱㄴ을 그려보세요.

01

02

03

04

05

06

(07~09) 반직선 ㄱㄴ을 그려보세요.

07

08

09

(10~12) 직선 ㄱㄴ을 그려보세요.

10

11

12

정확하게 풀어보아요

(13~21) 각을 찾아 ○표하세요.

13
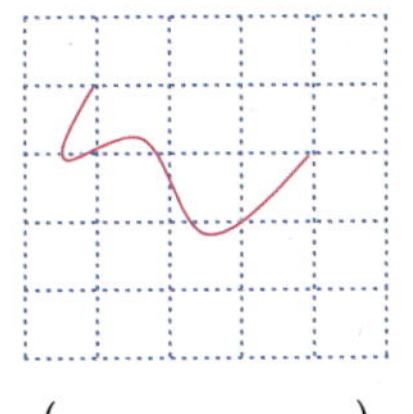
(   )

16
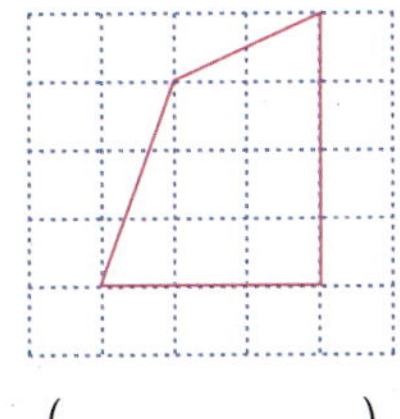
(   )

19
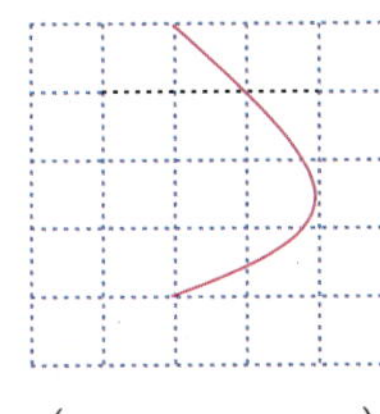
(   )

14
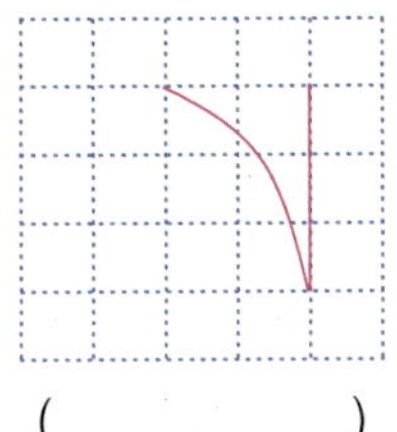
(   )

17
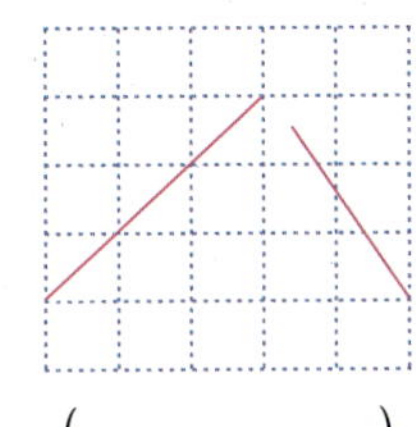
(   )

20
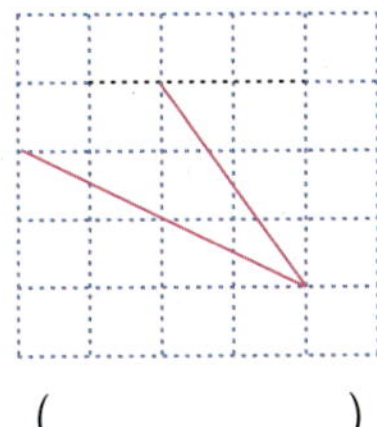
(   )

15
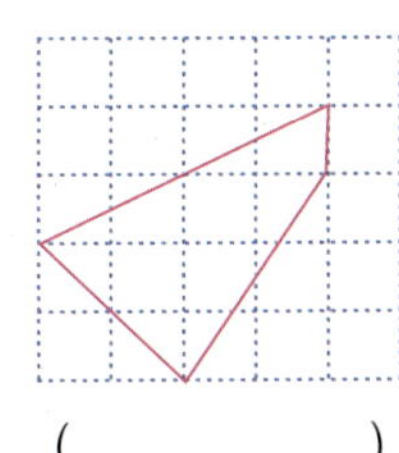
(   )

18
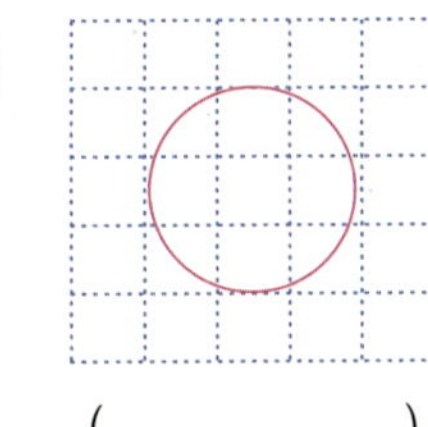
(   )

21
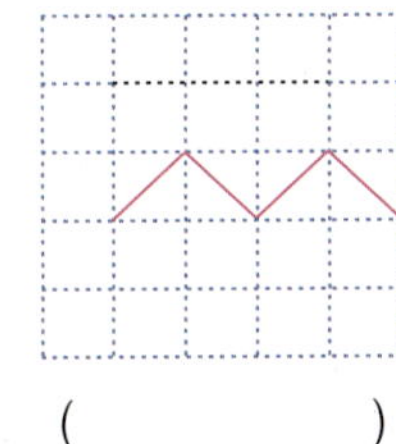
(   )

(22~30) 직각을 찾아 ○표하세요.

22
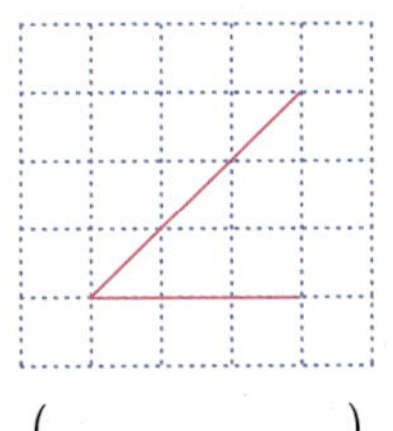
(   )

25
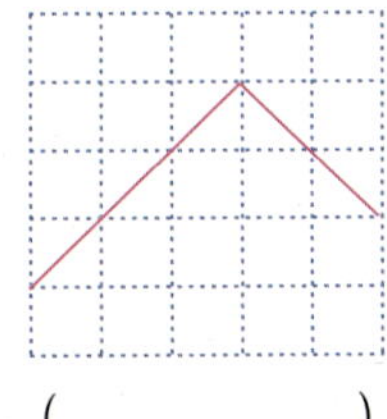
(   )

28
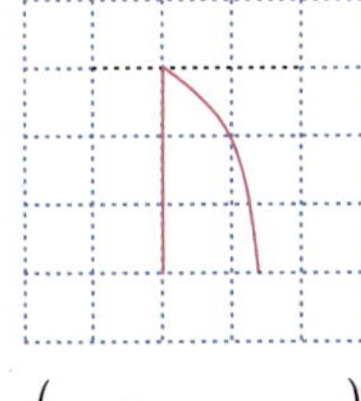
(   )

23
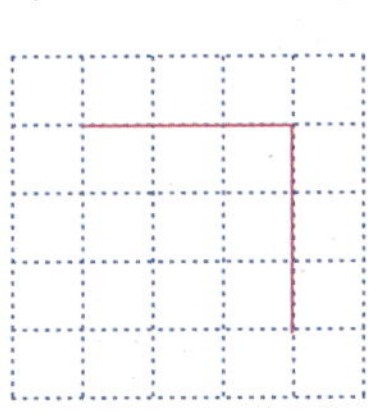
(   )

26
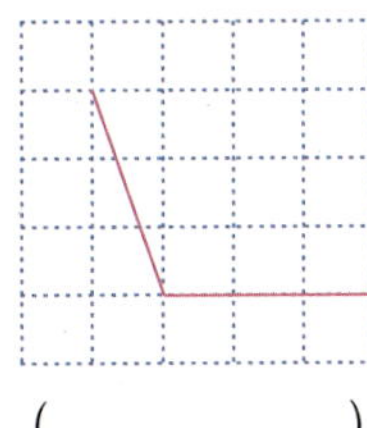
(   )

29
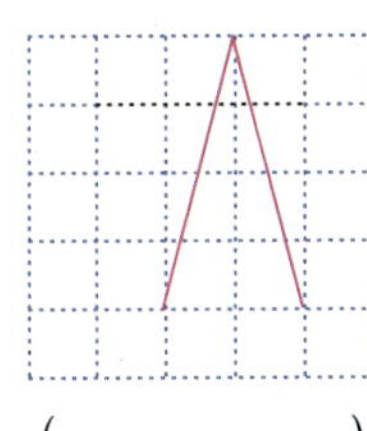
(   )

24
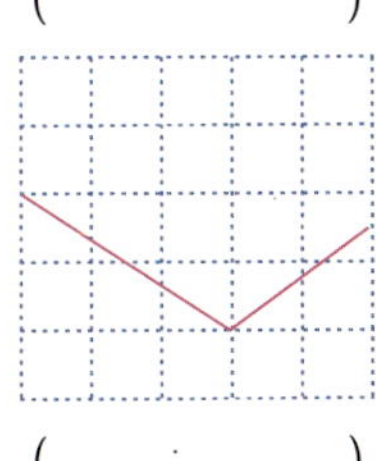
(   )

27
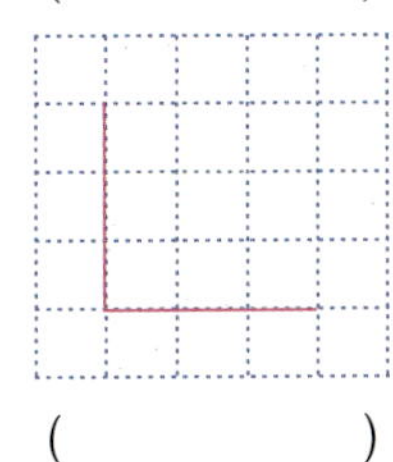
(   )

30
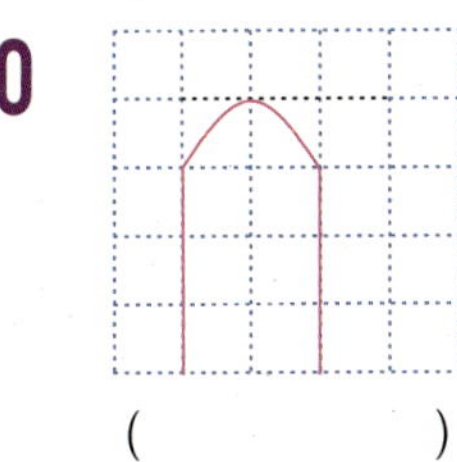
(   )

도형 이해하기

 (31~39) 각의 이름을 쓰세요.

31 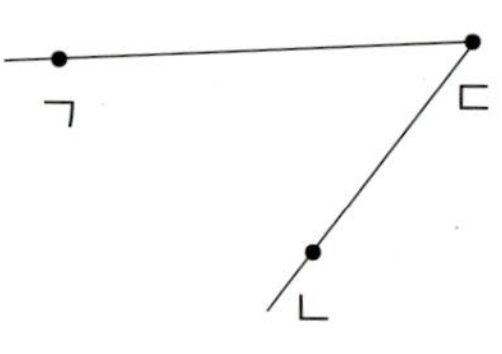

34 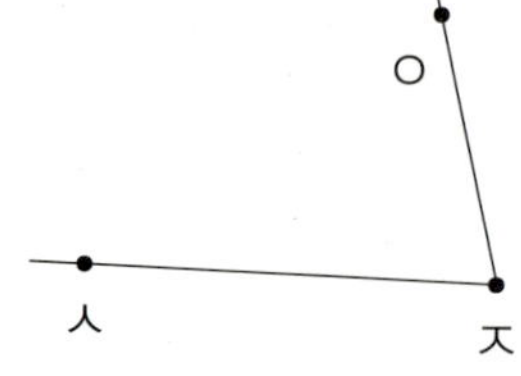

37 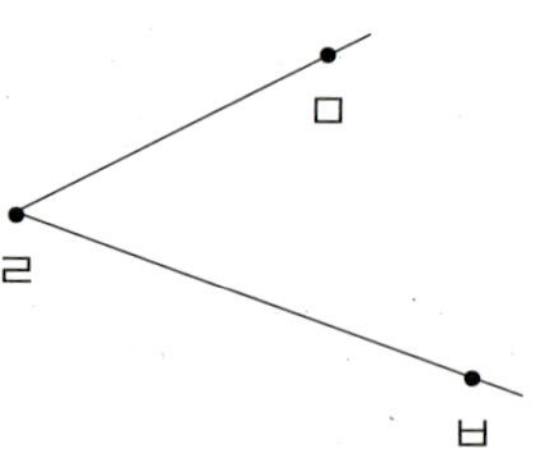

32 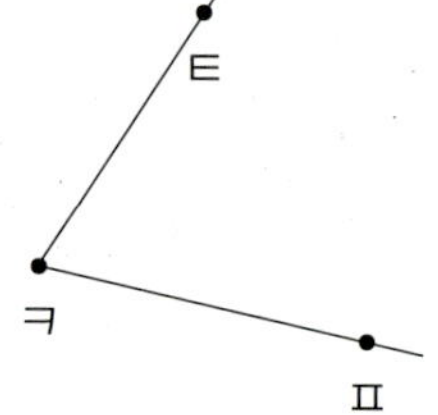

35 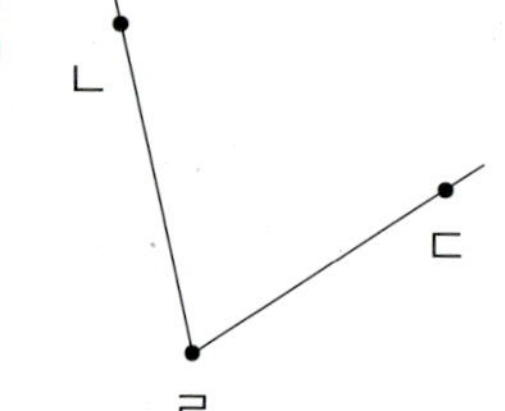

38 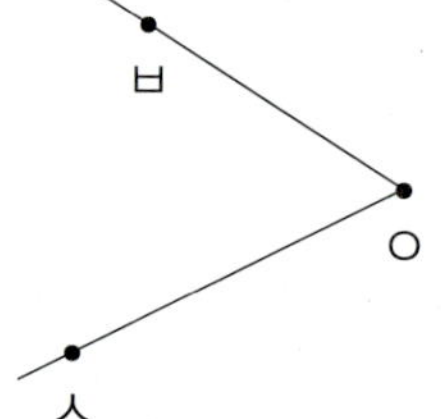

33 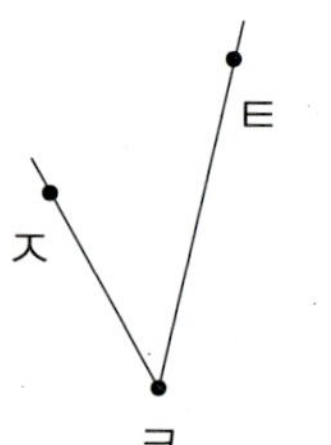

36 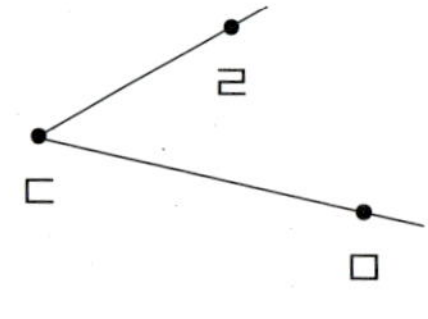

39 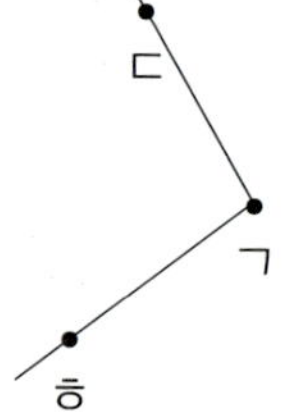

 (40~48) 세 점을 이용하여 꼭짓점이 ㄱ인 각을 그려보세요.

40

43

46

41

44

47

42

45

48

 **(49~56) 세 점을 이용하여 직각을 그려보세요.**

49

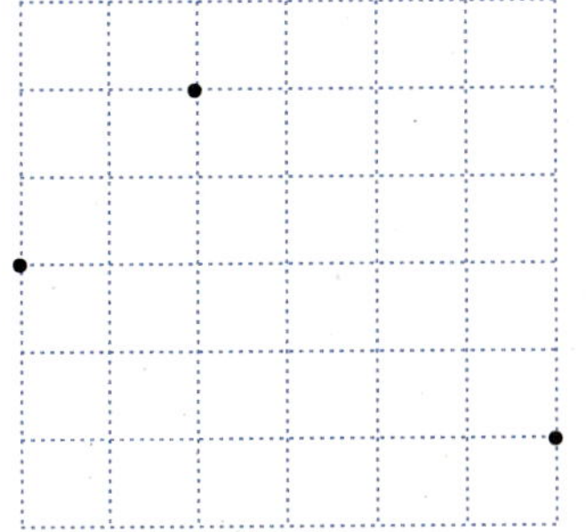

53

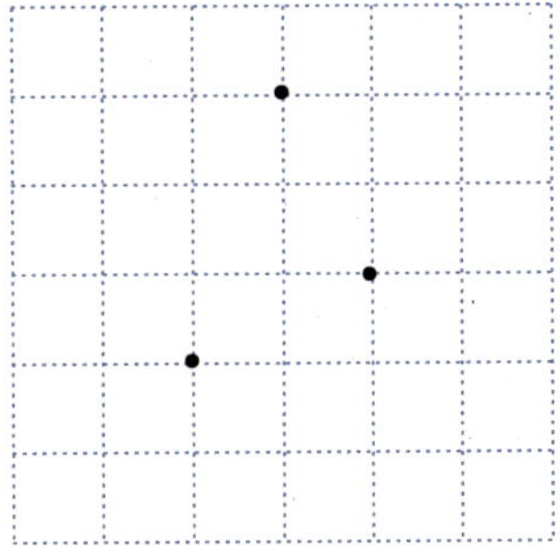

50

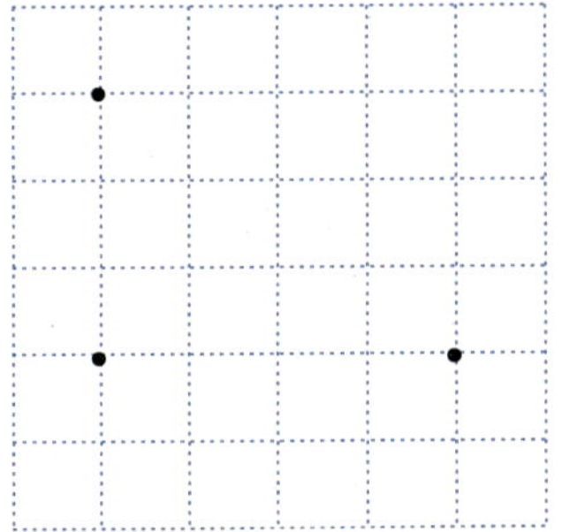

54

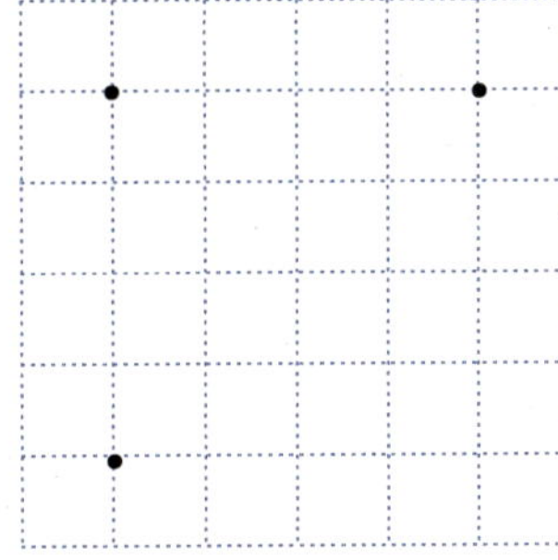

51

55

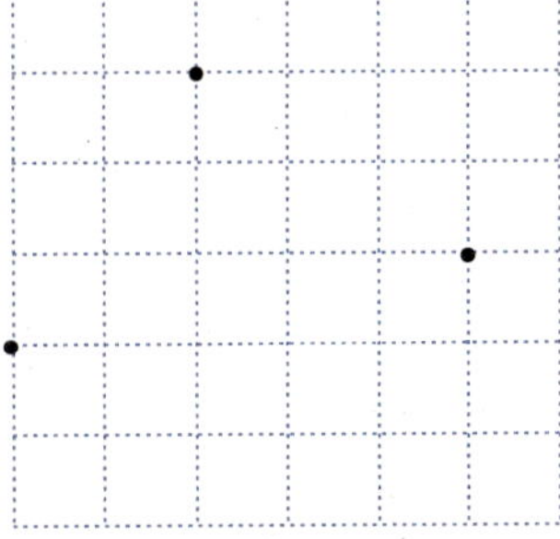

52

56

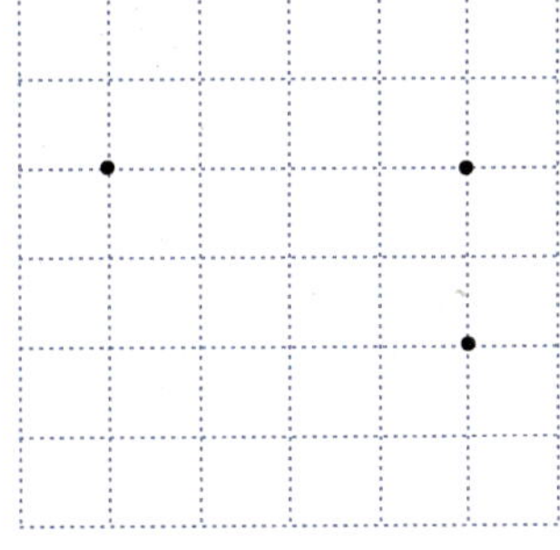

연마 *Check*　칭찬이나 노력할 점을 써 주세요.

맞힌 개수		지도 의견		확인란
	개	나의 생각		

직각삼각형, 직사각형, 정사각형 알아보기

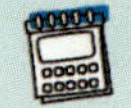 

월 일

- 한 각이 직각인 삼각형을 직각삼각형이라고 합니다.

- 네 각이 모두 직각인 사각형을 직사각형이라고 합니다.

- 네 각이 모두 직각이고 네 변의 길이가 모두 같은 사각형을 정사각형이라고 합니다.

 핵심 포인트
- 직각삼각형은 한 각이 직각입니다.

- 직사각형에서 직각은 4개입니다.
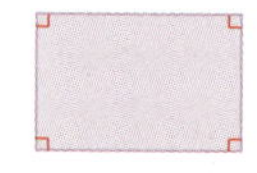

(01~02) 직각삼각형을 찾아 ○표하세요.

01

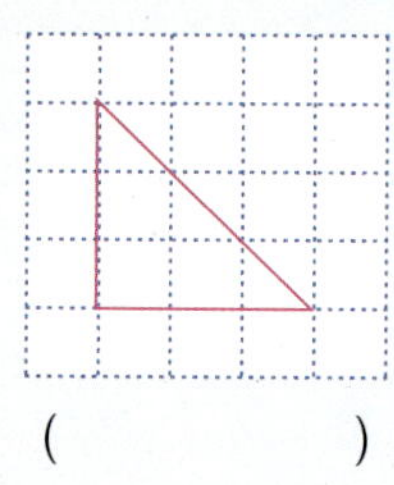 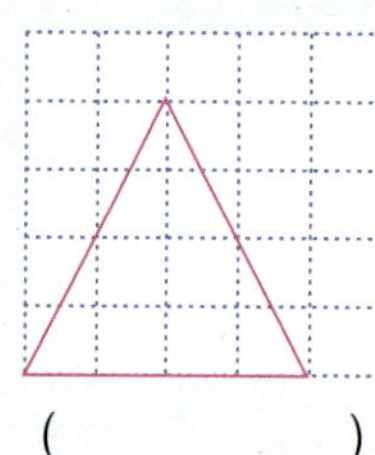 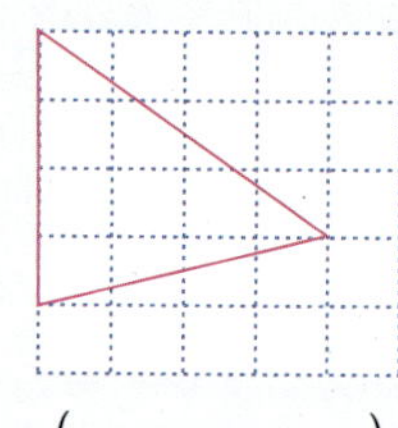 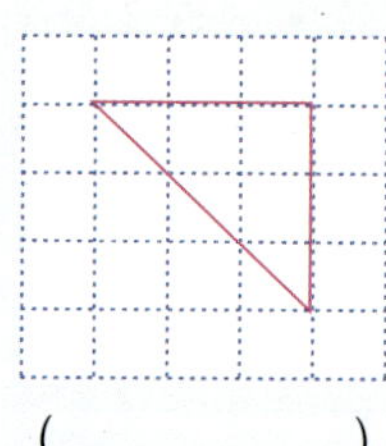

( ) ( ) ( ) ( )

02

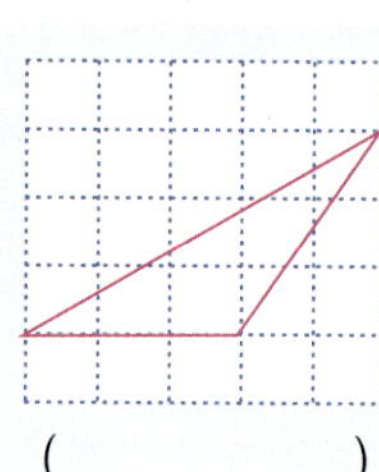 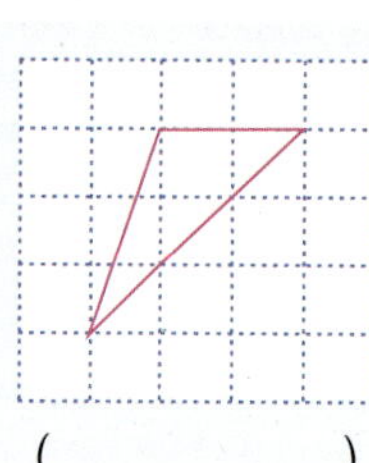 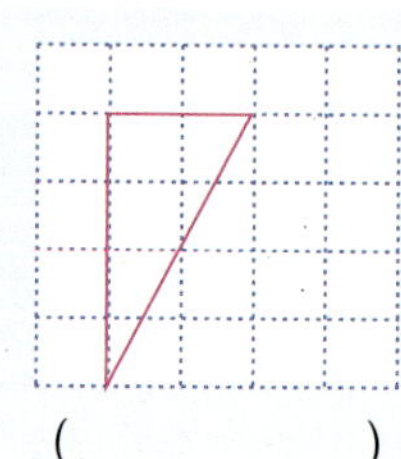 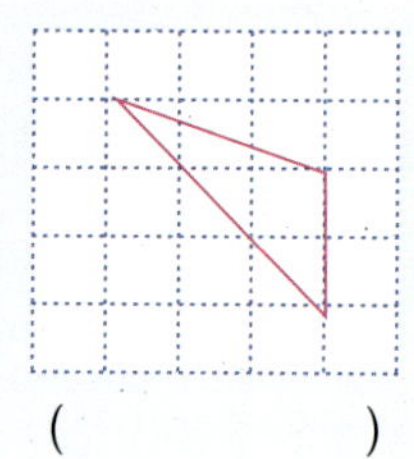

( ) ( ) ( ) ( )

(03~04) 직사각형을 찾아 ○표하세요.

03

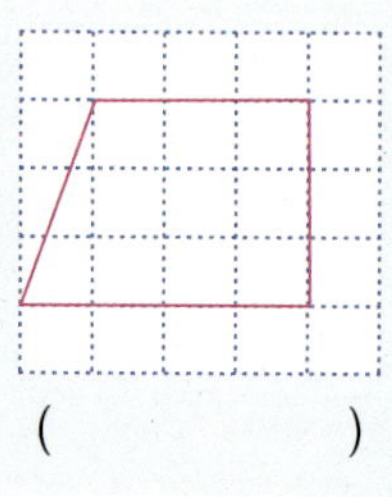 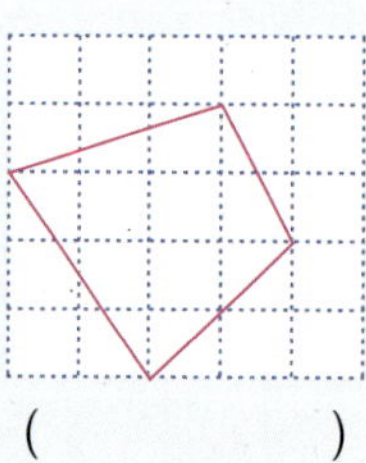 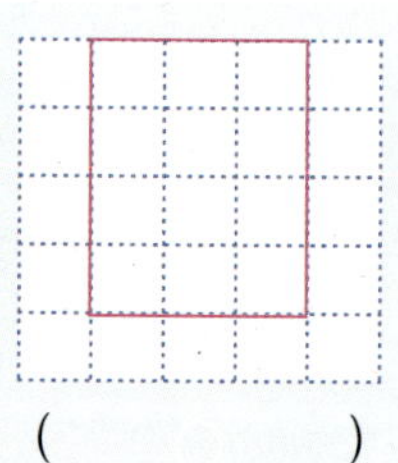 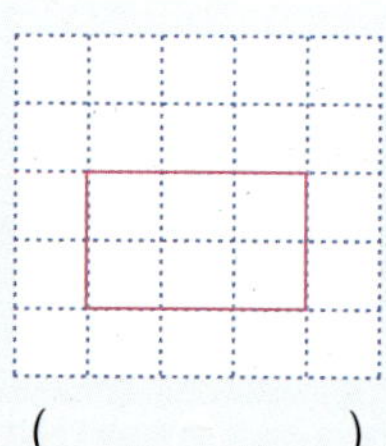

( ) ( ) ( ) ( )

04

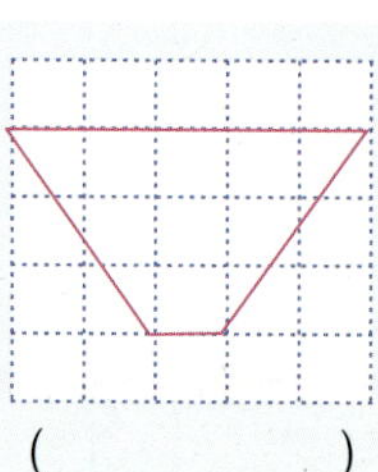 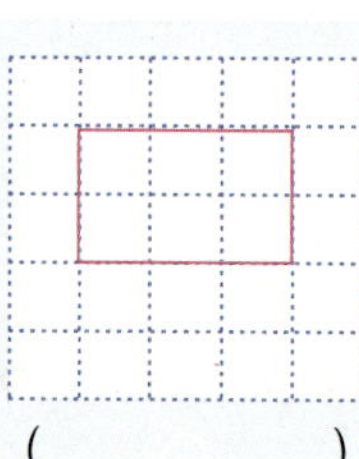 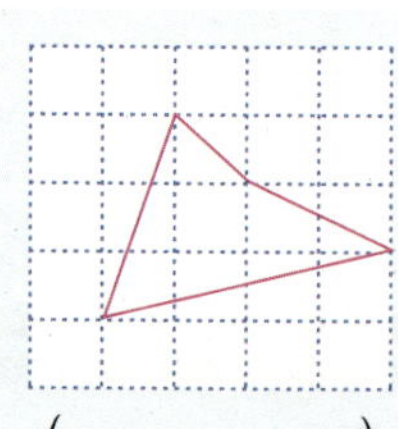 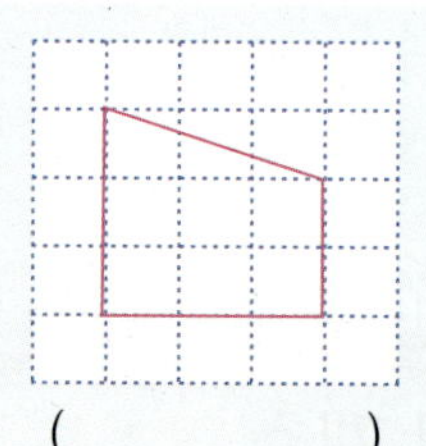

( ) ( ) ( ) ( )

도형 이해하기

 **(05~06)** 정사각형을 찾아 ○표하세요.

05

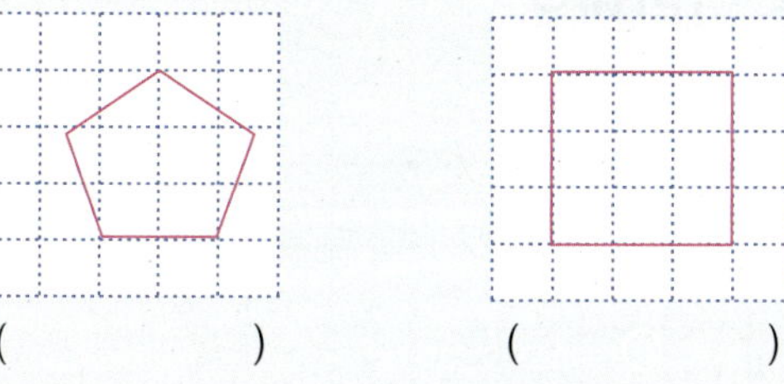

( )　　　　( )　　　　( )　　　　( )

06

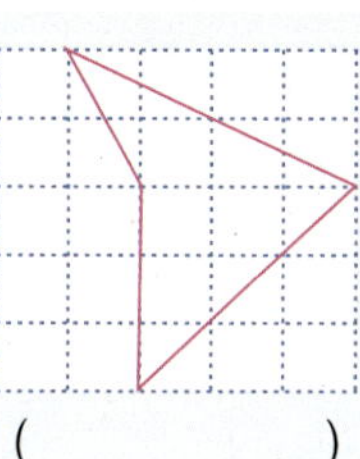 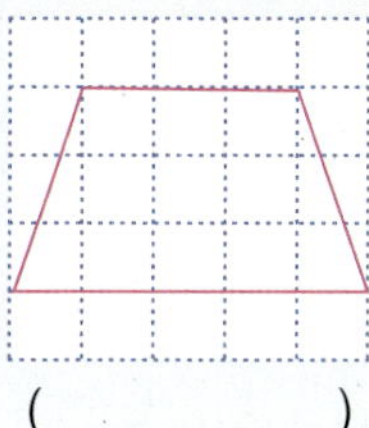 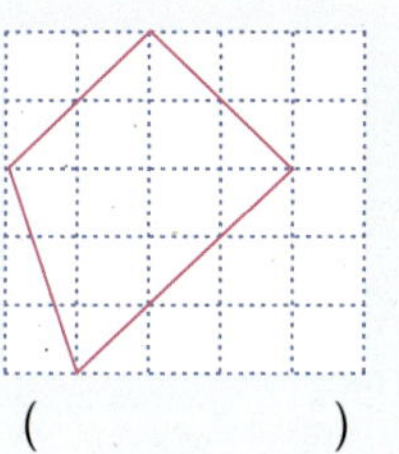

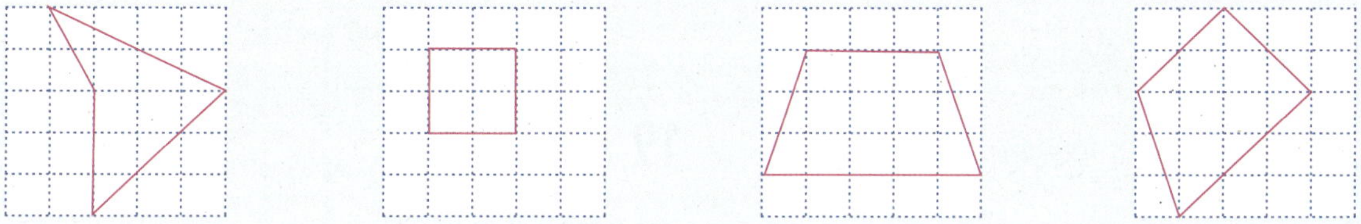

( )　　　　( )　　　　( )　　　　( )

 **(07~12)** 세 점을 이용하여 직각삼각형을 그리세요.

07

10

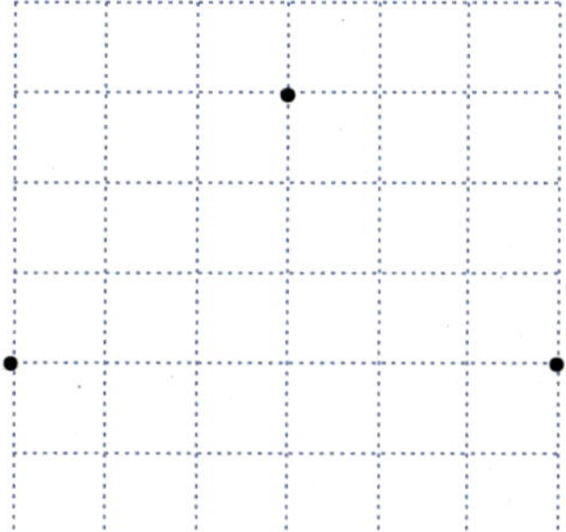

08

11

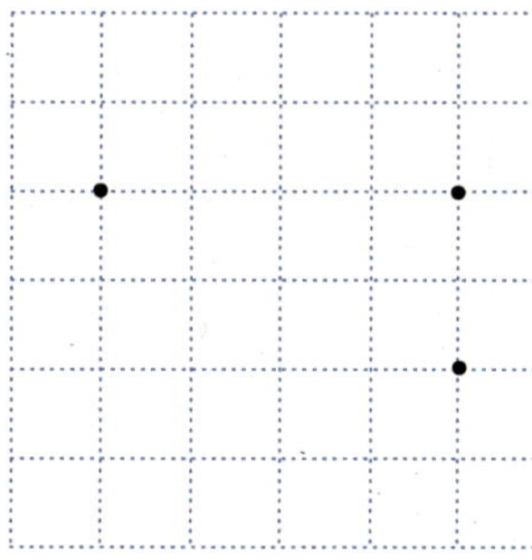

09

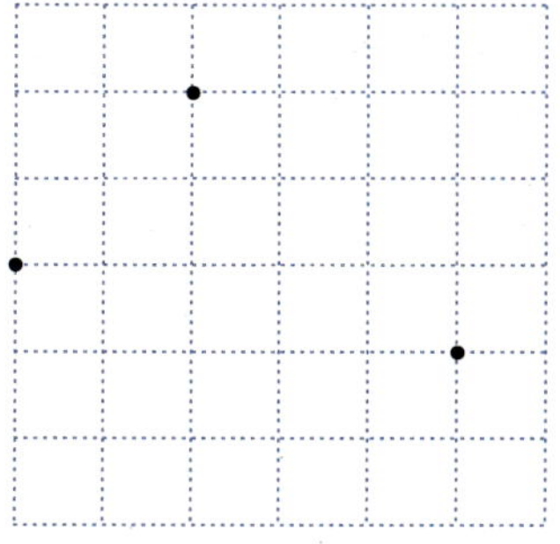

12

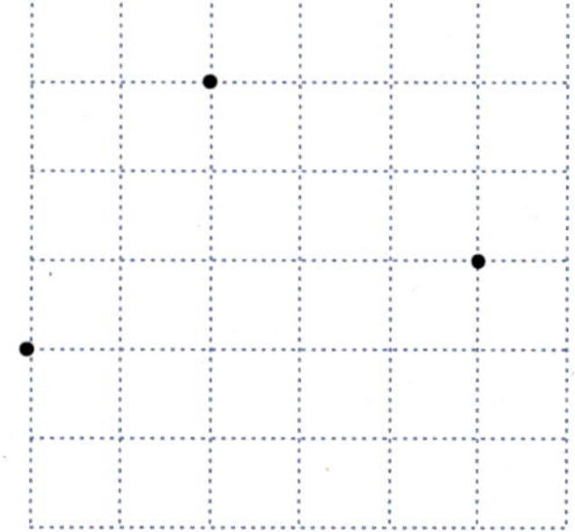

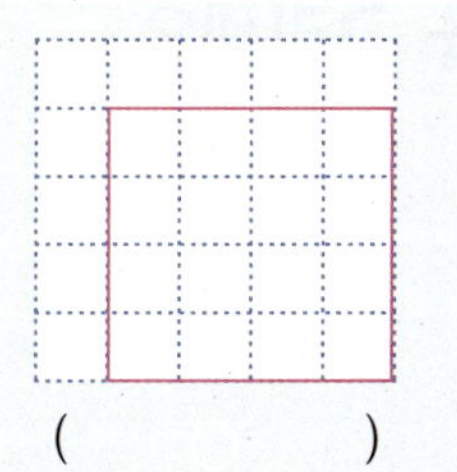

(13~17) 네 점을 이용하여 직사각형을 그리세요.

(18~22) 네 점을 이용하여 정사각형을 그리세요.

13

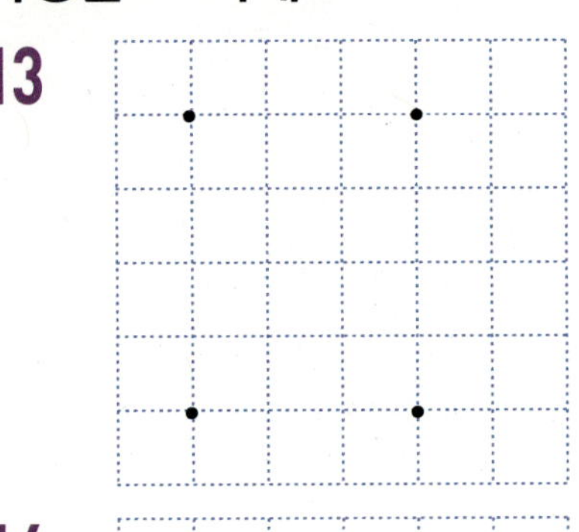

18

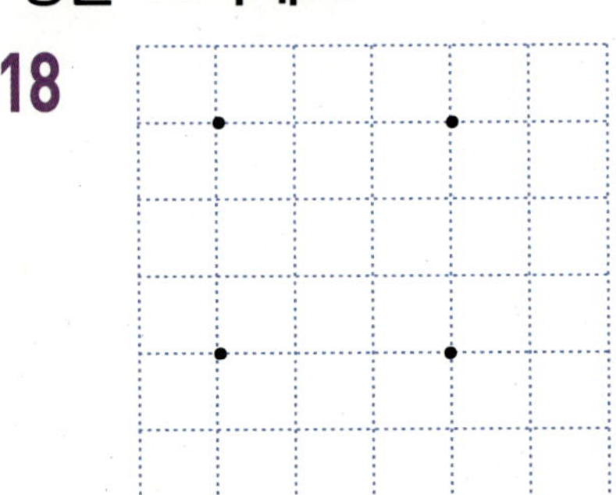

14

19

15

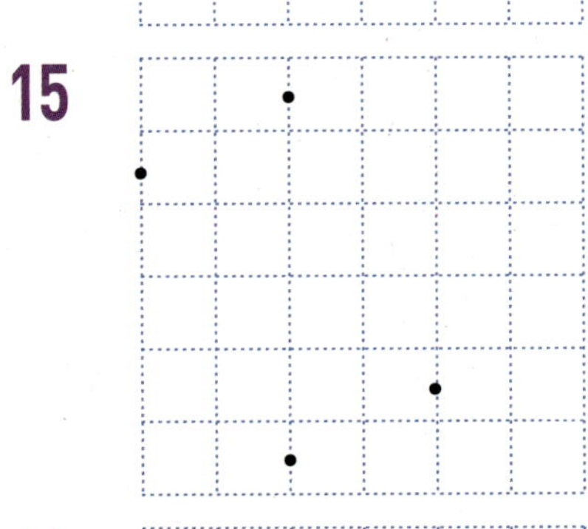

20

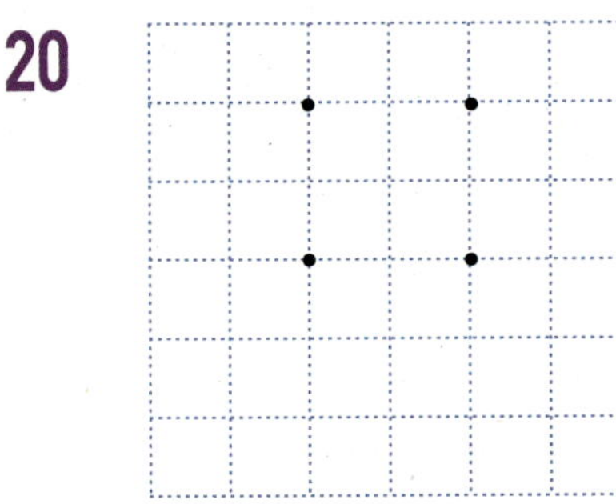

16

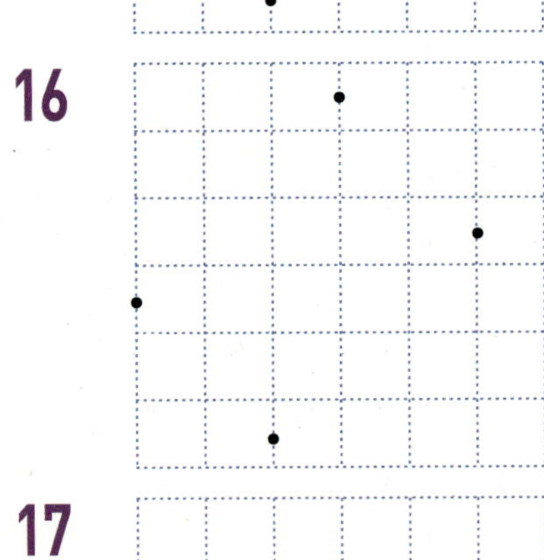

21

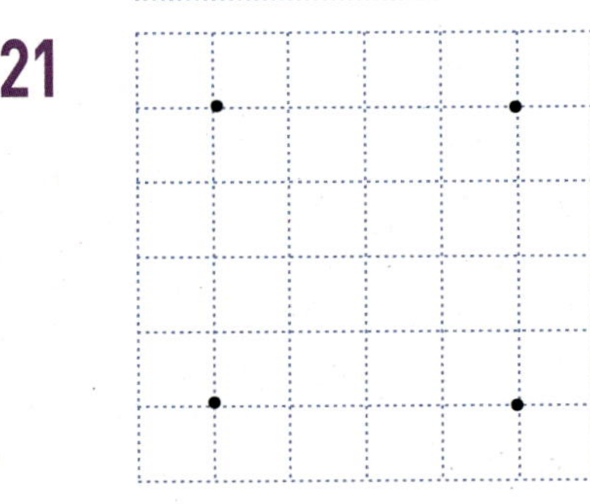

17

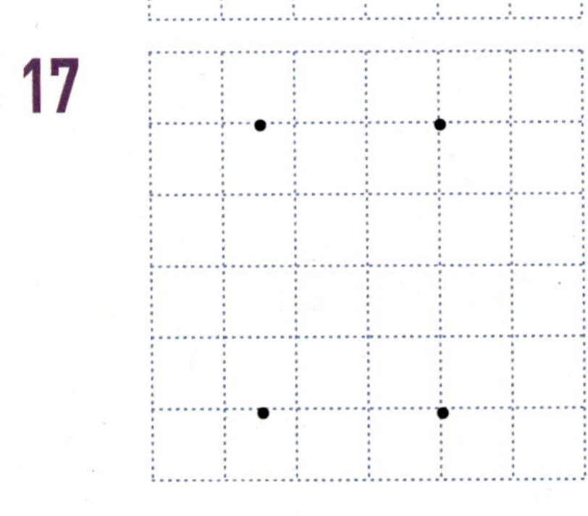

22

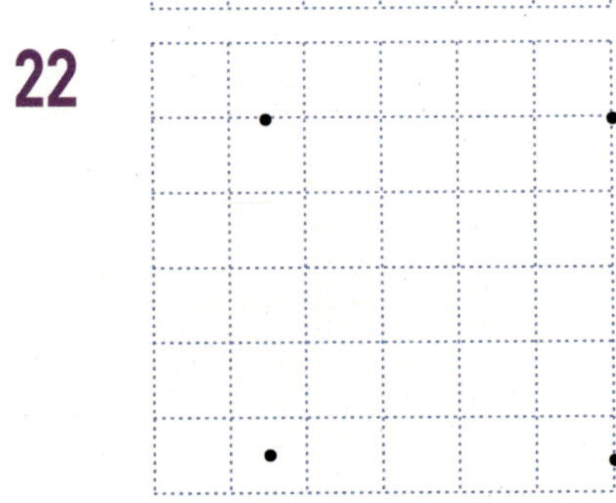

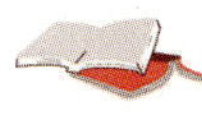 **[23~26] 도형을 보고 물음에 답하세요.**

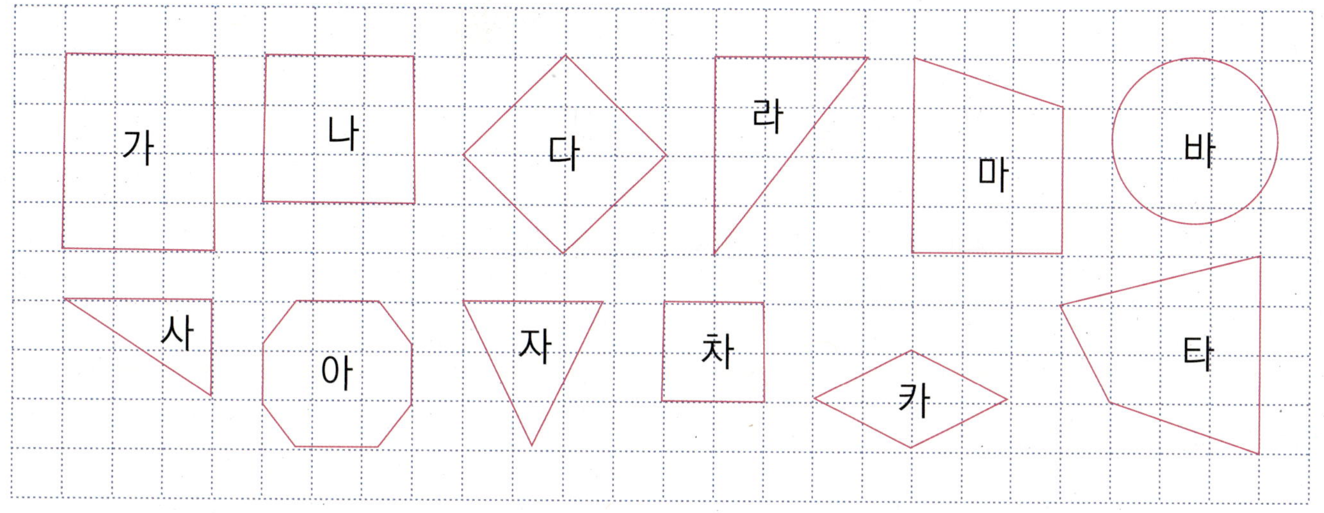

23 한 각이 직각인 삼각형

24 4개의 변과 4개의 꼭짓점으로 이루어지고, 4개의 각이 모두 직각인 사각형

25 네 각이 모두 직각이고 네 변의 길이가 모두 같은 사각형

26 도형 '카'가 정사각형이 아닌 이유를 쓰세요.

연마 Check 칭찬이나 노력할 점을 써 주세요.

맞힌 개수		지도 의견		확인란
	개	나의 생각		

똑같이 나누기

• 8개의 ★모양을 4개의 상자에 똑같이 나누어 담기

★★ ★★ ★★ ★★

↓

★★   ★★   ★★   ★★

→ 8개의 ★모양을 4개의 상자에 똑같이 나누면 한 상자에 ★모양이 2개씩 들어갑니다.

핵심 포인트

• $8 \div 4 = 2$과 같은 식을 나눗셈식이라 하고, 8 나누기 4는 2와 같습니다.라고 읽습니다.

(01~08) 그림을 똑같이 나눠 보세요.

01

○○○○

05

○○○○○○○○

02

○○○○○
○○○○○

06

○○○○○○
○○○○○○

03

○○○○○○

07

○○○○○○○○○○

04

○○○○
○○○○
○○○○

08

○○○○○○
○○○○○○

계산력 강화하기

[09~16] 빈칸에 알맞은 수를 써넣으세요.

09

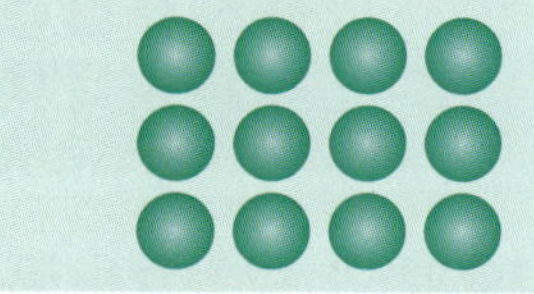

(1) 4개씩 묶으면 ☐ 묶음이 됩니다.

(2) 이것을 나눗셈식으로 나타내면
  $12 \div 4 =$ ☐ 입니다.

10

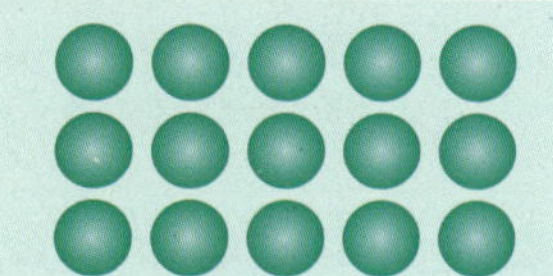

(1) 5개씩 묶으면 ☐ 묶음이 됩니다.

(2) 이것을 나눗셈식으로 나타내면
  $15 \div 5 =$ ☐ 입니다.

11

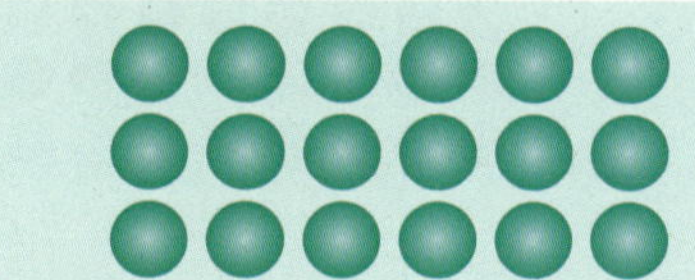

(1) 6개씩 묶으면 ☐ 묶음이 됩니다.

(2) 이것을 나눗셈식으로 나타내면
  $18 \div 6 =$ ☐ 입니다.

12

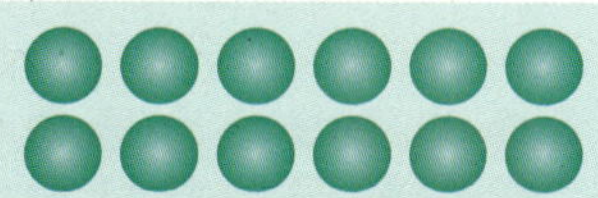

(1) 6개씩 묶으면 ☐ 묶음이 됩니다.

(2) 이것을 나눗셈식으로 나타내면
  $12 \div 6 =$ ☐ 입니다.

13

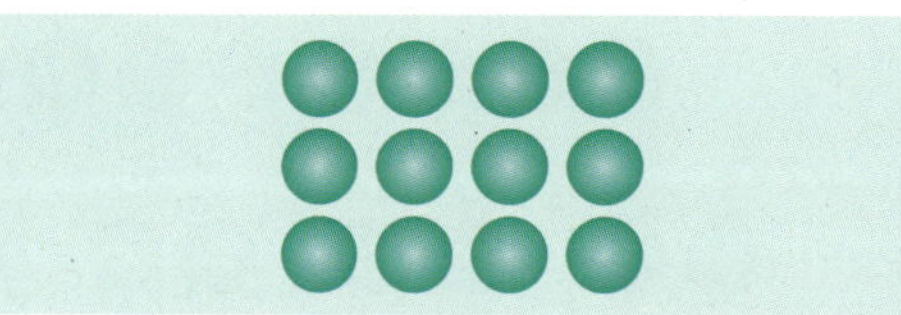

(1) 3개씩 묶으면 ☐ 묶음이 됩니다.

(2) 이것을 나눗셈식으로 나타내면
  $12 \div 3 =$ ☐ 입니다.

14

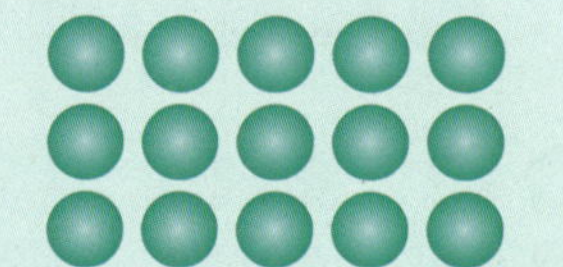

(1) 3개씩 묶으면 ☐ 묶음이 됩니다.

(2) 이것을 나눗셈식으로 나타내면
  $15 \div 3 =$ ☐ 입니다.

15

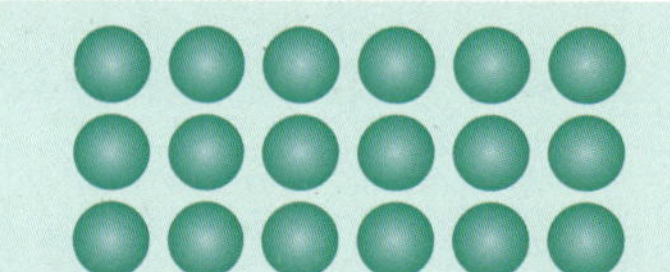

(1) 3개씩 묶으면 ☐ 묶음이 됩니다.

(2) 이것을 나눗셈식으로 나타내면
  $18 \div 3 =$ ☐ 입니다.

16

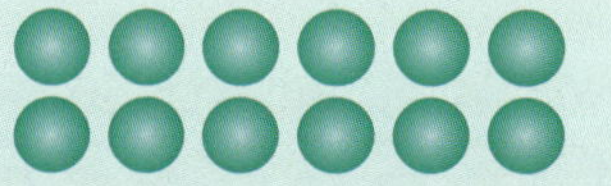

(1) 2개씩 묶으면 ☐ 묶음이 됩니다.

(2) 이것을 나눗셈식으로 나타내면
  $12 \div 2 =$ ☐ 입니다.

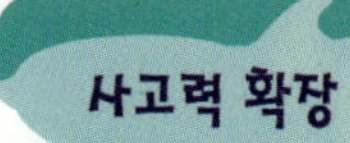

구조화 하기

구조화 하기를 연습하면 서술형도 쉽게 풀어요

(17~24) 몇 개씩 나누면 몇 묶음인지 나눗셈식으로 나타내세요.

17

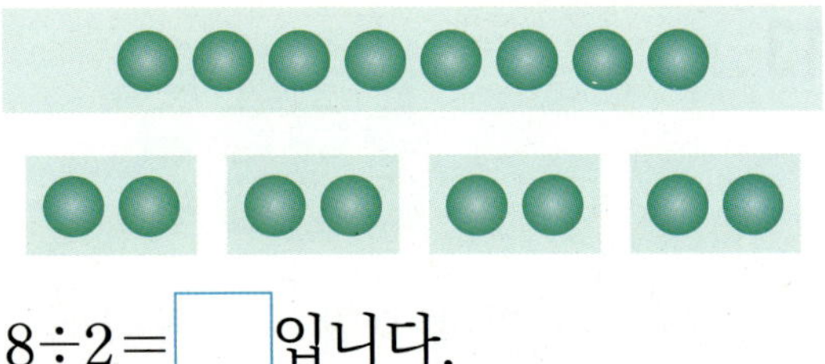

$8 \div 2 =$ ☐ 입니다.

21

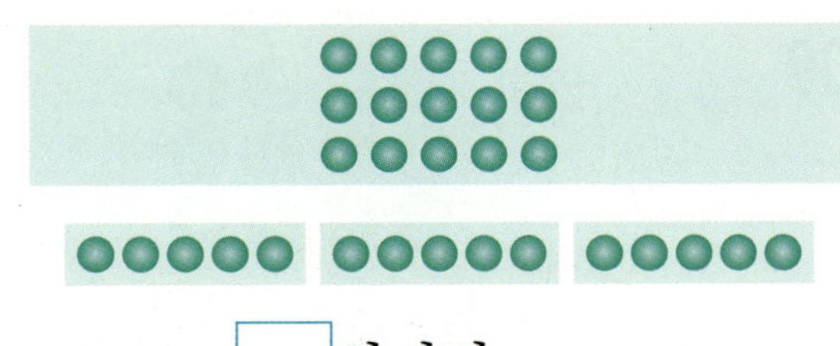

$15 \div 5 =$ ☐ 입니다.

18

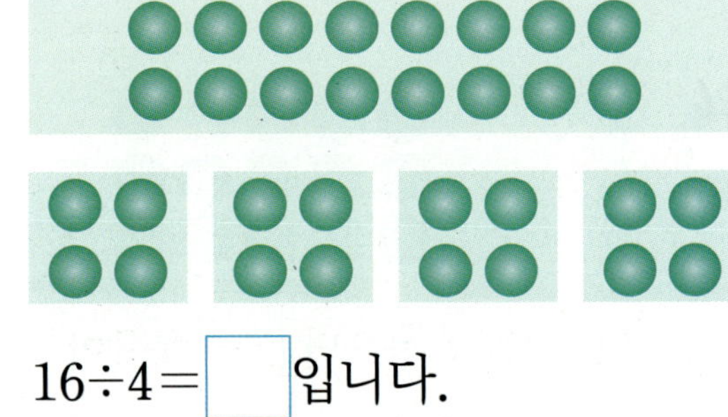

$16 \div 4 =$ ☐ 입니다.

22

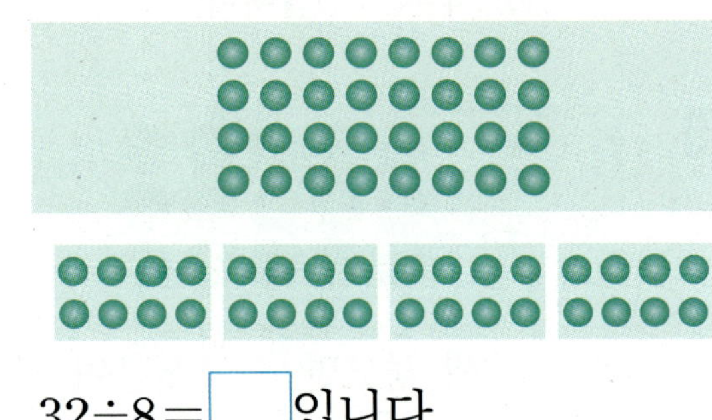

$32 \div 8 =$ ☐ 입니다.

19

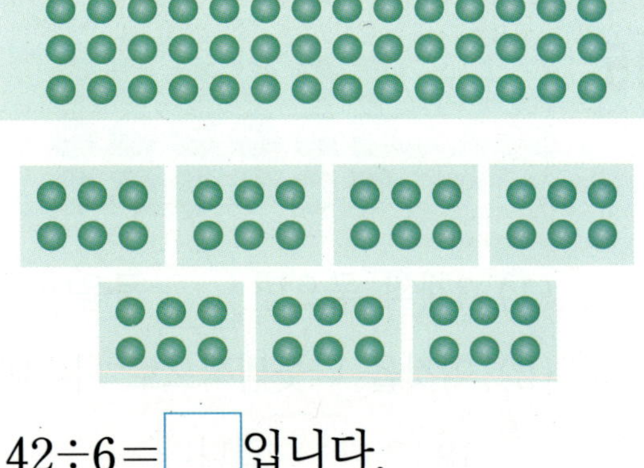

$42 \div 6 =$ ☐ 입니다.

23

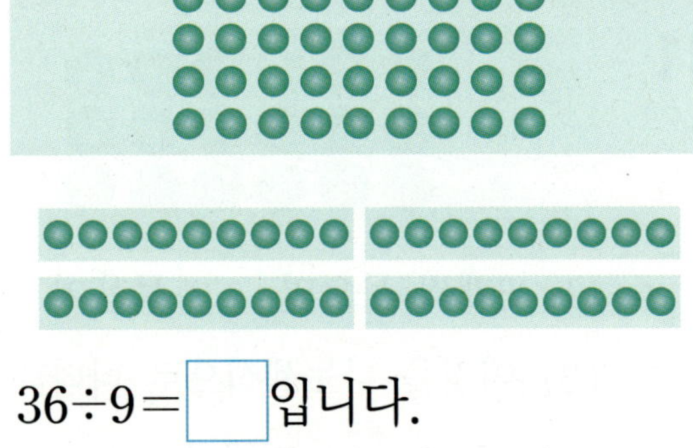

$36 \div 9 =$ ☐ 입니다.

20

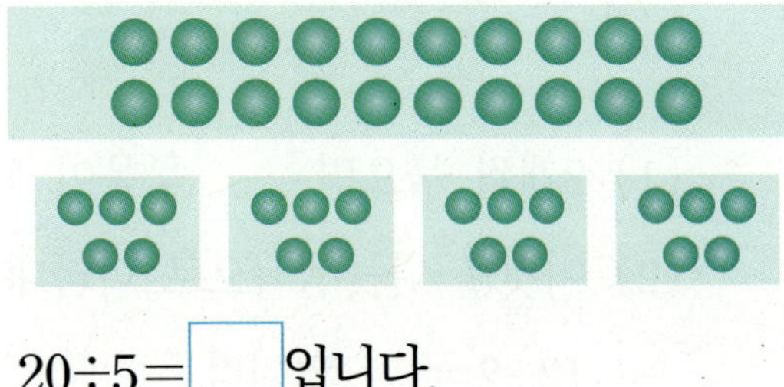

$20 \div 5 =$ ☐ 입니다.

24

$24 \div 8 =$ ☐ 입니다.

서술형 풀어보기

구조화 해서 풀어보아요

25 종이 56장을 7장씩 똑같이 나누어 가지려고 합니다. 몇 명이 나누어 가질 수 있을까요?

풀이과정

(1) 종이가 [ ]장 있습니다.

(2) [ ]장씩 똑같이 나누어 가지려고 합니다.

(3) [ ] ÷ [ ] = [ ]이므로

[ ]명이 [ ]장씩 나누어 가질 수 있습니다.

💡 **(26~29) 풀이과정을 쓰고 답을 구하세요.**

26 사탕 49개를 7명이 똑같이 나누어 가지려고 합니다. 한 명이 몇 개씩 가질 수 있을까요?

풀이 ______________________

답 ______________ 개

28 참외 21명이 7개씩 똑같이 나누어 가지려고 합니다. 몇 개씩 나누어 가질 수 있을까요?

풀이 ______________________

답 ______________ 개

27 연필 16개를 8개씩 똑같이 나누어 가지려고 합니다. 몇 명에게 줄 수 있을까요?

풀이 ______________________

답 ______________ 명

29 사과 30개를 10명이 똑같이 나누어 가지려고 합니다. 몇 개씩 나누어 가질 수 있을까요?

풀이 ______________________

답 ______________ 개

🖐 **연마 Check** 칭찬이나 노력할 점을 써 주세요.

맞힌 개수		지도 의견		확인란
	개	나의 생각		

20 일차 곱셈과 나눗셈의 관계

● 곱셈과 나눗셈의 관계

곱셈식을 나눗셈식으로 바꾸기

$6×2=12$ → $12÷6=2$ / $12÷2=6$

나눗셈식을 곱셈식으로 바꾸기

$12÷6=2$ → $6×2=12$ / $2×6=12$

→ $6×2=12$ 이므로 $12÷6$의 몫은 2입니다.

핵심 포인트

· 12를 6개씩 묶으면 2묶음이 생기고, 2개씩 묶으면 6묶음이 생깁니다.

· 6개씩 2묶음은 12개입니다.

[01~05] 곱셈식을 나눗셈식으로 바꾸세요.

[06~10] 나눗셈식을 곱셈식으로 바꾸세요.

01 $7×6=42$ → $42÷7=6$

06 $24÷8=3$ → $8×3=24$

02 $6×3=18$

07 $20÷4=5$

03 $8×2=16$

08 $72÷9=8$

04 $7×8=56$

09 $6÷3=2$

05 $8×5=40$

10 $45÷5=9$

계산력 강화하기

(11~20) 빈칸에 알맞은 숫자를 쓰세요.

11

$5 \times \boxed{} = 30 \rightarrow 30 \div 5 = \boxed{}$

12

$3 \times \boxed{} = 15 \rightarrow 15 \div 3 = \boxed{}$

13

$7 \times \boxed{} = 21 \rightarrow 21 \div 7 = \boxed{}$

14

$7 \times \boxed{} = 49 \rightarrow 49 \div 7 = \boxed{}$

15

$5 \times \boxed{} = 10 \rightarrow 10 \div 5 = \boxed{}$

16

$7 \times \boxed{} = 28 \rightarrow 28 \div 7 = \boxed{}$

17

$8 \times \boxed{} = 48 \rightarrow 48 \div 8 = \boxed{}$

18

$3 \times \boxed{} = 12 \rightarrow 12 \div 3 = \boxed{}$

19

$9 \times \boxed{} = 36 \rightarrow 36 \div 9 = \boxed{}$

20

$6 \times \boxed{} = 24 \rightarrow 24 \div 6 = \boxed{}$

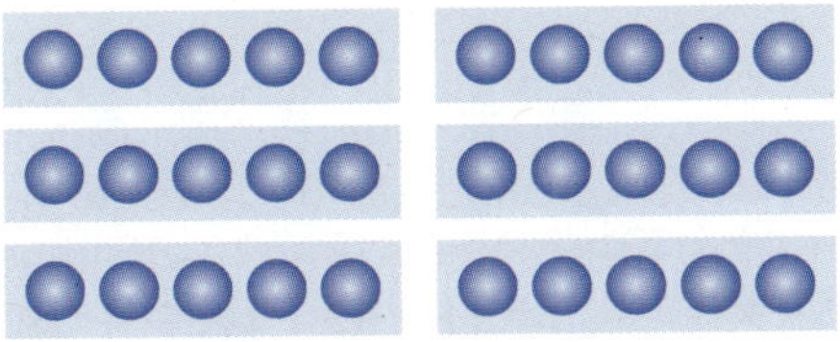

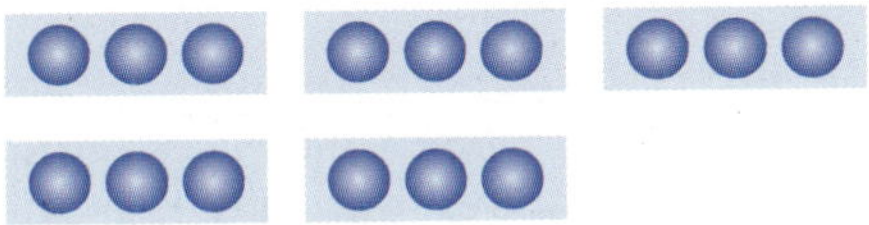

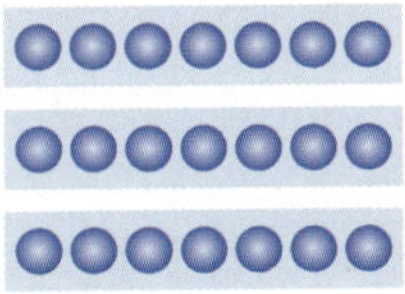

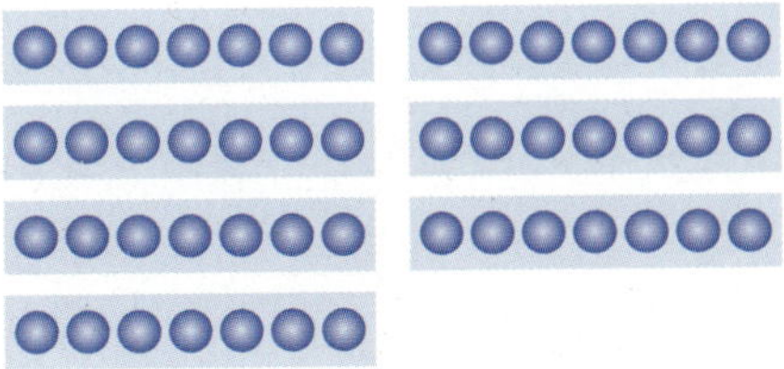

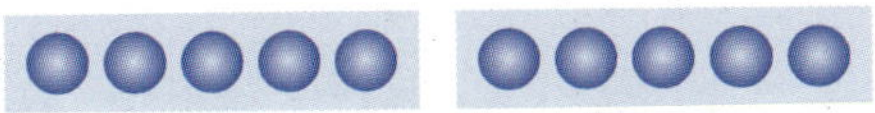

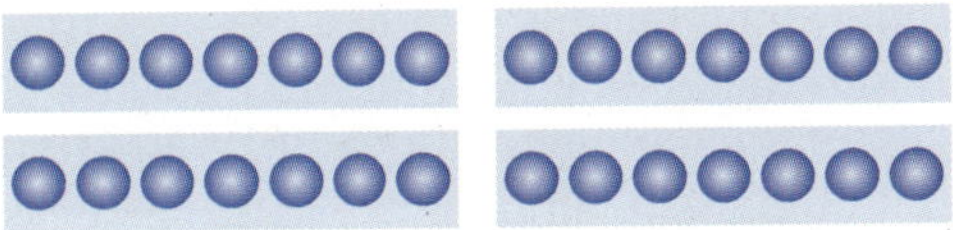

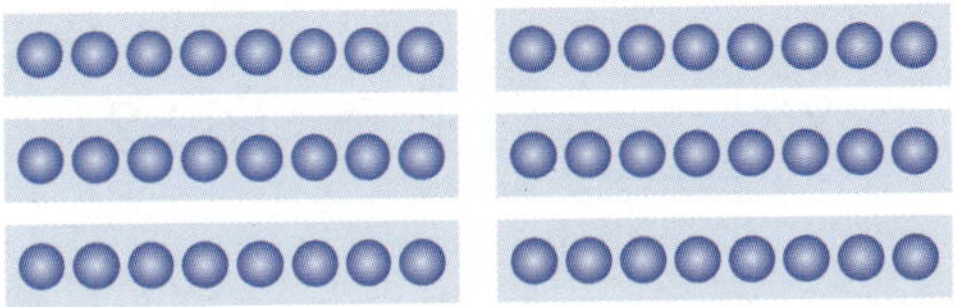

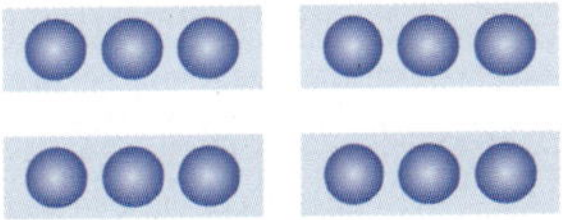

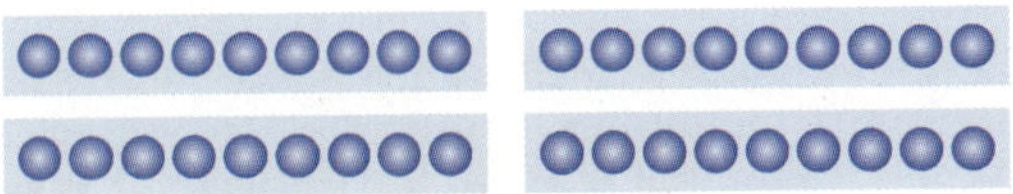

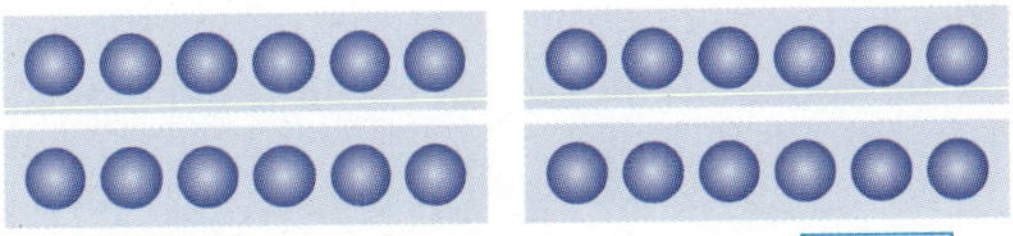

구조화 하기

구조화 하기를 연습하면 서술형도 쉽게 풀어요

(21~30) 그림을 보고 빈칸에 알맞은 수를 써넣으세요.

21
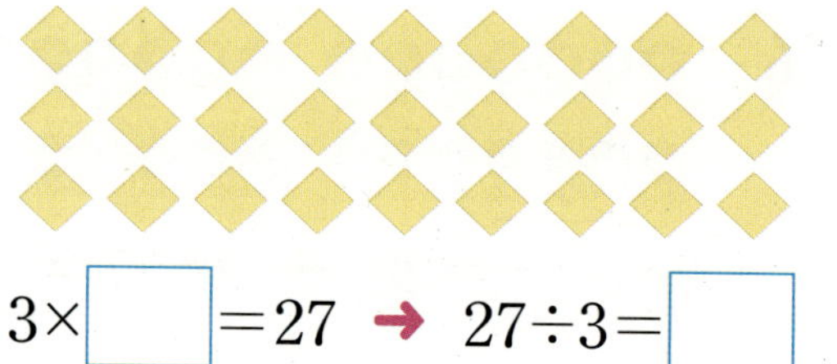

$3 \times \boxed{} = 27 \rightarrow 27 \div 3 = \boxed{}$

26
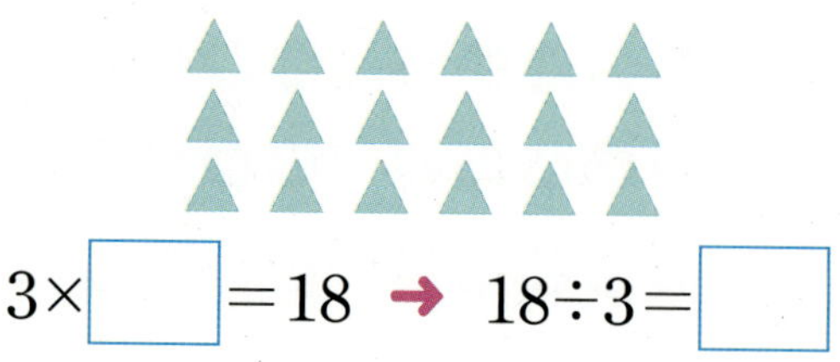

$3 \times \boxed{} = 18 \rightarrow 18 \div 3 = \boxed{}$

22
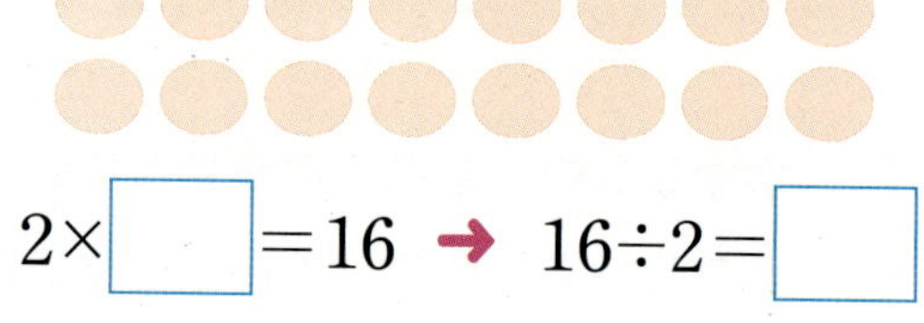

$2 \times \boxed{} = 16 \rightarrow 16 \div 2 = \boxed{}$

27
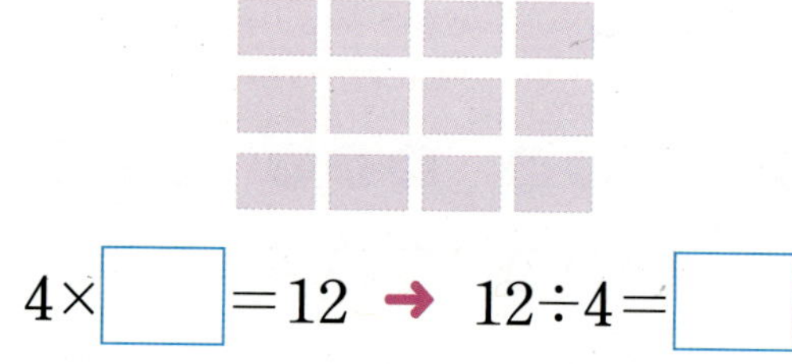

$4 \times \boxed{} = 12 \rightarrow 12 \div 4 = \boxed{}$

23

$6 \times \boxed{} = 18 \rightarrow 18 \div 6 = \boxed{}$

28
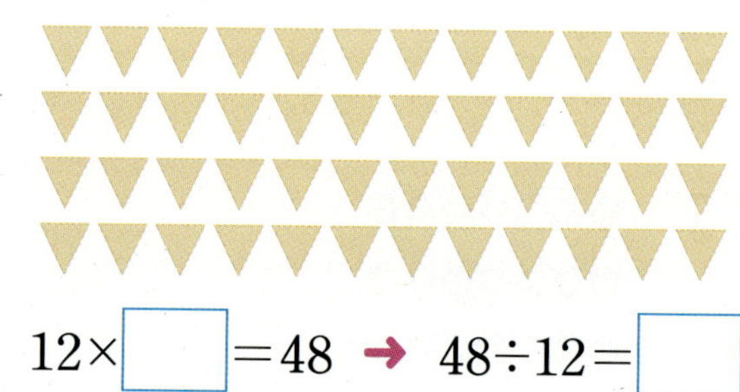

$12 \times \boxed{} = 48 \rightarrow 48 \div 12 = \boxed{}$

24
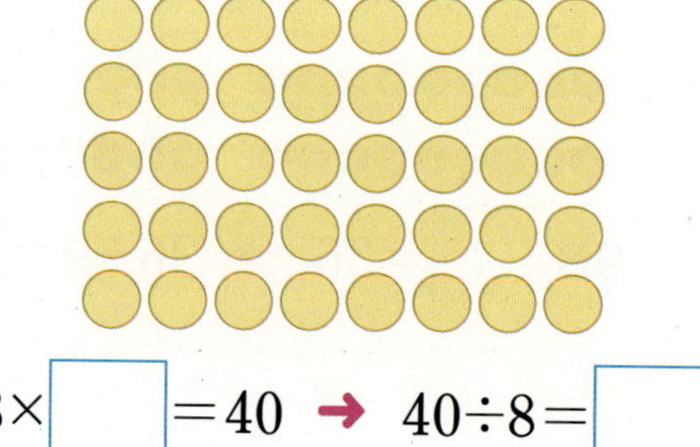

$8 \times \boxed{} = 40 \rightarrow 40 \div 8 = \boxed{}$

29
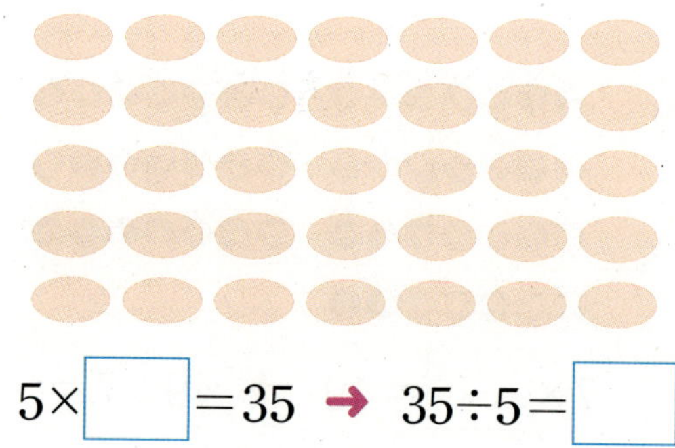

$5 \times \boxed{} = 35 \rightarrow 35 \div 5 = \boxed{}$

25
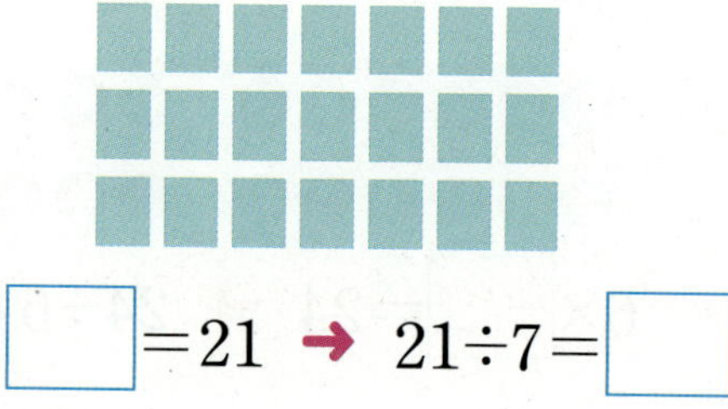

$7 \times \boxed{} = 21 \rightarrow 21 \div 7 = \boxed{}$

30
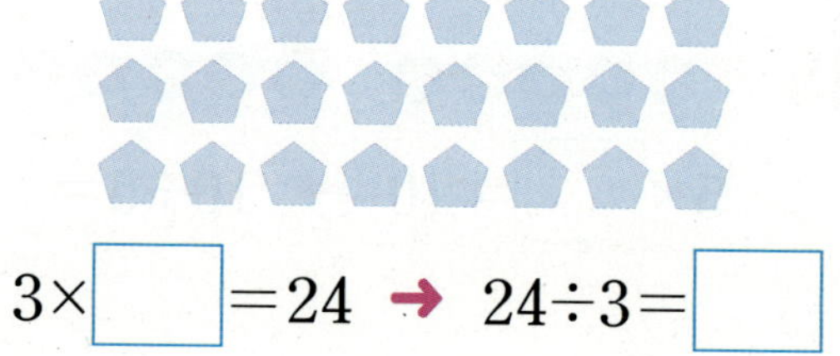

$3 \times \boxed{} = 24 \rightarrow 24 \div 3 = \boxed{}$

서술형 풀어보기

구조화 해서 풀어보아요

31 빵 8개가 들어있는 상자 3개가 있습니다. 이 빵을 3명에게 똑같이 나누어 주려면 몇 개씩 줄 수 있을까요?

풀이과정

(1) 빵은 모두 ☐ × ☐ = ☐ 개 있습니다.

(2) 빵을 ☐ ÷ ☐ = ☐ 개씩 나누어 줄 수 있습니다.

$8 × ☐ = 24$ ➡ $24 ÷ 8 = ☐$

[32~35] 풀이과정을 쓰고 답을 구하세요.

32 5개씩 들어있는 과자가 7상자 있습니다. 이 과자를 7명에게 나누어 준다면 한 사람당 몇 개씩 나누어주면 될까요?

풀이 ___________________

답 _________ 개

34 구슬 8개가 들어있는 주머니가 4개 있습니다. 이 구슬을 4명에게 나누어 준다면 한 사람당 몇 개씩 나누어주면 될까요?

풀이 ___________________

답 _________ 개

33 초콜릿 9개가 들어있는 상자가 6개 있습니다. 이 초콜릿을 6명에게 나누어 준다면 한 사람당 몇 개씩 나누어 주면 될까요?

풀이 ___________________

답 _________ 개

35 달걀이 6개씩 들어있는 4개의 상자가 있습니다. 달걀을 6명에게 나누어 준다면 한 사람당 몇 개씩 나누어주면 될까요?

풀이 ___________________

답 _________ 개

연마 Check

칭찬이나 노력할 점을 써 주세요.

맞힌 개수	지도 의견		확인란
개	나의 생각		

(몇십)×(몇) ①

  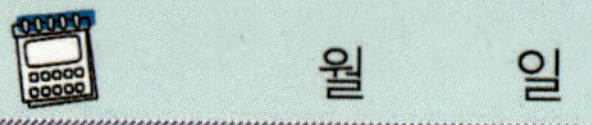

월 일

- (몇십)×(몇)은 (몇)×(몇)의 계산 결과에 0을 붙입니다.
- 40×3의 계산방법

①
$$\begin{array}{c} 4 \\ \times\ \ 3 \\ \hline 1\ \ 2 \end{array}$$

→

② 12에 0을 붙입니다.

$$40×3=120$$

 **핵심 포인트**

- 40×3은 4×3의 계산 결과에 0을 붙이면 됩니다.

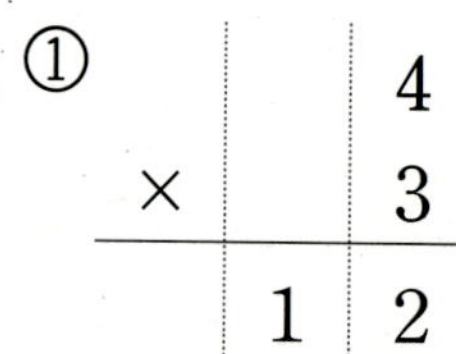 (01~12) 계산을 하세요.

01
$$\begin{array}{c} 3\ \ 0 \\ \times\ \ 5 \\ \hline \square\ \square\ \ 0 \end{array}$$

05
$$\begin{array}{c} 5\ \ 0 \\ \times\ \ 6 \\ \hline \square\ \square\ \square \end{array}$$

09
$$\begin{array}{c} 9\ \ 0 \\ \times\ \ 3 \\ \hline \square\ \square\ \square \end{array}$$

02
$$\begin{array}{c} 6\ \ 0 \\ \times\ \ 7 \\ \hline \square\ \square\ \square \end{array}$$

06
$$\begin{array}{c} 7\ \ 0 \\ \times\ \ 8 \\ \hline \square\ \square\ \square \end{array}$$

10
$$\begin{array}{c} 4\ \ 0 \\ \times\ \ 9 \\ \hline \square\ \square\ \square \end{array}$$

03
$$\begin{array}{c} 8\ \ 0 \\ \times\ \ 5 \\ \hline \square\ \square\ \square \end{array}$$

07
$$\begin{array}{c} 5\ \ 0 \\ \times\ \ 4 \\ \hline \square\ \square\ \square \end{array}$$

11
$$\begin{array}{c} 3\ \ 0 \\ \times\ \ 8 \\ \hline \square\ \square\ \square \end{array}$$

04
$$\begin{array}{c} 8\ \ 0 \\ \times\ \ 7 \\ \hline \square\ \square\ \square \end{array}$$

08
$$\begin{array}{c} 7\ \ 0 \\ \times\ \ 9 \\ \hline \square\ \square\ \square \end{array}$$

12
$$\begin{array}{c} 4\ \ 0 \\ \times\ \ 6 \\ \hline \square\ \square\ \square \end{array}$$

정확하게 풀어보아요

(13~30) 계산을 하세요.

13
$$\begin{array}{r} 5\,0 \\ \times\quad 2 \\ \hline \end{array}$$

19
$$\begin{array}{r} 2\,0 \\ \times\quad 6 \\ \hline \end{array}$$

25
$$\begin{array}{r} 1\,0 \\ \times\quad 8 \\ \hline \end{array}$$

14
$$\begin{array}{r} 9\,0 \\ \times\quad 5 \\ \hline \end{array}$$

20
$$\begin{array}{r} 7\,0 \\ \times\quad 6 \\ \hline \end{array}$$

26
$$\begin{array}{r} 6\,0 \\ \times\quad 8 \\ \hline \end{array}$$

15
$$\begin{array}{r} 2\,0 \\ \times\quad 3 \\ \hline \end{array}$$

21
$$\begin{array}{r} 8\,0 \\ \times\quad 2 \\ \hline \end{array}$$

27
$$\begin{array}{r} 4\,0 \\ \times\quad 4 \\ \hline \end{array}$$

16
$$\begin{array}{r} 1\,0 \\ \times\quad 3 \\ \hline \end{array}$$

22
$$\begin{array}{r} 1\,0 \\ \times\quad 9 \\ \hline \end{array}$$

28
$$\begin{array}{r} 4\,0 \\ \times\quad 2 \\ \hline \end{array}$$

17
$$\begin{array}{r} 9\,0 \\ \times\quad 4 \\ \hline \end{array}$$

23
$$\begin{array}{r} 7\,0 \\ \times\quad 4 \\ \hline \end{array}$$

29
$$\begin{array}{r} 8\,0 \\ \times\quad 1 \\ \hline \end{array}$$

18
$$\begin{array}{r} 6\,0 \\ \times\quad 1 \\ \hline \end{array}$$

24
$$\begin{array}{r} 2\,0 \\ \times\quad 8 \\ \hline \end{array}$$

30
$$\begin{array}{r} 3\,0 \\ \times\quad 9 \\ \hline \end{array}$$

구조화 하기

구조화 하기를 연습하면 서술형도 쉽게 풀어요

[31~51] 두 수의 곱셈을 빈칸에 쓰세요.

31	70	5

38	40	5

45	90	7

32	30	6

39	60	6

46	20	5

33	90	8

40	70	2

47	80	3

34	20	6

41	50	9

48	50	7

35	70	9

42	70	3

49	20	9

36	90	6

43	80	8

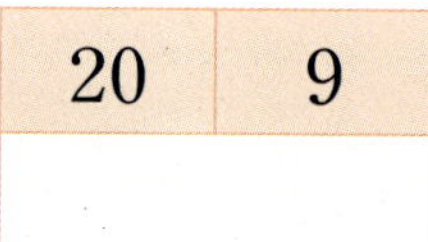

50	50	3

37	80	4

44	70	4

51	90	5

서술형 풀어보기

구조화 해서 풀어보아요

52 사과가 60개씩 들어있는 상자가 4개 있습니다. 사과는 모두 몇 개가 있을까요?

풀이과정

(1) 사과 한 상자에 사과가 [ ]개 있습니다.

(2) 사과 상자는 [ ]개입니다.

(3) 사과는 모두 [ ] × [ ] = [ ]개입니다.

$$\begin{array}{r} 6\,0 \\ \times\quad 4 \\ \hline \end{array}$$

(53~56) 풀이과정을 쓰고 답을 구하세요.

53 80장씩 묶은 신문지가 5묶음 있습니다. 신문지는 모두 몇 장 있을까요?

풀이 ___________________

답 _________ 장

55 돼지우리에 돼지가 20마리 있습니다. 돼지 다리는 모두 몇 개일까요?

풀이 ___________________

답 _________ 개

54 초콜릿을 40개씩 8상자를 포장했습니다. 초콜릿은 모두 몇 개 있을까요?

풀이 ___________________

답 _________ 개

56 몸무게가 30 kg인 사람 4명이 엘리베이터에 탔습니다. 엘리베이터에 탄 사람의 몸무게는 모두 몇 kg입니까?

풀이 ___________________

답 _________ kg

연마 Check 칭찬이나 노력할 점을 써 주세요.

맞힌 개수		지도 의견		확인란
	개	나의 생각		

(몇십)×(몇) ②

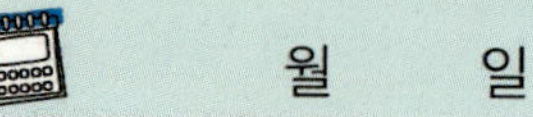

월   일

- (몇십)×(몇)은 (몇)×(몇)의 계산 결과에 0을 붙입니다.
- 20×6의 계산방법

① (몇)×(몇)하기
$2×6=12$

② (몇십)×(몇)하기
$20×6=120$

→ 계산 결과에 0붙이기

핵심 포인트

- 20×6은 2×6의 계산 결과에 0을 붙이면 됩니다.

[01~10] 빈칸에 알맞은 수를 쓰세요.

01 $50×2=$

02 $80×8=$

03 $30×9=$

04 $70×6=$

05 $80×1=$

06 $10×3=$

07 $10×9=$

08 $90×5=$

09 $60×6=$

10 $60×8=$

■ **(11~31) 계산을 하세요.**

11 90×1

12 60×2

13 70×9

14 20×2

15 20×5

16 70×2

17 50×5

18 20×1

19 30×1

20 50×9

21 80×9

22 70×5

23 90×9

24 80×3

25 70×7

26 50×1

27 20×7

28 40×5

29 10×2

30 10×7

31 50×7

구조화 하기

구조화 하기를 연습하면 서술형도 쉽게 풀어요

(32~52) 빈칸에 알맞은 수를 써넣으세요.

32 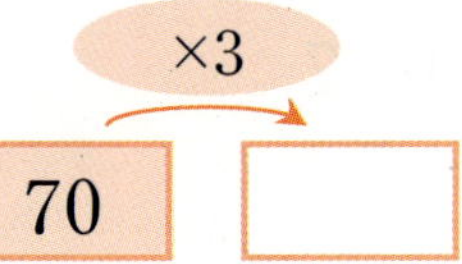
×3
70 [ ]

39 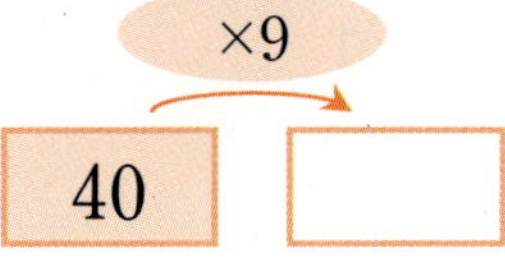
×9
40 [ ]

46 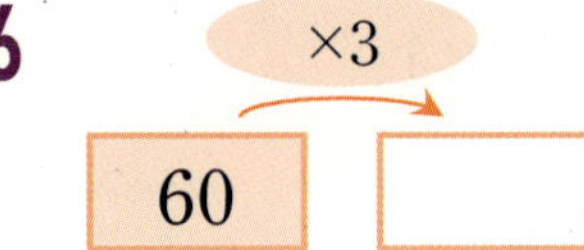
×3
60 [ ]

33 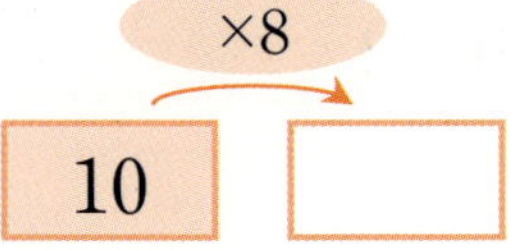
×8
10 [ ]

40 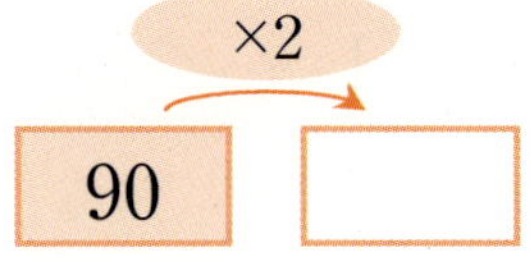
×2
90 [ ]

47 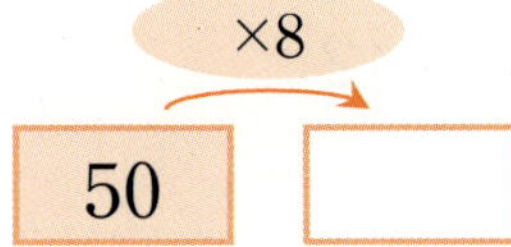
×8
50 [ ]

34 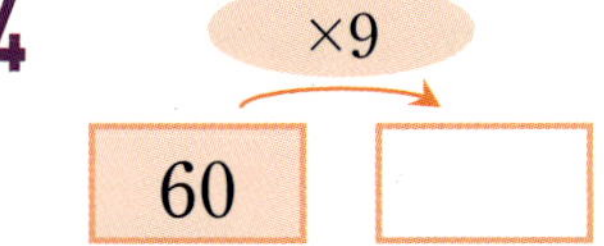
×9
60 [ ]

41 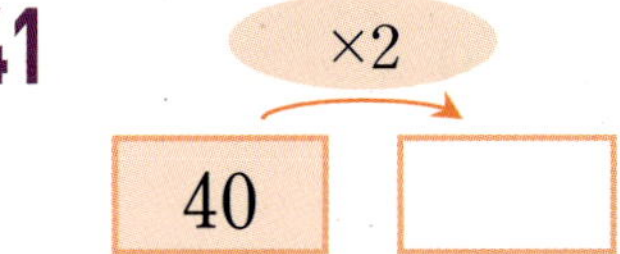
×2
40 [ ]

48 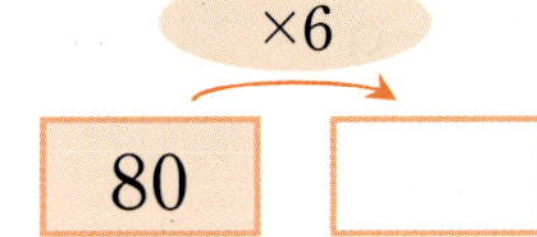
×6
80 [ ]

35 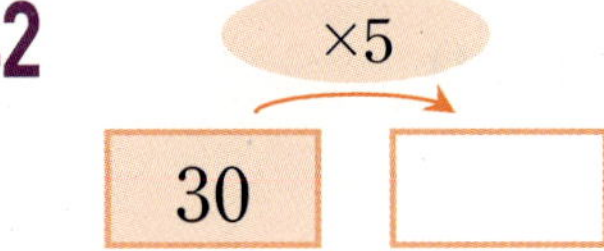
×6
30 [ ]

42 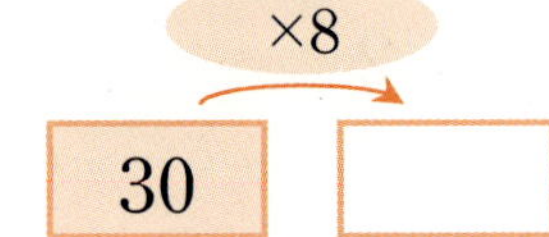
×5
30 [ ]

49 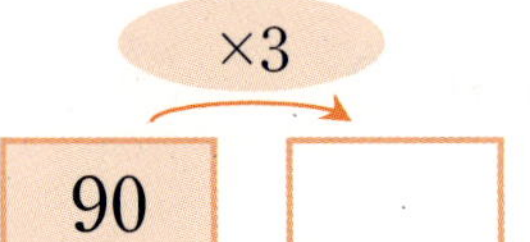
×8
30 [ ]

36 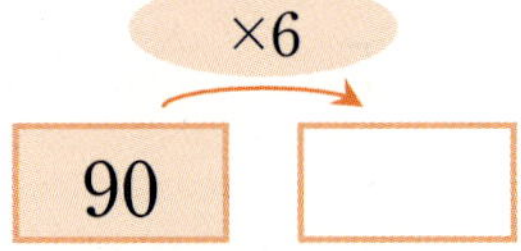
×3
90 [ ]

43 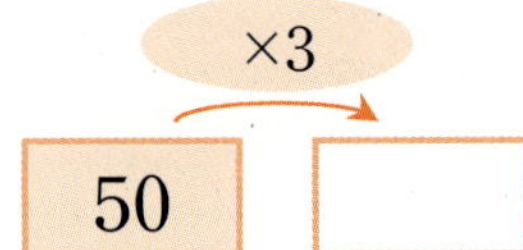
×6
90 [ ]

50 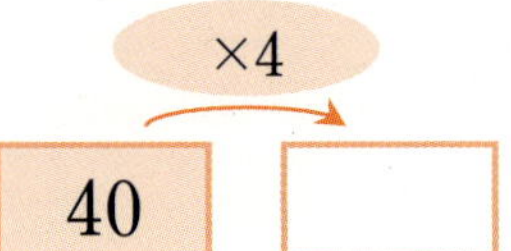
×3
50 [ ]

37 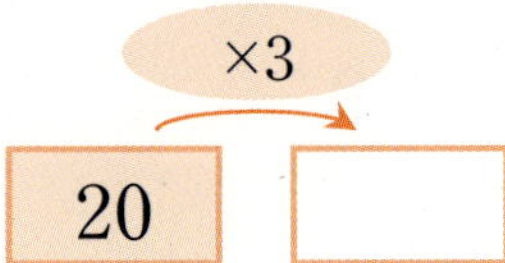
×4
40 [ ]

44 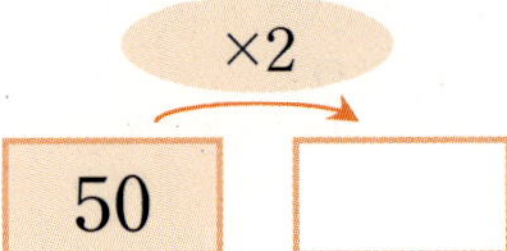
×3
20 [ ]

51 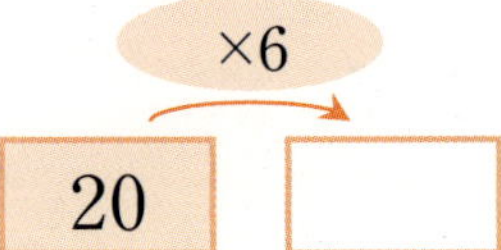
×2
50 [ ]

38 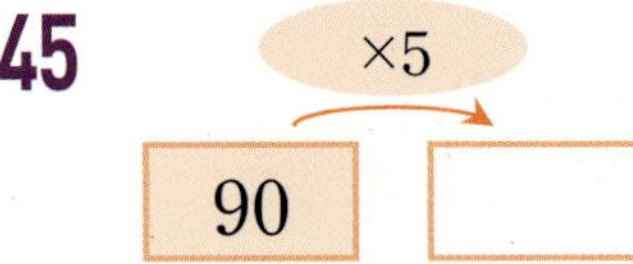
×6
20 [ ]

45 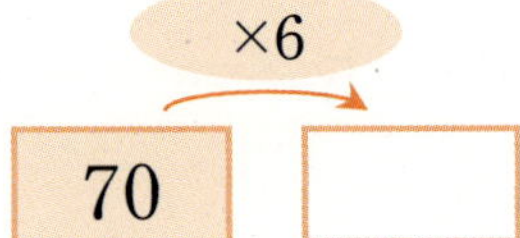
×5
90 [ ]

52
×6
70 [ ]

서술형 풀어보기

구조화 해서 풀어보아요

53 달걀을 한판에 20개씩 담아서 8판을 만들려고 합니다. 필요한 달걀은 몇 개일까요?

풀이과정

(1) 달걀 한판에 □개씩 담습니다.

(2) 달걀 □판을 만들려고 합니다.

(3) 필요한 달걀은 □ × □ = □ 개입니다.

$$\begin{array}{r} 2\ 0 \\ \times\quad 8 \\ \hline \square\square\square \end{array}$$

(54~57) 풀이과정을 쓰고 답을 구하세요.

54 아름이는 줄넘기를 60번씩 5회를 했습니다. 아름이는 줄넘기를 몇 번 했을까요?

풀이 ________________

답 ________ 번

56 한 묶음에 40개씩 들어있는 딸기를 7상자를 샀다면 딸기는 모두 몇 개일까요?

풀이 ________________

답 ________ 개

55 한 묶음에 80장인 색종이를 4묶음 가지고 있다면 모두 몇 장의 색종이를 가지고 있을까요?

풀이 ________________

답 ________ 장

57 한 상자에 30개씩 쿠키를 담아 7상자를 만들어 판매를 하려고 합니다. 몇 개의 쿠키를 만들어야 할까요?

풀이 ________________

답 ________ 개

연마 Check 칭찬이나 노력할 점을 써 주세요.

맞힌 개수	지도 의견		확인란
개	나의 생각		

올림이 없는 (몇십 몇)×(몇)

● 23×2의 계산

```
    3              2 0            2 3
  ×   2    +     ×   2    →     ×   2
    6            4 0            4 6
```

<일의 자리 곱셈>　　<십의 자리 곱셈>

① (일의 자리)×(일의 자리)를 먼저 계산합니다.
② 그 다음 (십의 자리)×(일의 자리)를 계산합니다.

핵심포인트
· 3×2=6을 먼저 계산합니다.
· 그다음 20×2=40을 계산합니다.

(01~12) 계산을 하세요.

01
```
    1 9
  ×   1
  □   9
```

02
```
    1 2
  ×   4
  □ □
```

03
```
    7 9
  ×   1
  □ □
```

04
```
    2 3
  ×   2
  □ □
```

05
```
    4 4
  ×   2
  □ □
```

06
```
    1 1
  ×   8
  □ □
```

07
```
    8 2
  ×   1
  □ □
```

08
```
    1 3
  ×   2
  □ □
```

09
```
    1 4
  ×   2
  □ □
```

10
```
    3 4
  ×   2
  □ □
```

11
```
    2 2
  ×   2
  □ □
```

12
```
    1 2
  ×   2
  □ □
```

 **(13~30) 계산을 하세요.**

13 $\begin{array}{r} 1\ 4 \\ \times\quad 2 \\ \hline \end{array}$	**19** $\begin{array}{r} 3\ 1 \\ \times\quad 3 \\ \hline \end{array}$	**25** $\begin{array}{r} 2\ 4 \\ \times\quad 2 \\ \hline \end{array}$
14 $\begin{array}{r} 3\ 1 \\ \times\quad 2 \\ \hline \end{array}$	**20** $\begin{array}{r} 4\ 4 \\ \times\quad 1 \\ \hline \end{array}$	**26** $\begin{array}{r} 1\ 4 \\ \times\quad 2 \\ \hline \end{array}$
15 $\begin{array}{r} 2\ 1 \\ \times\quad 4 \\ \hline \end{array}$	**21** $\begin{array}{r} 5\ 8 \\ \times\quad 1 \\ \hline \end{array}$	**27** $\begin{array}{r} 4\ 3 \\ \times\quad 2 \\ \hline \end{array}$
16 $\begin{array}{r} 4\ 3 \\ \times\quad 1 \\ \hline \end{array}$	**22** $\begin{array}{r} 7\ 6 \\ \times\quad 1 \\ \hline \end{array}$	**28** $\begin{array}{r} 2\ 1 \\ \times\quad 3 \\ \hline \end{array}$
17 $\begin{array}{r} 1\ 1 \\ \times\quad 4 \\ \hline \end{array}$	**23** $\begin{array}{r} 1\ 3 \\ \times\quad 3 \\ \hline \end{array}$	**29** $\begin{array}{r} 1\ 2 \\ \times\quad 4 \\ \hline \end{array}$
18 $\begin{array}{r} 4\ 4 \\ \times\quad 2 \\ \hline \end{array}$	**24** $\begin{array}{r} 2\ 7 \\ \times\quad 1 \\ \hline \end{array}$	**30** $\begin{array}{r} 2\ 1 \\ \times\quad 2 \\ \hline \end{array}$

(31~51) 두 수의 곱셈을 빈칸에 쓰세요.

31

12	
2	

32

14	
2	

33

11	
8	

34

13	
1	

35

33	
3	

36

47	
1	

37

22	
3	

38

59	
1	

39

42	
2	

40

24	
1	

41

12	
3	

42

11	
7	

43

41	
2	

44

38	
1	

45

31	
2	

46

23	
3	

47

15	
1	

48

26	
1	

49

32	
2	

50

12	
1	

51

31	
3	

서술형 풀어보기

구조화 해서 풀어보아요

52 누나가 윗몸일으키기를 32번씩 3회를 했습니다. 윗몸일으키기를 모두 몇 번 했을까요?

풀이과정

(1) 한 번에 윗몸일으키기를 ☐ 번씩 했습니다.

(2) 누나는 윗몸일으키기를 ☐ 회 했습니다.

(3) 누나는 윗몸일으키기를 모두 ☐ × ☐ = ☐ 번 했습니다.

$$\begin{array}{r} 3\ 2 \\ \times\quad 3 \\ \hline \square\ \square \end{array}$$

[53~56] 풀이과정을 쓰고 답을 구하세요.

53 21개씩 들어있는 달걀이 4상자 있습니다. 달걀은 모두 몇 개가 있을까요?

풀이 ___________________

답 _________ 개

54 한 다발에 장미를 23송이씩 2다발을 만들었습니다. 장미는 모두 몇 송이일까요?

풀이 ___________________

답 _________ 송이

55 색연필이 한 세트에 33개가 들어있습니다. 색연필 3세트를 사면 색연필은 몇 개일까요?

풀이 ___________________

답 _________ 개

56 한 주머니에 42개씩 들어있는 구슬 주머니가 2개 있습니다. 구슬은 모두 몇 개일까요?

풀이 ___________________

답 _________ 개

연마 Check 칭찬이나 노력할 점을 써 주세요.

맞힌 개수	지도 의견		확인란
개	나의 생각		

 **일차**

십의 자리에서 올림이 있는 (두 자리수)×(한 자리 수)①

● 십의 자리에서 올림이 있는 (두 자리 수)×(한 자리 수)의 곱셈

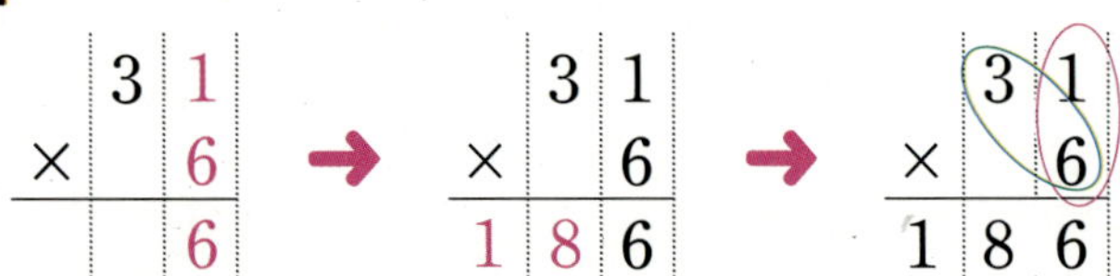

<일의 자리 곱셈>   <십의 자리 곱셈>

① (일의 자리)×(일의 자리)를 먼저 계산합니다.
② (십의 자리)×(일의 자리)를 두 번째 계산합니다.

핵심포인트

· 1×6＝6을 먼저 계산합니다.
· 30×6＝180을 두 번째 계산합니다.
· 두 수를 더합니다.
  6+180 → 186

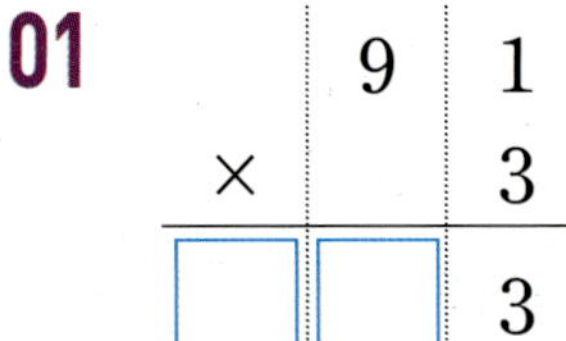 **(01~12) 계산을 하세요.**

01
```
    9  1
×      3
```

05
```
    6  1
×      9
```

09
```
    8  2
×      2
```

02
```
    4  2
×      3
```

06
```
    7  1
×      8
```

10
```
    9  1
×      6
```

03
```
    5  1
×      2
```

07
```
    7  1
×      4
```

11
```
    9  1
×      7
```

04
```
    2  1
×      5
```

08
```
    3  1
×      8
```

12
```
    9  3
×      3
```

(13~29) 계산을 하세요.

13	4 1 × 3		**19**	7 1 × 9		**25**	9 1 × 9
14	2 1 × 9		**20**	9 4 × 2		**26**	8 2 × 3
15	3 1 × 7		**21**	5 1 × 4		**27**	2 1 × 8
16	8 2 × 4		**22**	3 1 × 9		**28**	3 2 × 4
17	9 1 × 8		**23**	7 2 × 3		**29**	6 4 × 2
18	8 1 × 5		**24**	5 1 × 5		**30**	4 1 × 7

구조화 하기

구조화 하기를 연습하면 서술형도 쉽게 풀어요

(31~48) 빈칸에 두 수의 곱을 써넣으세요.

31 81 ×2

32 41 ×9

33 52 ×3

34 91 ×5

35 71 ×3

36 71 ×4

37 31 ×4

38 32 ×4

39 83 ×2

40 61 ×7

41 61 ×6

42 72 ×3

43 51 ×6

44 53 ×2

45 41 ×5

46 63 ×3

47 81 ×4

48 72 ×4

서술형 풀어보기

구조화 해서 풀어보아요

49 73명이 탈 수 있는 배가 3척 있습니다. 배 3척에는 모두 몇 명이 탈 수 있을까요?

풀이과정

(1) 배 한 척에는 □ 명이 탈 수 있습니다.

(2) 배가 □ 척 있습니다.

(3) 배에는 모두 □ × □ = □ 명이 탈 수 있습니다.

$$\begin{array}{r} 7\ 3 \\ \times \ 3 \\ \hline \square\square\square \end{array}$$

(50~53) 풀이과정을 쓰고 답을 구하세요.

50 한 상자에 92개의 토마토가 들어있는 상자가 4개 있습니다. 토마토는 모두 몇 개 있을까요?

풀이

답 ___________ 개

52 한 상자에 51개의 사과가 들어있는 상자 8개가 있습니다. 사과는 모두 몇 개가 있을까요?

풀이

답 ___________ 개

51 61 kg의 상자 5개의 무게는 모두 몇 kg일까요?

풀이

답 ___________ kg

53 42 L가 들어있는 물탱크가 4개 있습니다. 4개의 물탱크에 있는 물은 모두 몇 L일까요?

풀이

답 ___________ L

연마 Check 칭찬이나 노력할 점을 써 주세요.

맞힌 개수		지도 의견		확인란
	개	나의 생각		

  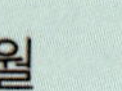 

십의 자리에서 올림이 있는 (두 자리수)×(한 자리 수)②

월   일

● 십의 자리에서 올림이 있는 (두 자리 수)×(한 자리 수)의 곱셈

→ 51×6의 계산

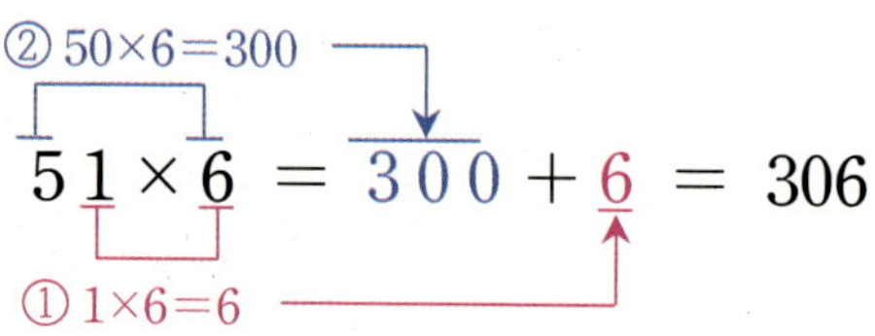

$$51 \times 6 = 300 + 6 = 306$$

② 50×6=300
① 1×6=6

핵심포인트 

① 먼저 일의 자리의 수를 계산합니다.
  1×6=6

② 10의 자리의 수를 계산합니다.
  50×6=300

③ 두 수를 더합니다. 6+300=306

⏳ (01~08) 안에 알맞은 수를 써넣으세요.

01

	백	십	일
1×9 →			9
40×9 →	3	6	0
41×9 →			

02

	백	십	일
1×8 →			
50×8 →			0
51×8 →			

03

	백	십	일
3×2 →			
50×2 →			0
53×2 →			

04

	백	십	일
3×2 →			
80×2 →			0
83×2 →			

05

	백	십	일
1×5 →			
90×5 →			0
91×5 →			

06

	백	십	일
1×2 →			
80×2 →			0
81×2 →			

07

	백	십	일
1×8 →			
60×8 →			0
61×8 →			

08

	백	십	일
1×4 →			
60×4 →			0
61×4 →			

정확하게 풀어보아요

(09~29) 계산을 하세요.

09 61×7

10 41×5

11 21×6

12 41×4

13 71×5

14 82×3

15 43×3

16 92×4

17 81×3

18 52×4

19 92×2

20 83×3

21 21×5

22 63×3

23 32×4

24 71×6

25 62×4

26 72×4

27 31×5

28 91×4

29 52×2

 구조화 하기

구조화 하기를 연습하면 서술형도 쉽게 풀어요

(30~50) 두 수의 곱셈을 빈칸에 쓰세요.

30	31	9

37	81	6

44	62	2

31	73	2

38	84	2

45	72	2

32	42	4

39	82	2

46	54	2

33	74	2

40	93	2

47	71	8

34	61	3

41	51	3

48	31	7

35	32	4

42	42	3

49	53	3

36	71	2

43	61	6

50	93	3

서술형 풀어보기

구조화 해서 풀어보아요

51 53장씩 묶인 메모지가 3개 있습니다. 메모지는 모두 몇 장일까요?

풀이과정

(1) 메모지가 [ ]장씩 묶여 있습니다.

(2) 묶여 있는 메모지가 [ ]개 있습니다.

(3) 메모지는 모두 [ ]×[ ]=[ ]장 있습니다.

	백	십	일
$3×3$ →			
$50×3$ →			0
$53×3$ →			

(52~55) 풀이과정을 쓰고 답을 구하세요.

52 73개의 귤이 담겨 있는 상자가 3개 있으면 귤은 몇 개일까요?

풀이 _______________

답 ________ 개

54 63 cm 길이의 끈을 2개를 겹치지 않게 연결하면 몇 cm가 될까요?

풀이 _______________

답 ________ cm

53 현주는 91m의 길을 갔다가 다시 되돌아와 출발점으로 왔습니다. 현주가 움직인 거리는 모두 몇 m일까요?

풀이 _______________

답 ________ m

55 92개의 사탕이 들어있는 주머니가 3개 있습니다. 사탕은 모두 몇 개일까요?

풀이 _______________

답 ________ 개

연마 Check 칭찬이나 노력할 점을 써 주세요.

맞힌 개수		지도 의견		확인란
	개	나의 생각		

일의 자리에서 올림이 있는 (두 자리수)×(한 자리 수)①

월   일

● 일의 자리에서 올림이 있는 (두 자리 수)×(한 자리 수)의 곱셈

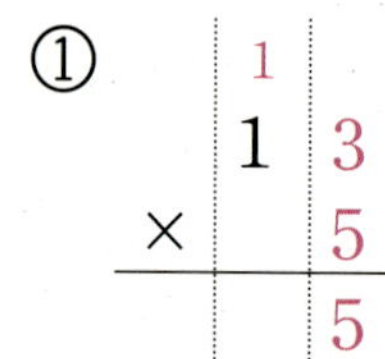 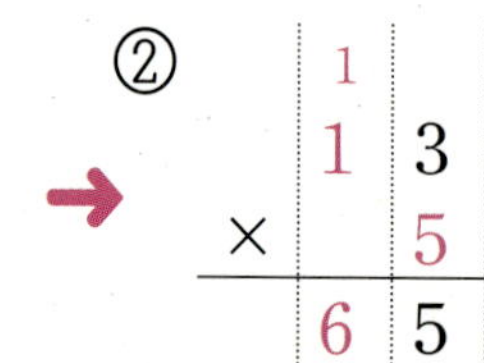

① (일의 자리)×(일의 자리)를 먼저 계산합니다. 3×5=15이므로 10을 십의 자리로 올립니다.

② (십의 자리)×(일의 자리)를 계산한 후 올림 한 수를 더합니다.

 핵심 포인트

• 일의 자리에서 계산한 3×5=15와 십의 자리에서 계산한 10×5=50을 더합니다.

→ 15+50=65

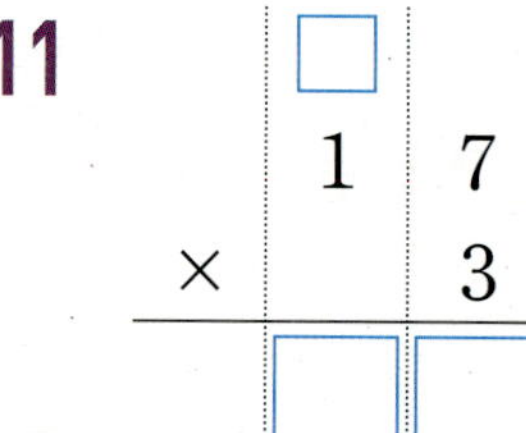 **(01~12) 빈칸에 알맞은 수를 써넣으세요.**

01

$$\begin{array}{r} \;^{1} \\ 2\;\;6 \\ \times \quad 2 \\ \hline \square\;\;2 \end{array}$$

02

$$\begin{array}{r} \square \\ 2\;\;8 \\ \times \quad 3 \\ \hline \square\;\;\square \end{array}$$

03

$$\begin{array}{r} \square \\ 3\;\;6 \\ \times \quad 2 \\ \hline \square\;\;\square \end{array}$$

04

$$\begin{array}{r} \square \\ 1\;\;5 \\ \times \quad 2 \\ \hline \square\;\;\square \end{array}$$

05

$$\begin{array}{r} \square \\ 3\;\;7 \\ \times \quad 2 \\ \hline \square\;\;\square \end{array}$$

06

$$\begin{array}{r} \square \\ 2\;\;7 \\ \times \quad 2 \\ \hline \square\;\;\square \end{array}$$

07

$$\begin{array}{r} \square \\ 4\;\;8 \\ \times \quad 2 \\ \hline \square\;\;\square \end{array}$$

08

$$\begin{array}{r} \square \\ 1\;\;5 \\ \times \quad 4 \\ \hline \square\;\;\square \end{array}$$

09

$$\begin{array}{r} \square \\ 1\;\;3 \\ \times \quad 6 \\ \hline \square\;\;\square \end{array}$$

10

$$\begin{array}{r} \square \\ 2\;\;3 \\ \times \quad 4 \\ \hline \square\;\;\square \end{array}$$

11

$$\begin{array}{r} \square \\ 1\;\;7 \\ \times \quad 3 \\ \hline \square\;\;\square \end{array}$$

12

$$\begin{array}{r} \square \\ 2\;\;6 \\ \times \quad 3 \\ \hline \square\;\;\square \end{array}$$

(13~30) 계산을 하세요.

13	1 5 × 3	19	1 8 × 4	25	2 9 × 3
14	4 9 × 2	20	1 5 × 5	26	1 8 × 3
15	1 4 × 7	21	1 3 × 4	27	2 9 × 2
16	2 6 × 2	22	1 6 × 6	28	2 5 × 3
17	1 4 × 5	23	3 6 × 2	29	1 9 × 3
18	2 8 × 2	24	1 6 × 5	30	1 2 × 6

구조화 하기

구조화 하기를 연습하면 서술형도 쉽게 풀어요

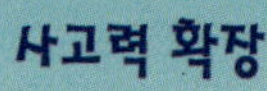 

(31~48) 빈칸에 두 수의 곱을 써넣으세요.

31   48   ×2

32   27   ×2

33   28   ×3

34   13   ×6

35   12   ×6

36   36   ×2

37   19   ×3

38   17   ×5

39   16   ×3

40   49   ×2

41   14   ×7

42   15   ×4

43   23   ×4

44   15   ×5

45   37   ×2

46   24   ×4

47   27   ×3

48   19   ×5

서술형 풀어보기

구조화 해서 풀어보아요

49 어떤 빵은 한 개를 굽는데 버터가 14 g씩 필요합니다. 이 빵을 5개를 굽는다면 버터는 몇 g이 필요할까요?

풀이과정

(1) 빵 한 개를 굽는 데 버터가 ☐ g 필요합니다.

(2) ☐ 개의 빵을 굽습니다.

(3) 필요한 버터의 양은 ☐ × ☐ = ☐ g입니다.

$$\begin{array}{r} 1\ 4 \\ \times\quad\ \ 5 \\ \hline \end{array}$$

(50~53) 풀이과정을 쓰고 답을 구하세요.

50 13명의 사람이 똑같이 4 g의 소금을 먹었습니다. 사용된 소금은 모두 몇 g 일까요?

풀이 ________________________

답 ________ g

51 47쌍의 부부가 파티에 참석합니다. 의자는 몇 개가 필요할까요?

풀이 ________________________

답 ________ 개

52 세발자전거가 14대 있습니다. 바퀴는 모두 몇 개일까요?

풀이 ________________________

답 ________ 개

53 끈으로 묶는 운동화 26켤레가 있습니다. 운동화 끈은 모두 몇 개일까요?

풀이 ________________________

답 ________ 개

연마 Check 칭찬이나 노력할 점을 써 주세요.

맞힌 개수	지도 의견		확인란
개	나의 생각		

27일차

월   일

● 일의 자리에서 올림이 있는 (두 자리 수)×(한 자리 수)의 곱셈

→ 15×6의 계산

	십	일
⑤ × ⑥ →	3	0
①0 × ⑥ →	6	0
1 5 × 6 →	9	0

일의 자리를 먼저 계산하고, 십의 자리를 그다음 계산합니다.

 핵심 포인트

· 5×6=30을 먼저 계산합니다.
· 10×6=60을 두 번째 계산합니다.

$$1\ 5 \times 6 = \begin{array}{l} 30 \\ 60 \end{array} \Big] 90$$

 [01~08] 안에 알맞은 수를 써넣으세요.

01

	십	일
6×3 →	1	8
10×3 →	3	0
16×3 →		

05

	십	일
7×2 →		
30×2 →		
37×2 →		

02

	십	일
3×6 →		
10×6 →		
13×6 →		

06

	십	일
8×3 →		
20×3 →		
28×3 →		

03

	십	일
7×2 →		
20×2 →		
27×2 →		

07

	십	일
6×2 →		
30×2 →		
36×2 →		

04

	십	일
8×2 →		
40×2 →		
48×2 →		

08

	십	일
5×4 →		
10×4 →		
15×4 →		

(09~29) 계산을 하세요.

09 14×6	**16** 12×7	**23** 15×3
10 49×2	**17** 15×5	**24** 18×3
11 14×7	**18** 13×4	**25** 14×4
12 15×6	**19** 25×3	**26** 16×2
13 19×3	**20** 28×2	**27** 39×2
14 16×6	**21** 15×2	**28** 15×4
15 26×3	**22** 17×3	**29** 19×2

구조화 하기

구조화 하기를 연습하면 서술형도 쉽게 풀어요

(30~50) 빈칸에 알맞은 수를 써넣으세요.

30 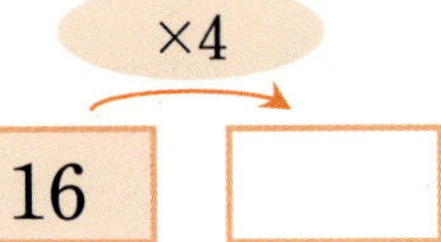
×4
16 ☐

37 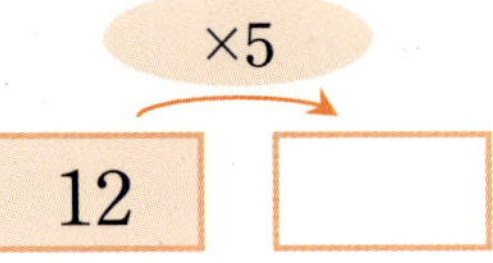
×5
12 ☐

44 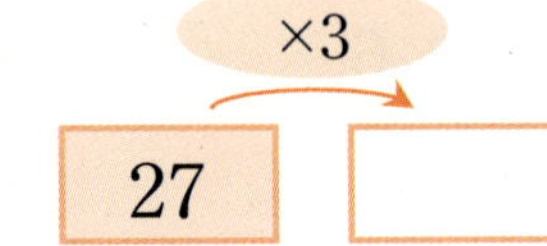
×3
27 ☐

31 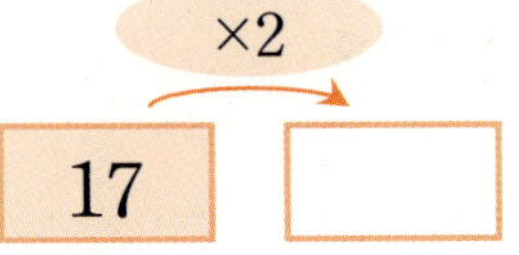
×2
17 ☐

38 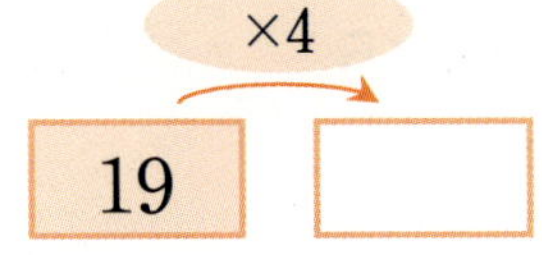
×4
19 ☐

45 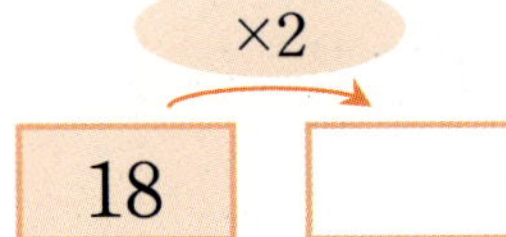
×2
18 ☐

32 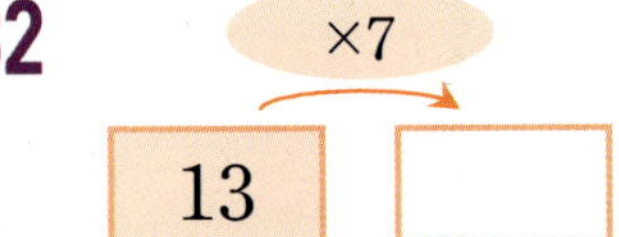
×7
13 ☐

39 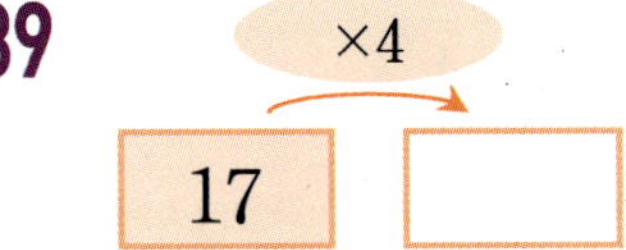
×4
17 ☐

46 
×5
17 ☐

33 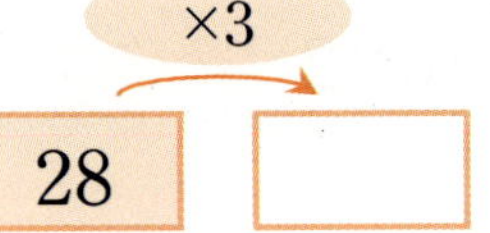
×3
28 ☐

40 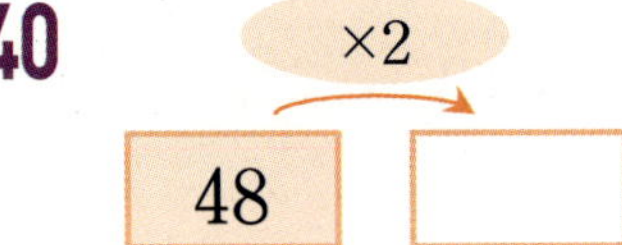
×2
48 ☐

47 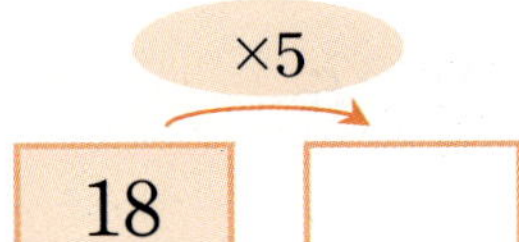
×5
18 ☐

34 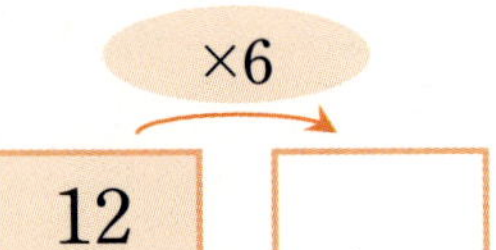
×6
12 ☐

41 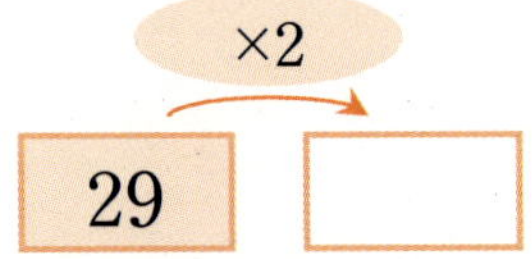
×2
29 ☐

48 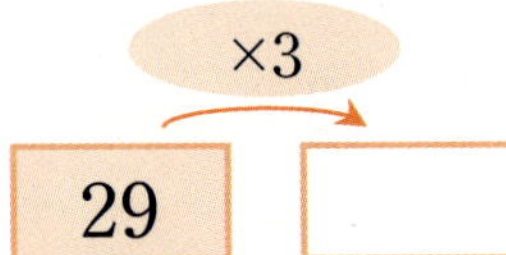
×3
29 ☐

35 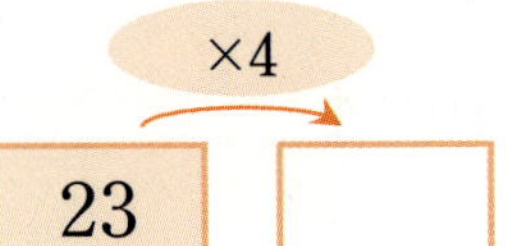
×4
23 ☐

42 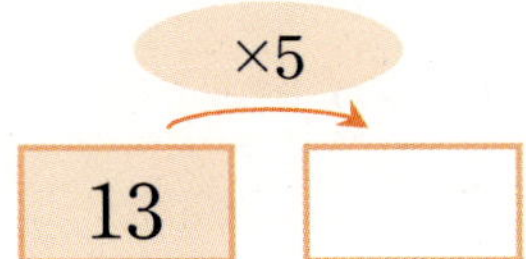
×5
13 ☐

49 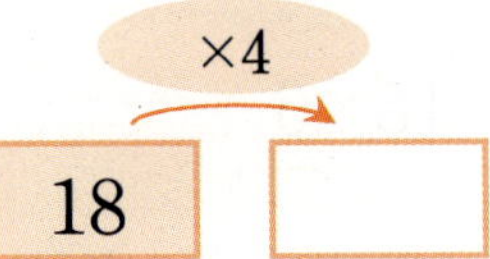
×4
18 ☐

36 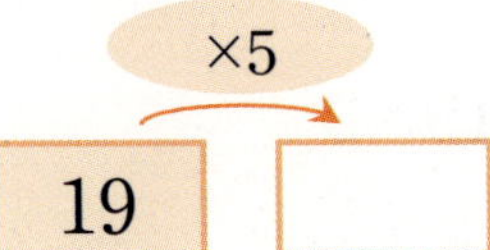
×5
19 ☐

43 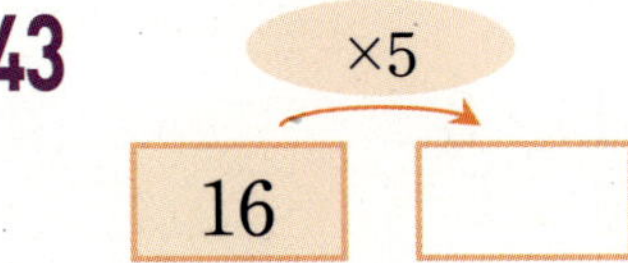
×5
16 ☐

50 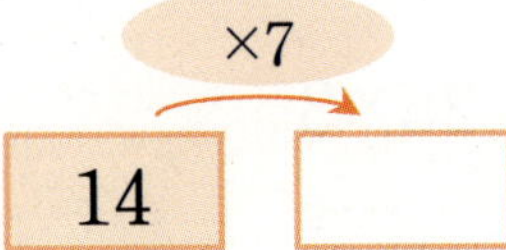
×7
14 ☐

서술형 풀어보기

구조화 해서 풀어보아요

51 학생을 25명씩 줄을 세웠더니 3줄이 만들어졌습니다. 학생들은 모두 몇 명일까요?

풀이과정

(1) 한 줄에 ☐ 명씩 줄을 세웠습니다.

(2) 학생들을 세운 줄은 ☐ 줄 입니다.

(3) 학생은 모두 ☐ × ☐ = ☐ 명입니다.

$$\begin{array}{r} \square \\ 2\ 5 \\ \times \quad\ 3 \\ \hline \square\ \square \end{array}$$

(52~55) 풀이과정을 쓰고 답을 구하세요.

52 강아지 16마리의 신발을 만들려고 합니다. 신발은 몇 개를 만들어야 할까요?

풀이 ________________________

답 ________________ 개

53 선생님은 턱걸이를 12번씩 7회를 했습니다. 모두 몇 번의 턱걸이를 했을까요?

풀이 ________________________

답 ________________ 번

54 16개씩 포장된 키위가 5상자 있습니다. 키위는 모두 몇 개일까요?

풀이 ________________________

답 ________________ 개

55 한 판에 14개를 구울 수 있는 머핀 판으로 6번을 구우면 몇 개의 머핀을 만들 수 있을까요?

풀이 ________________________

답 ________________ 개

연마 Check 칭찬이나 노력할 점을 써 주세요.

맞힌 개수	지도 의견		확인란
개	나의 생각		

올림이 두 번 있는 (두 자리수)×(한 자리 수)①

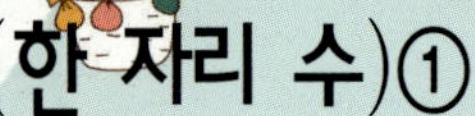  월   일

일의 자리와 십의 자리에서 올림이 있는 (두 자리 수)×(한 자리 수)의 곱셈

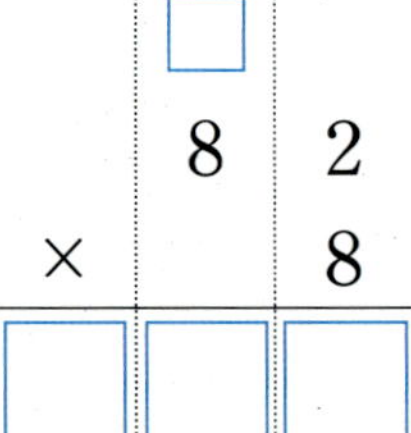

→ 일의 자리에서 계산한 6×8=48과 십의 자리에서 계산한 20×8=160을 더합니다.

 **핵심 포인트**

① (일의 자리)×(일의 자리)을 먼저 계산합니다. (6×8=48)
  → 4는 십의 자리로 보내고 8을 일의 자리로 내려씁니다.

② (십의 자리)×(일의 자리)를 계산합니다. → 20×8=160

③ 십의 자리 계산 결과와 올림한 수를 더합니다. → 160+40=200

⌛ (01~12) 빈칸에 알맞은 수를 써넣으세요.

01
```
    1
  2 2
×   8
□ □ 6
```

02
```
  □
  1 7
×   8
□ □ □
```

03
```
  □
  5 6
×   4
□ □ □
```

04
```
  □
  2 5
×   8
□ □ □
```

05
```
  □
  8 2
×   8
□ □ □
```

06
```
  □
  4 4
×   9
□ □ □
```

07
```
  □
  7 7
×   2
□ □ □
```

08
```
  □
  6 3
×   4
□ □ □
```

09
```
  □
  3 5
×   9
□ □ □
```

10
```
  □
  5 5
×   3
□ □ □
```

11
```
  □
  6 6
×   5
□ □ □
```

12
```
  □
  7 6
×   3
□ □ □
```

계산력 강화하기

[13~30] 계산을 하세요.

13
   2 9
×   9

14
   4 9
×   3

15
   3 8
×   5

16
   2 8
×   8

17
   2 4
×   7

18
   3 5
×   7

19
   2 7
×   7

20
   2 6
×   6

21
   1 6
×   9

22
   3 2
×   6

23
   5 4
×   3

24
   6 7
×   5

25
   4 4
×   6

26
   4 8
×   4

27
   4 3
×   4

28
   2 7
×   9

29
   3 3
×   6

30
   5 8
×   2

(31~48) 빈칸에 두 수의 곱을 써넣으세요.

31　46　×6

32　49　×3

33　33　×8

34　53　×5

35　46　×9

36　75　×4

37　55　×6

38　36　×8

39　88　×2

40　98　×2

41　65　×3

42　42　×5

43　64　×8

44　48　×7

45　73　×9

46　42　×7

47　37　×4

48　45　×7

서술형 풀어보기

구조화 해서 풀어보아요

49 지하철에서 지상으로 올라가는 계단 수는 59개입니다. 3번을 왕복했다면 몇 개의 계단을 오르내린 것일까요?

풀이과정

(1) 계단 수는 ☐ 개입니다.

(2) 왕복 3번이므로 총 ☐ 번 오르내렸습니다.

(3) 오르내린 계단 수는 ☐ × ☐ = ☐ 개입니다.

$$\begin{array}{r} 5\ 9 \\ \times\quad 6 \\ \hline \end{array}$$

(50~53) 풀이과정을 쓰고 답을 구하세요.

50 선물을 한 개 포장하는데 끈이 34 cm가 필요합니다. 9개의 선물을 포장하려면 몇 cm의 끈이 필요할까요?

풀이 ______________

답 ______ cm

52 줄넘기를 73번씩 6회를 하였다면 모두 몇 번의 줄넘기를 했을까요?

풀이 ______________

답 ______ 번

51 1봉지에 52개가 담긴 사탕 봉지가 8봉지 있습니다. 사탕은 모두 몇 개일까요?

풀이 ______________

답 ______ 개

53 3개의 모터로 움직이는 장난감을 64개 만들려고 합니다. 모터는 몇 개가 필요할까요?

풀이 ______________

답 ______ 개

연마 Check 칭찬이나 노력할 점을 써 주세요.

맞힌 개수		지도 의견		확인란
	개	나의 생각		

올림이 두 번 있는 (두 자리 수)×(한 자리 수) ②

월   일

- 올림이 두 번 있는 (두 자리 수)×(한 자리 수)의 곱셈

 **핵심 포인트**

$$97+97+97+97+97=485$$
$$\rightarrow 97\times5=485$$

→ 97×5의 계산

90×5

$$97 \times 5 = 450 + 35 = 485$$

5×7

⏳ (01~15) 계산을 하세요.

01 59×7

02 58×8

03 66×7

04 47×3

05 72×5

06 38×9

07 85×5

08 56×9

09 26×6

10 49×3

11 77×5

12 52×9

13 13×9

14 34×8

15 19×8

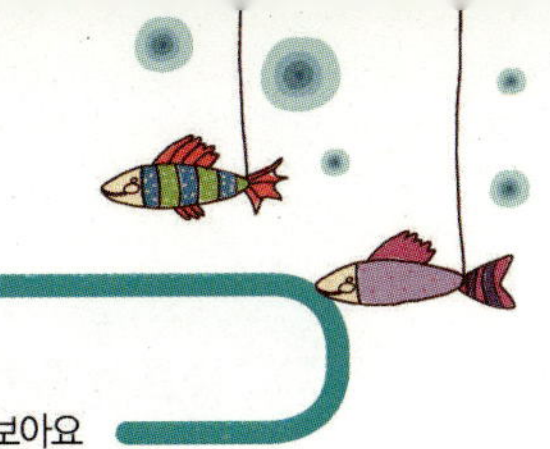

정확하게 풀어보아요

(16~36) 계산을 하세요.

16 95×3

17 85×9

18 67×7

19 88×5

20 59×9

21 99×3

22 75×7

23 78×4

24 94×5

25 49×8

26 69×9

27 76×8

28 95×6

29 69×7

30 93×6

31 58×9

32 97×4

33 92×8

34 84×7

35 98×5

36 87×5

(37~57) 두 수의 곱셈을 빈칸에 쓰세요.

37 | 88 | ×4 | |

38 | 48 | ×9 | |

39 | 65 | ×9 | |

40 | 96 | ×7 | |

41 | 68 | ×8 | |

42 | 96 | ×8 | |

43 | 97 | ×8 | |

44 | 68 | ×7 | |

45 | 89 | ×8 | |

46 | 88 | ×7 | |

47 | 79 | ×8 | |

48 | 99 | ×7 | |

49 | 86 | ×4 | |

50 | 38 | ×9 | |

51 | 96 | ×5 | |

52 | 78 | ×7 | |

53 | 74 | ×9 | |

54 | 98 | ×8 | |

55 | 39 | ×8 | |

56 | 95 | ×2 | |

57 | 86 | ×7 | |

서술형 풀어보기

구조화 해서 풀어보아요

58 47명이 탑승할 수 있는 버스가 9대 있습니다. 모두 몇 명이 탈 수 있을까요?

풀이과정

(1) 버스 한 대에 탈 수 있는 인원은 ☐ 명입니다.

(2) 버스가 ☐ 대 있습니다.

(3) 버스에 탈 수 있는 인원은 ☐ × ☐
= ☐ 개입니다.

$$40 \times 9$$
$$47 \times 9 = \boxed{} + \boxed{} = \boxed{}$$
$$7 \times 9$$

💡 **(59~62) 풀이과정을 쓰고 답을 구하세요.**

59 한 상자에 74개씩 포장된 젤리 상자가 8개 있습니다. 젤리는 모두 몇 개일까요?

풀이 _______________

답 _______ 개

61 돼지 93마리가 있습니다. 돼지의 다리는 모두 몇 개일까요?

풀이 _______________

답 _______ 개

60 코끼리의 나이는 47살입니다. 거북이는 나이는 코끼리 나이보다 보다 3배 많습니다. 거북이의 나이는 몇 살일까요?

풀이 _______________

답 _______ 살

62 동섭이네 형은 매일 96개의 의자를 나르는 아르바이트를 했습니다. 6일 동안 일을 했다면 몇 개의 의자를 날랐을까요?

풀이 _______________

답 _______ 개

연마 Check 칭찬이나 노력할 점을 써 주세요.

맞힌 개수		지도 의견		확인란
	개	나의 생각		

올림이 두 번 있는 (두 자리수)×(한 자리 수)③

   월   일

• 올림이 두 번 있는 (두 자리 수)×(한 자리 수)의 곱셈

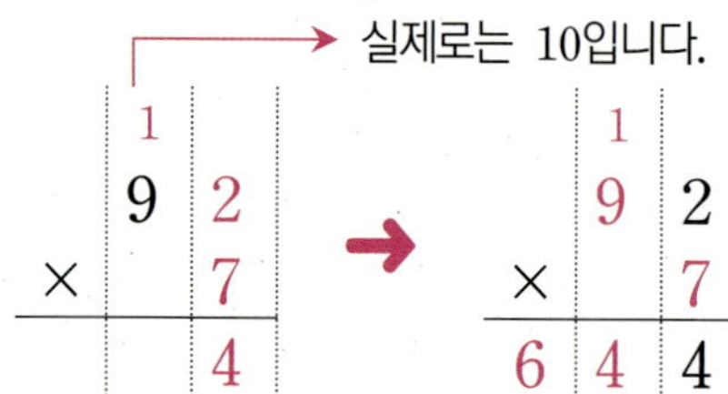

① (일의 자리)×(일의 자리)를 먼저 계산합니다.
② (십의 자리)×(일의 자리)를 계산한 뒤, 올림한 수와 더합니다.

 핵심 포인트

• 일의 자리에서 계산한 $2×7=14$와 십의 자리에서 계산한 $90×7=630$을 더합니다.
  →$14+630=644$

 **(01~15) 계산을 하세요.**

01　7 8 ×　5	**06**　3 9 ×　9	**11**　9 6 ×　4
02　8 8 ×　3	**07**　5 9 ×　7	**12**　7 9 ×　6
03　2 9 ×　9	**08**　9 6 ×　3	**13**　9 5 ×　9
04　7 7 ×　7	**09**　6 5 ×　8	**14**　5 8 ×　7
05　3 6 ×　4	**10**　4 7 ×　5	**15**　5 4 ×　3

[16~36] 계산을 하세요.

16 19×9

17 49×3

18 38×5

19 28×8

20 24×7

21 35×7

22 34×5

23 27×7

24 26×6

25 26×9

26 32×6

27 54×3

28 67×5

29 62×9

30 44×6

31 38×4

32 43×4

33 27×9

34 33×6

35 58×2

36 79×3

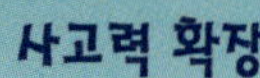

구조화 하기

구조화 하기를 연습하면 서술형도 쉽게 풀어요

(37~51) 빈칸에 알맞은 수를 써넣으세요.

37

× →		
48	8	
5		

42

× →		
66	8	
2		

47

× →		
89	4	
7		

38

× →		
97	3	
9		

43

× →		
83	9	
6		

48

× →		
76	9	
8		

39

× →		
89	5	
2		

44

× →		
69	8	
7		

49

× →		
77	9	
4		

40

× →		
57	8	
9		

45

× →		
94	8	
3		

50

× →		
68	6	
4		

41

× →		
85	4	
8		

46

× →		
49	9	
5		

51

× →		
88	8	
6		

서술형 풀어보기

구조화 해서 풀어보아요

52 탁자 하나에 5개의 의자가 딸린 탁자가 68개 있습니다. 모두 몇 명이 앉을 수 있을까요?

풀이과정

(1) 탁자 하나에 의자는 ☐ 개입니다.

(2) 탁자는 ☐ 개입니다.

(3) 앉을 수 있는 사람 수는 ☐ × ☐ = ☐ 명입니다.

$$\begin{array}{r} 6\ 8 \\ \times\ \ \ 5 \\ \hline \end{array}$$

💡 **(53~56) 풀이과정을 쓰고 답을 구하세요.**

53 8개씩 포장한 통조림 상자가 87개 있습니다. 통조림은 모두 몇 개 일까요?

풀이 _______________

답 _______ 개

55 6명이 탈 수 있는 보트가 87대 있습니다. 모두 몇 명이 탈 수 있을까요?

풀이 _______________

답 _______ 명

54 상자 하나에 92개의 귤이 들어있는 상자가 5개 있습니다. 귤은 모두 몇 개일까요?

풀이 _______________

답 _______ 개

56 리프트가 99대 있습니다. 리프트 한 대에 4명씩 탄다면 모두 몇 명이 탈 수 있을까요?

풀이 _______________

답 _______ 명

👆 **연마 Check** 칭찬이나 노력할 점을 써 주세요.

맞힌 개수	지도 의견		확인란
개	나의 생각		

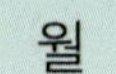

길이와 거리

• 1 mm 알아보기

1 cm를 10칸으로 똑같이 나누었을 때 작은 눈금 한 칸의 길이를 1 mm라 쓰고, 1 밀리미터라고 읽습니다.

• 1 km 알아보기

1000 m를 1 km라 쓰고 1 킬로미터라고 읽습니다.

핵심포인트

- 1 cm=10 mm
- 1 m=100 cm
- 1 km=1000m=100000 cm
  =1000000 mm

- 1 mm의 10배는 1 cm
  10 cm의 100배는 1m
  1 m의 1000배는 1 km

(01~12) 주어진 길이를 읽어보세요.

01 2 cm

읽기 ______________

02 7 cm

읽기 ______________

03 19 cm

읽기 ______________

04 7 cm 1 mm

읽기 ______________

05 5 cm 4 mm

읽기 ______________

06 8 cm 2 mm

읽기 ______________

07 5 km

읽기 ______________

08 6 km

읽기 ______________

09 4 km

읽기 ______________

10 1 km

읽기 ______________

11 3 km 300 m

읽기 ______________

12 7 km 200 m

읽기 ______________

(13~30) 빈칸에 알맞은 수를 써넣으세요.

13 5 cm = ☐ mm

14 3 cm = ☐ mm

15 90 mm = ☐ cm

16 5 km = ☐ m

17 6 km = ☐ m

18 3000 m = ☐ km

19 2 cm = ☐ mm

20 60 mm = ☐ cm

21 10 mm = ☐ cm

22 8 km = ☐ m

23 2000 m = ☐ km

24 4000 m = ☐ km

25 8 cm = ☐ mm

26 40 mm = ☐ cm

27 70 mm = ☐ cm

28 1 km = ☐ m

29 7000 m = ☐ km

30 9000 m = ☐ km

(31~34) 길이를 단위에 알맞게 써넣으세요.

31 3 cm보다 19 mm 더 긴 길이: ☐ cm ☐ mm

32 4 km 보다 201 m 더 먼 거리: ☐ km ☐ m

33 9 cm보다 46 mm 더 긴 길이: ☐ cm ☐ mm

34 7 km 보다 1538 m 더 먼 거리: ☐ km ☐ m

구조화 하기

(35~59) 빈칸에 알맞은 수를 써넣으세요.

35 4 cm 2 mm = ☐ mm

36 6 cm 5 mm = ☐ mm

37 8 cm 4 mm = ☐ mm

38 37 mm = ☐ cm ☐ mm

39 12 mm = ☐ cm ☐ mm

40 59 mm = ☐ cm ☐ mm

41 2 km 500 m = ☐ m

42 7 km 900 m = ☐ m

43 8 km 600 m = ☐ m

44 4500m = ☐ km ☐ m

45 3200m = ☐ km ☐ m

46 2800m = ☐ km ☐ m

47 7 cm 1 mm = ☐ mm

48 3 cm 9 mm = ☐ mm

49 1 cm 3 cm = ☐ mm

50 65 mm = ☐ cm ☐ mm

51 44 mm = ☐ cm ☐ mm

52 26 mm = ☐ cm ☐ mm

53 5 km 100 m = ☐ m

54 3 km 400 m = ☐ m

55 4 km 200 m = ☐ m

56 1600m = ☐ km ☐ m

58 7900m = ☐ km ☐ m

59 5400m = ☐ km ☐ m

서술형 풀어보기

60 미림이는 1700 m를 달렸습니다. 몇 km와 몇 m를 달렸는지 구하세요.

> **풀이과정**
>
> (1) 1000 m는 [ ] km입니다.　　(2) 1700 m는 [ ] km [ ] m입니다.

💡 **(61~64) 풀이과정을 쓰고 답을 구하세요.**

61 연필의 길이를 재보니 78 mm였습니다. 몇 cm 몇 mm 일까요?

풀이 _______________

답 _______________

62 103 mm 짜리 머리끈 5개를 만들려 합니다. 머리끈 길이를 모두 더한 길이는 몇 cm 몇 mm 일까요?

풀이 _______________

답 _______________

63 기영이의 집에서 학교까지 거리는 850 m입니다. 기영이가 학교에 갔다 오는 거리는 몇 km 몇 m일까요?

풀이 _______________

답 _______________

64 한 개에 111 mm 짜리 나무 막대가 있습니다. 이 나무 막대의 4배 길이를 cm와 mm로 나타내세요.

풀이 _______________

답 _______________

6단계

👆 **연마 Check**　칭찬이나 노력할 점을 써 주세요.

맞힌 개수	지도 의견		확인란
개	나의 생각		

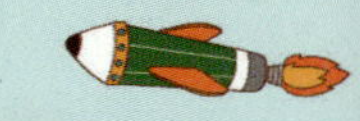
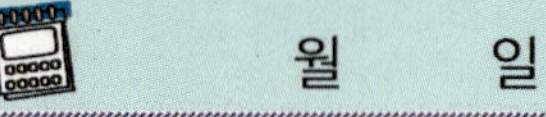

- 초바늘이 작은 눈금 한 칸을 가는 동안 걸리는 시간을 1초라고 합니다.
- 초바늘이 시계를 한 바퀴 도는 데 걸리는 시간은 60초입니다.

핵심 포인트

· 60초는 1분으로 받아 올림을 합니다.

· 60분은 1시간으로 받아 올림을 합니다. 예를 들면 80분은 1시간 20분으로 나타냅니다.

받아 올림이 없는 경우

```
  12 분   30 초
+  4 분   15 초
  16 분   45 초
```

받아 올림이 있는 경우

1 ← 35초＋40초＝75초＝1분 15초
```
   3 분   35 초
+  5 분   40 초
   9 분   15 초
```

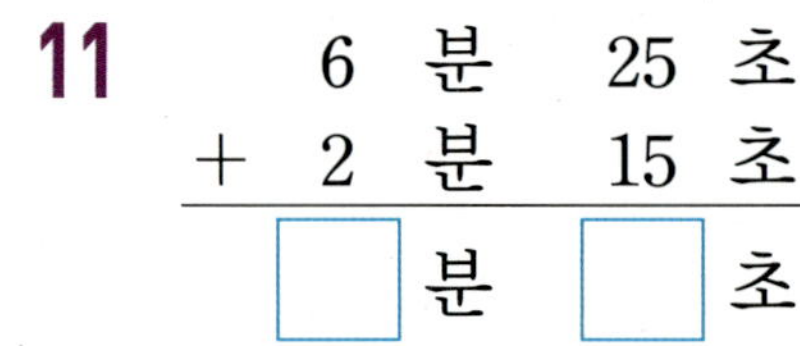

(01~15) 빈칸에 알맞은 수를 써넣으세요.

01
```
  2 분   10 초
+ 4 분   40 초
  □ 분    □ 초
```

06
```
  3 분   20 초
+ 1 분   35 초
  □ 분    □ 초
```

11
```
  6 분   25 초
+ 2 분   15 초
  □ 분    □ 초
```

02
```
   5 분    5 초
+ 11 분   30 초
   □ 분    □ 초
```

07
```
  4 분   30 초
+ 3 분   20 초
  □ 분    □ 초
```

12
```
  22 분   10 초
+  7 분   10 초
   □ 분    □ 초
```

03
```
  12 분   35 초
+ 27 분   45 초
   □ 분    □ 초
```

08
```
  33 분   15 초
+ 15 분   55 초
   □ 분    □ 초
```

13
```
  48 분   38 초
+  8 분   29 초
   □ 분    □ 초
```

04
```
  2 시   20 분
+ 3 시   20 분
  □ 시    □ 분
```

09
```
  6 시   40 분
+ 3 시   10 분
  □ 시    □ 분
```

14
```
  5 시    5 분
+ 3 시   35 분
  □ 시    □ 분
```

05
```
   9 시   20 분
+ 11 시   54 분
   □ 시    □ 분
```

10
```
  7 시   46 분
+ 1 시   35 분
  □ 시    □ 분
```

15
```
  2 시   28 분
+ 2 시   51 분
  □ 시    □ 분
```

정확하게 풀어보아요

(16~29) 계산을 하세요.

16

	시	분	초
	2 시	5 분	14 초
+	4 시	35 분	32 초
	시	분	초

17

	4 시	25 분	28 초
+	1 시	18 분	24 초
	시	분	초

18

	1 시	26 분	47 초
+	1 시	18 분	53 초
	시	분	초

19

	5 시	9 분	16 초
+	1 시	12 분	23 초
	시	분	초

20

	4 시	24 분	7 초
+	2 시	36 분	54 초
	시	분	초

21

	6 시	45 분	19 초
+	2 시	26 분	58 초
	시	분	초

22

	4 시	33 분	19 초
+	3 시	52 분	42 초
	시	분	초

23

	3 시	25 분	11 초
+	1 시	32 분	21 초
	시	분	초

24

	4 시	35 분	14 초
+	3 시	45 분	25 초
	시	분	초

25

	10 시	25 분	45 초
+	9 시	33 분	45 초
	시	분	초

26

	2 시	3 분	46 초
+	2 시	44 분	37 초
	시	분	초

27

	5 시	12 분	12 초
+	11 시	29 분	59 초
	시	분	초

28

	2 시	55 분	13 초
+	3 시	14 분	55 초
	시	분	초

29

	1 시	53 분	34 초
+	5 시	55 분	19 초
	시	분	초

6단계

구조화 하기

구조화 하기를 연습하면 서술형도 쉽게 풀어요

 **(30~43) 두 수의 덧셈을 빈칸에 쓰세요.**

30 41분 3초 · 11분 27초

37 19분 51초 · 33분 8초

31 10분 26초 · 45분 48초

38 43분 42초 · 15분 31초

32 4시 20분 · 5시 15분

39 1시 50분 · 3시 9분

33 1시 40분 · 7시 10분

40 3시 42분 · 5시 56분

34 4시 22분 · 1시 43분

41 8시 41분 · 7시 38분

35 36분 31초 · 45분 26초

42 23분 17초 · 31분 55초

36 1시 35분 · 2시 29분

43 6시 17분 · 7시 50분

서술형 풀어보기

구조화 해서 풀어보아요

44 동민이는 25분 16초 동안 책을 읽었고, 수영이는 26분 48초 동안 책을 읽었습니다. 두 사람이 책을 읽은 시간은 모두 몇 분 몇 초일까요?

풀이과정

(1) 동민이는 ☐ 분 ☐ 초 동안 책을 읽었습니다.

(2) 수영이는 ☐ 분 ☐ 초 동안 책을 읽었습니다.

(3) 동민이와 수영이는 ☐ 분 ☐ 초 + ☐ 분 ☐ 초

= ☐ 분 ☐ 초 동안 책을 읽었습니다.

```
   25 분   16 초
+  26 분   48 초
─────────────────
      분      초
```

(45~48) 풀이과정을 쓰고 답을 구하세요.

45 나는 33분 59초 동안 공부를 하고, 4분 15초를 쉬었습니다. 내가 공부한 시간과 쉬는 시간 합하면 모두 몇 분 몇 초일까요?

풀이 ____________________

답 ____________________

46 민주는 6시 52분에 집에서 나와 2시간 25분 후에 집에 들어왔습니다. 민주가 집에 들어온 시간은 몇 시 몇 분일까요?

풀이 ____________________

답 ____________________

47 현석이는 24분 12초 동안 버스를 타고, 15분 43초 동안 걸어서 병원에 도착했습니다. 현석이가 병원에 가는데 걸린 시간은 몇 분 몇 초일까요?

풀이 ____________________

답 ____________________

48 8시 46분에 도서관을 간 윤정이는 2시간 28분 후에 집에 돌아왔습니다. 윤정이가 집에 돌아온 시간은 몇 시 몇 분 일까요?

풀이 ____________________

답 ____________________

연마 Check 칭찬이나 노력할 점을 써 주세요.

맞힌 개수		지도 의견		확인란
	개	나의 생각		

6단계

시간의 뺄셈

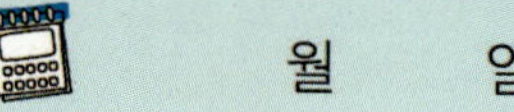

월 일

●받아 내림이 없는 경우

```
   59 분   47 초
 − 36 분   15 초
   23 분   32 초
```

●받아 내림이 있는 경우

```
   39      60
   40 분   24 초
 − 14 분   32 초
   25 분   52 초
```

→ 40분에서 1분을 빌려와 60초＋24초를 한 뒤 84−32를 계산합니다.

핵심 포인트

· 1분은 60초로 받아 내림을 합니다.

· 1시간은 60분으로 받아내림을 합니다.

· 1시간＝60분＝3600초(60분×60초)

(01~15) 빈칸에 알맞은 수를 써넣으세요.

01
```
   44 분   25 초
 − 20 분   20 초
   □  분   □  초
```

02
```
   47 분   31 초
 − 41 분   44 초
   □  분   □  초
```

03
```
   12 시   45 분
 −  8 시   15 분
   □  시   □  분
```

04
```
    4 시   32 분
 −  2 시   41 분
   □  시   □  분
```

05
```
    6 시   16 분
 −  2 시   22 분
   □  시   □  분
```

06
```
   31 분   55 초
 − 25 분   34 초
   □  분   □  초
```

07
```
   49 분   27 초
 − 25 분   30 초
   □  분   □  초
```

08
```
    8 시   37 분
 −  5 시   25 분
   □  시   □  분
```

09
```
   11 시   19 분
 −  8 시   31 분
   □  시   □  분
```

10
```
    5 시   15 분
 −  1 시   36 분
   □  시   □  분
```

11
```
   53 분   48 초
 − 42 분   23 초
   □  분   □  초
```

12
```
   24 분   46 초
 − 16 분   51 초
   □  분   □  초
```

13
```
    5 시   52 분
 −  4 시   47 분
   □  시   □  분
```

14
```
    9 시   44 분
 −  5 시   56 분
   □  시   □  분
```

15
```
    4 시   30 분
 −  2 시   44 분
   □  시   □  분
```

계산력 강화하기

(16~21) 계산을 하세요.

16
	34 분	27 초
-	17 분	35 초
	분	초

18
	51 분	58 초
-	49 분	59 초
	분	초

20
	54 분	14 초
-	14 분	25 초
	분	초

17
	8 시	22 분
-	5 시	35 분
	시	분

19
	5 시	41 분
-	3 시	48 분
	시	분

21
	3 시	16 분
-	1 시	24 분
	시	분

(22~31) 계산을 하세요.

22
	3 시	34 분	20 초
-	1 시	55 분	10 초
	시	분	초

27
	7 시	26 분	11 초
-	5 시	20 분	34 초
	시	분	초

23
	10 시	38 분	45 초
-	4 시	44 분	51 초
	시	분	초

28
	5 시	35 분	26 초
-	2 시	11 분	38 초
	시	분	초

24
	11 시	16 분	21 초
-	8 시	11 분	46 초
	시	분	초

29
	3 시	23 분	32 초
-	1 시	8 분	51 초
	시	분	초

25
	7 시	17 분	19 초
-	3 시	13 분	51 초
	시	분	초

30
	5 시	14 분	16 초
-	2 시	11 분	43 초
	시	분	초

26
	11 시	52 분	24 초
-	3 시	18 분	44 초
	시	분	초

31
	13 시	49 분	23 초
-	10 시	13 분	47 초
	시	분	초

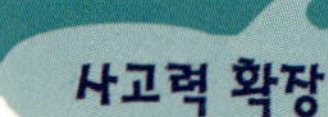

구조화 하기

구조화 하기를 연습하면 서술형도 쉽게 풀어요

(32~45) 두 수의 뺄셈을 빈칸에 쓰세요.

32

2시 47분	
1시 50분	

33

8시 52분	
5시 58분	

34

45분 12초	
21분 7초	

35

39분 46초	
27분 53초	

36

42분 55초	
30분 58초	

37

1시 29분	
1시 15분	

38

11시 38분	
9시 42분	

39

7시 30분	
2시 32분	

40

57분 49초	
41분 36초	

41

38분 52초	
20분 33초	

42

48분 11초	
40분 36초	

43

2시 51분	
1시 48분	

44

12시 54분	
6시 34분	

45

10시 56분	
3시 57분	

서술형 풀어보기

구조화 해서 풀어보아요

46 승연이는 18분 37초 동안 운동을 하였고, 소아는 9분 41초 동안 운동을 했습니다. 누가 얼마나 더 오래 운동을 했을까요?

풀이과정

(1) 승연이는 □분 □초 동안 운동을 했습니다.

(2) 소아는 □분 □초 동안 운동을 했습니다.

(3) □분 □초 − □분 □초 = □분 □초

이므로 □이가 □분 □초 더 오래 운동을 했습니다.

$$
\begin{array}{r}
18\ \text{분}\quad 37\ \text{초} \\
-\ \ 9\ \text{분}\quad 41\ \text{초} \\
\hline
\Box\ \text{분}\quad \Box\ \text{초}
\end{array}
$$

(47~50) 풀이과정을 쓰고 답을 구하세요.

47 도연이는 50분 36초 가운데 47분 42초 동안 공부하고 나머지는 쉬었습니다. 도연이가 쉰 시간은 몇 분 몇 초일까요?

풀이

답

49 승조는 46분 28초 동안 운동을 했는데 25분 39초 동안은 걷고, 나머지 시간은 달렸습니다. 승조가 달린 시간은 몇 분 몇 초일까요?

풀이

답

48 정석이는 저녁 5시 35분에 집에서 나와서 도서관에 갔고, 8시 42분에 다시 집으로 왔습니다. 정석이가 집에 없었던 시간은 몇 시간 몇 분일까요?

풀이

답

50 소연이네 가족은 3시 56분에 집에서 출발하여 6시 51분에 할머니 댁에 도착했습니다. 할머니 댁을 가는데 걸린 시간은 몇 시간 몇 분일까요?

풀이

답

6단계

연마 Check 칭찬이나 노력할 점을 써 주세요.

맞힌 개수		지도 의견		확인란
	개	나의 생각		

분자가 1인 분수

① 분모가 같은 분수의 크기 비교   ② 단위 분수의 크기 비교

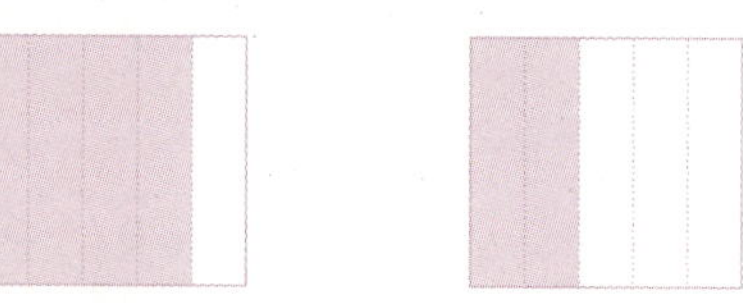

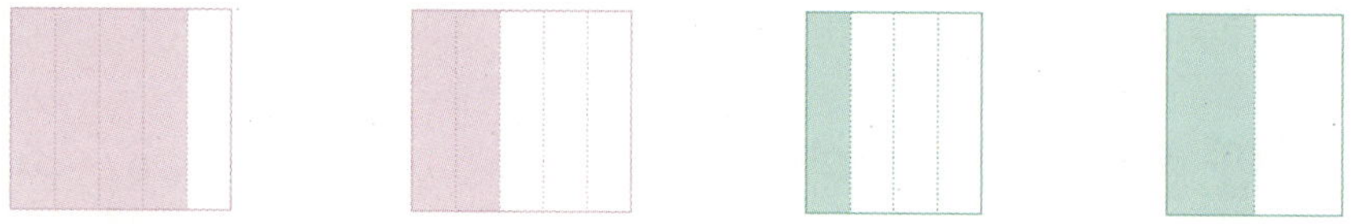

$$\frac{4}{5} \;>\; \frac{2}{5} \qquad \frac{1}{4} \;<\; \frac{1}{2}$$

핵심 포인트

① 분모가 같을 때는 분자의 수가 큰 수가 더 큰 수입니다.

② 단위 분수의 크기를 비교할 때는 분모가 작은 수가 더 큰 수입니다.

(01~04) 분수만큼 색칠을 하고, 부등식을 표시해 보세요.

01　$\dfrac{2}{4}$　$\dfrac{3}{4}$　→　$\dfrac{2}{4} \;\bigcirc\; \dfrac{3}{4}$

02　$\dfrac{5}{8}$　$\dfrac{3}{8}$　→　$\dfrac{5}{8} \;\bigcirc\; \dfrac{3}{8}$

03　$\dfrac{1}{5}$　$\dfrac{1}{4}$　→　$\dfrac{1}{5} \;\bigcirc\; \dfrac{1}{4}$

04　$\dfrac{1}{3}$　$\dfrac{1}{6}$　→　$\dfrac{1}{3} \;\bigcirc\; \dfrac{1}{6}$

계산력 강화하기

(05~25) 두 분수의 크기를 비교하여 ○안에 >, =, <를 알맞게 써넣으세요.

05 $\dfrac{2}{4}$ ○ $\dfrac{1}{4}$

06 $\dfrac{7}{9}$ ○ $\dfrac{2}{9}$

07 $\dfrac{4}{8}$ ○ $\dfrac{7}{8}$

08 $\dfrac{5}{7}$ ○ $\dfrac{4}{7}$

09 $\dfrac{1}{2}$ ○ $\dfrac{1}{3}$

10 $\dfrac{1}{4}$ ○ $\dfrac{1}{8}$

11 $\dfrac{1}{17}$ ○ $\dfrac{1}{13}$

12 $\dfrac{9}{12}$ ○ $\dfrac{11}{12}$

13 $\dfrac{9}{11}$ ○ $\dfrac{3}{11}$

14 $\dfrac{5}{10}$ ○ $\dfrac{2}{10}$

15 $\dfrac{11}{13}$ ○ $\dfrac{1}{13}$

16 $\dfrac{1}{6}$ ○ $\dfrac{1}{3}$

17 $\dfrac{1}{12}$ ○ $\dfrac{1}{11}$

18 $\dfrac{1}{5}$ ○ $\dfrac{1}{9}$

19 $\dfrac{3}{5}$ ○ $\dfrac{4}{5}$

20 $\dfrac{11}{15}$ ○ $\dfrac{13}{15}$

21 $\dfrac{1}{3}$ ○ $\dfrac{2}{3}$

22 $\dfrac{1}{6}$ ○ $\dfrac{3}{6}$

23 $\dfrac{1}{7}$ ○ $\dfrac{1}{5}$

24 $\dfrac{1}{2}$ ○ $\dfrac{1}{10}$

25 $\dfrac{1}{5}$ ○ $\dfrac{1}{3}$

7 단계

구조화 하기를 연습하면 서술형도 쉽게 풀어요

[26~31] 분수의 크기를 비교하여 작은 수부터 차례로 쓰세요.

26

$\dfrac{3}{4}$	$\dfrac{1}{4}$	$\dfrac{2}{4}$

29

$\dfrac{5}{7}$	$\dfrac{4}{7}$	$\dfrac{6}{7}$

27

$\dfrac{3}{8}$	$\dfrac{7}{8}$	$\dfrac{5}{8}$

30

$\dfrac{1}{9}$	$\dfrac{1}{6}$	$\dfrac{1}{4}$

28

$\dfrac{1}{4}$	$\dfrac{1}{2}$	$\dfrac{1}{3}$

31

$\dfrac{1}{3}$	$\dfrac{1}{7}$	$\dfrac{1}{5}$

[32~35] 그림에 분수만큼 색칠하고 두 분수의 크기를 비교하여 ○안에 〉, =, 〈를 알맞게 써넣으세요.

32

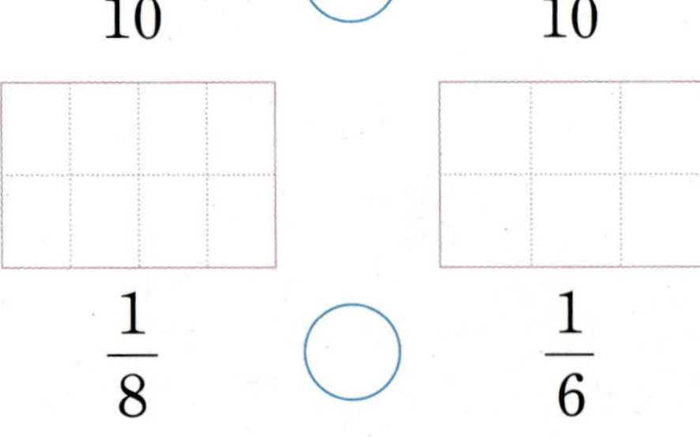

$\dfrac{8}{10}$ ○ $\dfrac{6}{10}$

34

$\dfrac{2}{8}$ ○ $\dfrac{7}{8}$

33

$\dfrac{1}{8}$ ○ $\dfrac{1}{6}$

35

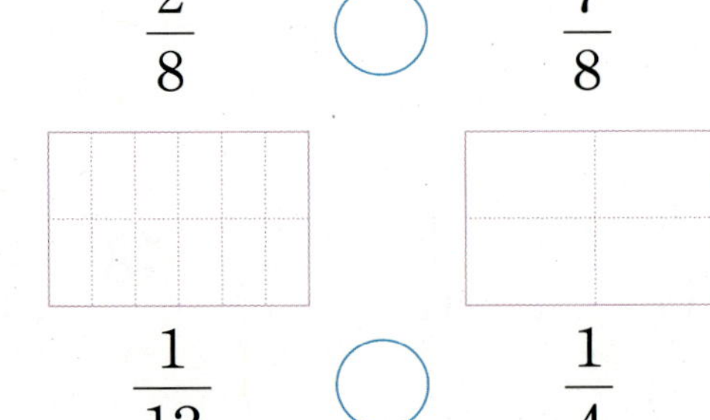

$\dfrac{1}{12}$ ○ $\dfrac{1}{4}$

서술형 풀어보기

구조화 해서 풀어보아요

36 민영이는 피자를 $\frac{3}{16}$ 만큼, 수민이는 $\frac{5}{16}$ 만큼, 현진이는 $\frac{8}{16}$ 만큼 먹었습니다. 누가 가장 많은 피자를 먹었는지 구해보세요.

풀이과정

(1) 세 친구가 먹은 피자를 각각 그림으로 색칠해 보세요.

민영

수민

현진

(2) 피자를 가장 많이 먹은 사람은 [ ] 이 입니다.

분모의 크기가 같을 때 분자의 크기가 클수록 더 [큰, 작은] 분수입니다.

$\frac{3}{16}$ ◯ $\frac{5}{16}$ ◯ $\frac{8}{16}$

(37~40) 풀이과정을 쓰고 답을 구하세요.

37 크기가 같은 컵으로 동현이는 $\frac{3}{14}$ 만큼, 민영이는 $\frac{6}{14}$ 만큼 물을 담았습니다. 누가 더 많은 물을 담았을까요?

풀이 _______________

답 _______________

38 소연, 소이, 도헌이는 물을 각각 $\frac{2}{9}$, $\frac{4}{9}$, $\frac{3}{9}$ 을 마셨습니다. 누가 가장 많은 물을 마셨을까요?

풀이 _______________

답 _______________

39 현정이는 케이크 $\frac{1}{6}$ 조각을, 아연이는 $\frac{1}{7}$ 조각을 먹었습니다. 누가 더 많은 케이크를 먹었는지 구하세요.

풀이 _______________

답 _______________

40 수박을 윤섭, 미선, 현아가 각각 $\frac{1}{5}$, $\frac{1}{2}$, $\frac{1}{4}$ 씩 먹었습니다. 누가 가장 많이 먹었을까요?

풀이 _______________

답 _______________

연마 *Check* 칭찬이나 노력할 점을 써 주세요.

맞힌 개수	지도 의견		확인란
개	나의 생각		

35일차 소수와 분수의 크기 비교

월   일

● 0.9와 1.6의 크기 비교하기

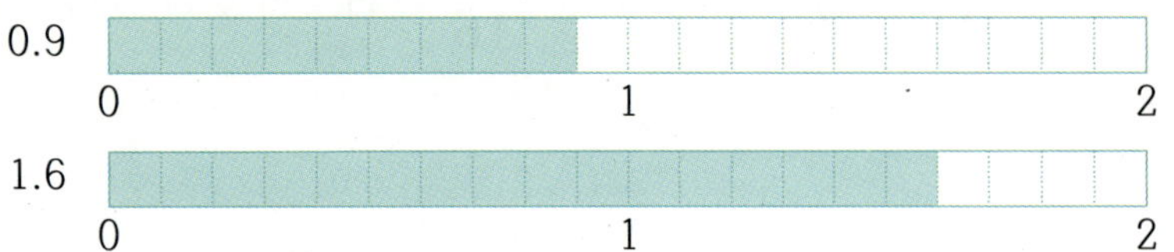

0.9와 1.6을 수직선으로 비교하면 아래와 같습니다.

→ 0.9 $<$ 1.6

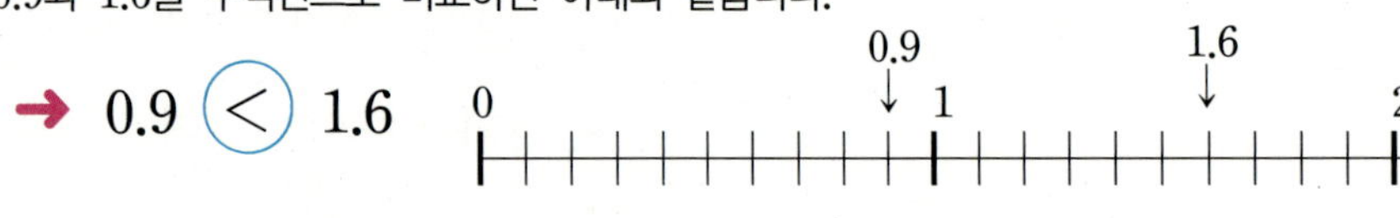

핵심포인트

- 0.9와 1.6의 크기 비교
  소수점의 왼쪽의 수가 다르면 소수점 왼쪽의 수가 큰 쪽이 더 큰 수입니다.
- 0.1이 10개면 1입니다.
- 0.9는 0.1이 9개, 1.6은 0.1이 16개입니다.
- $\dfrac{1}{10}$ =0.1이므로 0.9= $\dfrac{9}{10}$ 로 1.6= $\dfrac{16}{10}$ 으로 나타낼 수 있습니다.

⏳ **(01~12) 수직선 위에 주어진 소수의 위치를 ↓로 표시해 보세요.**

01 $\boxed{1.6}$

02 $\boxed{\dfrac{9}{10}}$

03 $\boxed{2.7}$

04 $\boxed{\dfrac{4}{10}}$

05 $\boxed{1\dfrac{3}{10}}$

06 $\boxed{\dfrac{15}{10}}$

07 $\boxed{2.9}$

08 $\boxed{\dfrac{7}{10}}$

09 $\boxed{2.1}$

10 $\boxed{\dfrac{12}{10}}$

11 $\boxed{1.8}$

12 $\boxed{\dfrac{23}{30}}$

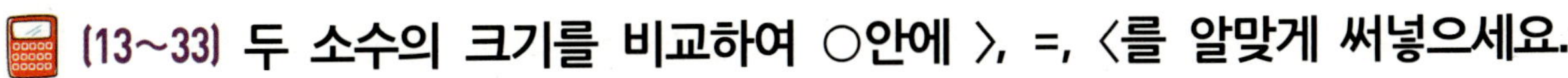

정확하게 풀어보아요

(13~33) 두 소수의 크기를 비교하여 ○안에 >, =, <를 알맞게 써넣으세요.

13 0.2 ○ 0.7

14 1.9 ○ 1.5

15 1.4 ○ 1.7

16 0.5 ○ 2.1

17 1.6 ○ 2.5

18 2.9 ○ 6.3

19 3.7 ○ 1.2

20 0.3 ○ 0.7

21 2.4 ○ 2.7

22 2.8 ○ 2.2

23 5.4 ○ 1.9

24 0.3 ○ 1.2

25 1.8 ○ 2.2

26 4.7 ○ 3.2

27 1.1 ○ 1.5

28 0.4 ○ 0.8

29 2.2 ○ 4.1

30 0.6 ○ 1.8

31 5.8 ○ 1.4

32 0.4 ○ 1.6

33 0.2 ○ 1.1

구조화 하기

구조화 하기를 연습하면 서술형도 쉽게 풀어요

(34~37) 3.1보다 작은 수를 찾아 모두 ○표하세요.

34

$$0.9 \quad 4.8 \quad 3.9 \quad \frac{7}{10}$$

35

삼점사   이점오   3.7   영점팔

36

$$\frac{6}{10} \quad 팔점구 \quad 7.3 \quad 이점이$$

37

0.1이 41개인 수   0.1이 30개인 수

$\dfrac{1}{10}$이 38개인 수 $\dfrac{1}{10}$이 28개인 수

(38~41) 0.1이 65개인 수보다 큰 수에 ○표하세요.

38

7.1   9.3   팔점칠 $\dfrac{1}{10}$이 58개인 수

39

사점팔   5.9   19 $\dfrac{1}{10}$이 70개인 수

40

5   육점칠

0.1이 57개인 수 $\dfrac{1}{10}$이 81개인 수

41

9.1   칠점사

1.1   0.1이 29개인 수

(42~46) 다음 수를 분수와 소수로 나타내 보세요.

42 0.1이 7개인 수

분수	소수

43 $\dfrac{1}{10}$이 83개인 수

분수	소수

44 0.1이 11개인 수

분수	소수

45 영점일이 49개인 수

분수	소수

46 $\dfrac{1}{10}$이 13개인 수

분수	소수

서술형 풀어보기

47 민재의 가방은 2.2 kg 이었고, 수아의 가방은 1.4 kg이었습니다. 누구의 가방이 더 무거울까요?

풀이과정

(1) 민재의 가방은 ☐ kg입니다.

(2) 수아의 가방은 ☐ kg입니다.

(3) ☐ ◯ ☐ 이므로 민재의 가방이 더 무겁습니다.

2.2는 0.1이 ☐ 개입니다.

1.4는 0.1이 ☐ 개입니다.

(48~51) 풀이과정을 쓰고 답을 구하세요.

48 민주는 0.2 L의 물을 마셨고, 민아는 0.6 L의 물을 마셨습니다. 누가 더 많은 물을 마셨을까요?

풀이 ____________________

답 ____________________

49 도희의 컵에는 0.9 L의 물이 들어있고, 승아의 컵에는 $\frac{7}{10}$ L의 물이 들어있습니다. 누구 쪽의 물이 더 많을까요?

풀이 ____________________

답 ____________________

50 형민이는 1.5 m의 끈을 가지고 있고, 소영이는 1.4 m의 끈을 가지고 있습니다. 누구의 끈이 더 길까요?

풀이 ____________________

답 ____________________

51 2.1 kg의 책가방과 0.1 kg의 빵 19개 가운데 더 무거운 것은 무엇일까요?

풀이 ____________________

답 ____________________

7단계

연마 *Check* 칭찬이나 노력할 점을 써 주세요.

맞힌 개수		지도 의견		확인란
	개	나의 생각		

5권

3-1
부모님/선생님 가이드

- 공부를 하면서 꼭 알아야 할 내용과, 문제 풀이 시간을 참고하여 아이의 학습 활동에 도움을 줄 수 있습니다.

단계	대단원명	날짜	소단원명	학습 내용	문제 풀이 시간	부모님/선생님 체크	페이지
1단계	1. 덧셈과 뺄셈	1일차	(1) 받아 올림이 없는 (세 자리 수)＋(세 자리 수)①	세로셈으로 세 자리 수끼리의 덧셈을 합니다.			12
		2일차	받아 올림이 없는 (세 자리 수)＋(세 자리 수)②	가로셈으로 세 자리 수끼리의 덧셈을 합니다.			16
		3일차	(2) 받아 올림이 한 번 있는 (세 자리 수)＋(세 자리 수)①	10의 자리로 받아 올림합니다.			20
		4일차	받아 올림이 한 번 있는 (세 자리 수)＋(세 자리 수)②				24
		5일차	(3) 받아 올림이 두 번 있는(세 자리 수)＋(세 자리 수)①	10의 자리, 100의 자리로 받아 올림합니다.			28
		6일차	받아 올림이 두 번 있는 (세 자리 수)＋(세 자리 수)②				32
		7일차	(4) 받아 올림이 여러 번 있는 (세자리 수)＋(세 자리 수)①	10의 자리, 100의 자리, 1000의 자리로 받아 올림합니다.			36
		8일차	받아 올림이 여러 번 있는 (세자리 수)＋(세 자리 수)②				40
2단계	1. 덧셈과 뺄셈	9일차	(1) 받아 내림이 없는 (세 자리 수)－(세 자리 수)①	세로셈으로 세 자리 수의 각 자리의 수를 뺍니다.			44
		10일차	받아 내림이 없는 (세 자리 수)－(세 자리수)②	가로셈으로 세 자리 수의 각 자리의 수를 뺍니다.			48
		11일차	(2) 받아 내림이 한 번 있는 (세 자리 수)－(세 자리 수)①	10의 자리에서 일의 자리로 10을 빌려 뺄셈합니다. 이때, 가로셈이 익숙하지 않은 아이들은 세로셈으로 고쳐 풀게 해도 됩니다.			52
		12일차	받아 내림이 한 번 있는 (세 자리 수)－(세 자리 수)②				56
		13일차	받아 내림이 한 번 있는 (세 자리 수)－(세 자리 수)③				60
		14일차	(3) 받아 내림이 두 번 있는 (세 자리 수)－(세 자리 수)①	일의 자리가 10의 자리에서 10을 내려 받고, 10의 자리가 100의 자리에서 100을 내려 받아 뺄셈합니다.			64
		15일차	받아 내림이 두 번 있는 (세 자리 수)－(세 자리 수)②				68
		16일차	받아 내림이 두 번 있는 (세 자리 수)－(세 자리 수)③				72

연산마스터

계산력 강화

+ − × ÷

5권

초등
3-1

학부모 가이드북

한국학력평가원

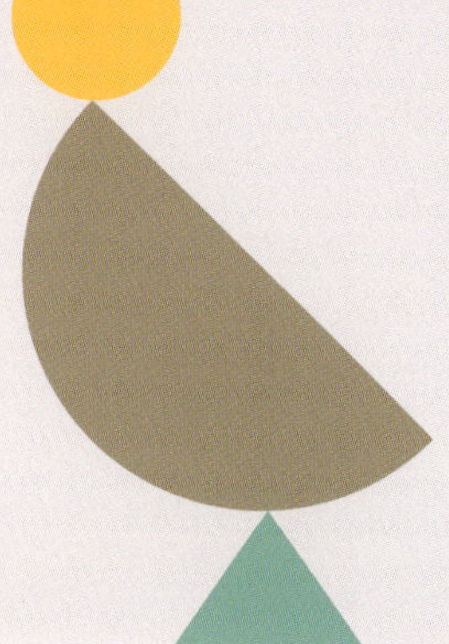

받아 올림이 없는 (세 자리 수)+(세 자리 수) ①

월   일

받아 올림이 없는 (세 자리 수)+(세 자리 수)의 계산은
일의 자리부터 순서대로 계산합니다.

핵심 포인트
· 세로셈 계산은 각 자리의 숫자를 맞추어 적은 뒤 일의 자리부터 더한 값을 차례로 적습니다.

◦ 124+352의 계산

```
  1 2 4        1 2 4        1 2 4
+ 3 5 2   →  + 3 5 2   →  + 3 5 2
      6          7 6        4 7 6
```
일의 자리부터 계산합니다.   십의 자리를 계산합니다.   백의 자리를 계산합니다.

[01~12] 빈칸에 알맞은 수를 써넣으세요.

01	05	09
2 0 2 + 5 8 6 7 8 **8**	7 5 1 + 2 1 7 **9** 6 **8**	5 6 3 + 3 1 5 8 7 **8**

02	06	10
1 0 2 + 5 2 5 6 **2** 7	3 1 1 + 4 5 7 7 6 **8**	4 5 1 + 2 1 6 6 6 **7**

03	07	11
3 8 2 + 2 0 5 **5 8 7**	2 0 3 + 2 9 4 **4 9 7**	6 1 2 + 2 1 7 **8 2 9**

04	08	12
5 2 3 + 2 6 1 **7 8 4**	1 0 3 + 3 5 4 **4 5 7**	1 2 2 + 5 3 7 **6 5 9**

계산력 강화하기

정확하게 풀어보아요

[13~30] 다음을 계산하세요.

13	19	25
6 5 4 + 2 4 2 8 9 6	3 3 3 + 5 6 2 8 9 5	2 0 5 + 7 1 1 9 1 6

14	20	26
1 0 5 + 5 6 2 6 6 7	3 3 1 + 6 4 7 9 7 8	4 0 1 + 5 1 7 9 1 8

15	21	27
2 1 4 + 2 5 5 4 6 9	3 4 4 + 3 1 2 6 5 6	2 0 5 + 6 4 4 8 4 9

16	22	28
6 4 1 + 2 2 8 8 6 9	2 2 4 + 5 0 1 7 2 5	5 1 3 + 2 4 2 7 5 5

17	23	29
3 6 1 + 4 0 7 7 6 8	1 3 5 + 3 6 4 4 9 9	1 0 2 + 4 7 5 5 7 7

18	24	30
3 8 1 + 1 1 4 4 9 5	5 2 2 + 3 2 7 8 4 9	6 3 4 + 1 6 1 7 9 5

 사고력 확장

구조화 하기

구조화 하기를 연습하면 서술형도 쉽게 풀어요

[31~40] 빈칸에 알맞은 수를 써넣으세요.

31 +		
	113	705
	226	142
	339	847

36 +		
	851	147
	124	652
	975	799

32 +		
	233	461
	154	315
	387	776

37 +		
	413	284
	525	312
	938	596

33 +		
	104	335
	743	123
	847	458

38 +		
	711	226
	145	312
	856	538

34 +		
	133	624
	401	305
	534	929

39 +		
	322	251
	435	542
	757	793

35 +		
	672	317
	325	471
	997	788

40 +		
	131	258
	264	331
	395	589

사고력 확장

서술형 풀어보기

구조화 해서 풀어보아요

41 현석이네 집에서 우체국까지의 거리는 442 m이고, 우체국에서 병원까지의 거리는 356 m입니다. 현석이네 집에서 우체국을 지나 병원까지 가는 거리는 몇 m일까요?

풀이과정

(1) 현석이네 집에서 우체국까지의 거리는 **442** m입니다.

(2) 우체국에서 병원까지의 거리는 **356** m입니다.

(3) 현석이네 집에서 우체국을 지나 병원까지의 거리는
442 + **356** = **798** m입니다.

```
  4 4 2
+ 3 5 6
  7 9 8
```

[42~45] 풀이과정을 쓰고 답을 구하세요.

42 박물관의 방문자가 어제는 283명, 오늘은 516명이었습니다. 어제와 오늘 박물관에 방문한 사람은 모두 몇 명일까요?

풀이   283+516=799

답   799 명

44 사과농장 주인이 오전에 115개의 사과를 땄고, 오후에 773개의 사과를 땄습니다. 사과농장 주인은 오늘 모두 몇 개의 사과를 땄을까요?

풀이   115+773=888

답   888 개

43 민속촌에 입장한 사람들을 조사해보니 남자가 431명, 여자가 365명이었습니다. 합하면 모두 몇 명일까요?

풀이   431+365=796

답   796 명

45 상자에 흰 돌 482개, 검은 돌 215개가 있습니다. 상자에 들어있는 돌은 모두 몇 개일까요?

풀이   482+215=697

답   697 개

연마 Check   칭찬이나 노력할 점을 써 주세요.

맞힌 개수	지도 의견		확인란
개	나의 생각		

- $312+184=(300+10+2)+(100+80+4)$
  $=(300+100)+(10+80)+(2+4)$
  $=400+90+6=496$

- $115+573=(100+15)+(500+73)$
  $=(15+73)+(100+500)$
  $=88+600=688$

핵심 포인트
· 각 자리에 맞추어 일의 자리부터 십의 자리, 백의 자리 순서대로 적습니다.

(01~10) 빈칸에 알맞은 수를 쓰세요.

01	$392+507=$	8 9 9	06	$131+258=$ 3 8 9
02	$682+216=$	8 9 8	07	$313+516=$ 8 2 9
03	$274+624=$	8 9 8	08	$203+352=$ 5 5 5
04	$171+415=$	5 8 6	09	$402+371=$ 7 7 3
05	$506+142=$	6 4 8	10	$333+124=$ 4 5 7

(11~28) 다음을 계산하세요.

11	$552+127=679$	20	$168+211=379$
12	$254+434=688$	21	$352+647=999$
13	$245+751=996$	22	$473+213=686$
14	$411+356=767$	23	$171+415=586$
15	$735+153=888$	24	$422+171=593$
16	$222+356=578$	25	$611+356=967$
17	$514+185=699$	26	$523+225=748$
18	$251+308=559$	27	$502+473=975$
19	$104+871=975$	28	$281+405=686$

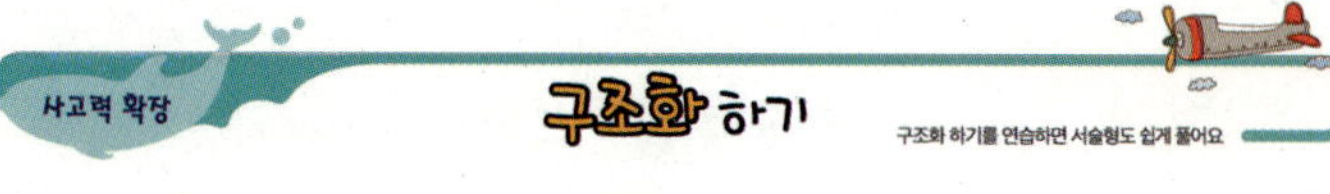

(29~49) 두 수의 덧셈을 빈칸에 쓰세요.

29	433 405 → 838	36	192 804 → 996	43	643 105 → 748
30	121 446 → 567	37	342 451 → 793	44	271 115 → 386
31	622 155 → 777	38	362 323 → 685	45	115 264 → 379
32	241 315 → 556	39	191 802 → 993	46	501 362 → 863
33	373 516 → 889	40	772 225 → 997	47	131 546 → 677
34	831 157 → 988	41	652 341 → 993	48	423 226 → 649
35	862 136 → 998	42	461 527 → 988	49	325 163 → 488

---

50 경찰서에서 소방서까지는 571 m이고, 소방서에서 도서관까지는 128 m입니다. 경찰서에서 소방서를 지나 도서관까지의 거리는 몇 m입니까?

풀이과정

(1) 경찰서에서 소방서까지는 [571] m입니다.

(2) 소방서에서 도서관까지는 [128] m입니다.

(3) 경찰서에서 소방서를 지나 도서관까지의 거리는
[571] + [128] = [699] m입니다.

571	128
699	

(51~54) 풀이과정을 쓰고 답을 구하세요.

51 은정이는 어제 줄넘기를 202번, 오늘은 614번 했습니다. 은정이가 어제와 오늘 한 줄넘기 횟수는 모두 몇 번일까요?

풀이 $202+614=816$

답 816 번

52 어떤 공연장의 좌석 수는 1층 375석, 2층 303석입니다. 1층과 2층을 합한 좌석 수는 모두 몇 석일까요?

풀이 $375+303=678$

답 678 석

53 126 mL의 물이 들어있는 비커에 332 mL의 물을 더 부었습니다. 비커에 들어있는 물은 몇 mL일까요?

풀이 $126+332=458$

답 458 mL

54 첫 번째 상자에 클립이 441개 있고, 두 번째 상자에 클립이 242개 있습니다. 두 상자의 클립을 합하면 모두 몇 개 일까요?

풀이 $441+242=683$

답 683 개

연마 Check　칭찬이나 노력할 점을 써 주세요.

맞힌 개수	지도 의견		확인란
개	나의 생각		

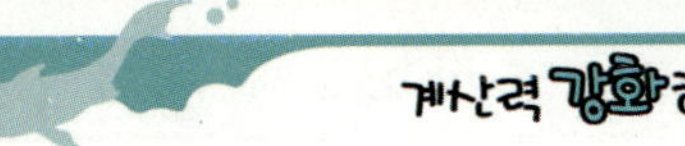

(세 자리 수)+(세 자리 수)의 계산에서 일의 자리의 계산 결과가 10이 넘어가면 십의 자리로 받아 올림 하고 나머지는 일의 자리에 내려 씁니다.

핵심 포인트

- 일의 자리에서 7+8=15이므로 10을 받아 올림 하고 5는 일의 자리에 씁니다.
- 십의 자리는 받아 올림 한 수와 십의 자릿수를 모두 더하여 씁니다.

● 417+268의 계산

```
   1              1            1
  4 1 7          4 1 7        4 1 7
+ 2 6 8   →    + 2 6 8   →  + 2 6 8
      5            8 5        6 8 5
```

7+8=15이므로 5는 일의 자리에, 10은 십의 자리로 보냅니다.　　받아 올린 1+1+6=8　　4+2=6

[01~12] 빈칸에 알맞은 수를 써넣으세요.

01
```
    1
  1 0 3
+ 5 3 8
  6 4 1
```

05
```
    1
  6 0 5
+ 1 5 8
  7 6 3
```

09
```
    1
  7 6 3
+ 2 1 8
  9 8 1
```

02
```
    1
  1 3 2
+ 1 2 8
  2 6 0
```

06
```
    1
  5 7 4
+ 2 1 6
  7 9 0
```

10
```
    1
  1 1 9
+ 1 4 3
  2 6 2
```

03
```
    1
  5 5 4
+ 3 3 8
  8 9 2
```

07
```
    1
  4 5 6
+ 4 2 8
  8 8 4
```

11
```
    1
  6 1 7
+ 1 3 6
  7 5 3
```

04
```
    1
  3 0 4
+ 5 2 8
  8 3 2
```

08
```
    1
  4 2 7
+ 4 5 7
  8 8 4
```

12
```
    1
  3 5 7
+ 1 3 6
  4 9 3
```

계산력 강화하기

정확하게 풀어보아요

[13~30] 다음을 계산하세요.

13
```
  4 4 5
+ 3 2 7
  7 7 2
```

19
```
  5 7 7
+ 1 1 8
  6 9 5
```

25
```
  3 2 5
+ 5 5 8
  8 8 3
```

14
```
  3 7 8
+ 4 1 8
  7 9 6
```

20
```
  1 7 2
+ 7 1 9
  8 9 1
```

26
```
  4 7 8
+ 4 1 8
  8 9 6
```

15
```
  8 7 9
+ 1 1 1
  9 9 0
```

21
```
  6 1 4
+ 2 4 8
  8 6 2
```

27
```
  1 2 3
+ 3 6 9
  4 9 2
```

16
```
  4 7 4
+ 2 1 6
  6 9 0
```

22
```
  1 5 4
+ 2 2 7
  3 8 1
```

28
```
  4 3 9
+ 1 5 9
  5 9 8
```

17
```
  1 6 8
+ 5 1 5
  6 8 3
```

23
```
  6 0 4
+ 2 7 7
  8 8 1
```

29
```
  7 7 5
+ 1 1 6
  8 9 1
```

18
```
  7 3 4
+ 1 4 7
  8 8 1
```

24
```
  6 5 6
+ 3 1 8
  9 7 4
```

30
```
  4 6 4
+ 3 2 8
  7 9 2
```

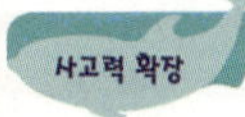

구조화하기

구조화 하기를 연습하면 서술형도 쉽게 풀어요

[31~51] 두 수의 덧셈을 빈칸에 쓰세요.

31　206　587　→　793

32　405　258　→　663

33　344　436　→　780

34　355　618　→　973

35　407　449　→　856

36　728　134　→　862

37　129　324　→　453

38　548　117　→　665

39　275　315　→　590

40　705　226　→　931

41　225　347　→　572

42　663　128　→　791

43　267　617　→　884

44　336　147　→　483

45　519　376　→　895

46　822　169　→　991

47　119　119　→　238

48　814　138　→　952

49　256　335　→　591

50　454　116　→　570

51　602　159　→　761

서술형 풀어보기

구조화 해서 풀어보아요

52 빨간 구슬 248개와 파란 구슬 715개를 섞어서 상자에 담았습니다. 상자에는 구슬이 모두 몇 개 있을까요?

풀이과정

(1) 빨간 구슬이　248　개 있습니다.

(2) 파란 구슬이　715　개 있습니다.

(3) 상자 안에는 모두　248　+　715　=　963　개의 구슬이 있습니다.

```
        1
      2 4 8
  +   7 1 5
      9 6 3
```

[53~56] 풀이과정을 쓰고 답을 구하세요.

53 어제 수영장에 어른이 567명, 어린이가 216명 입장했습니다. 어제 수영장에 입장한 사람은 모두 몇 명일까요?

풀이　567+216=783

답　783　명

54 첫 번째 상자에 구슬이 327개 있고, 두 번째 상자에 구슬이 247개 있습니다. 두 상자의 구슬을 합하면 모두 몇 개일까요?

풀이　327+247=574

답　574　개

55 103장의 신문을 쌓고, 그 위에 448장의 신문을 더 쌓았습니다. 모두 몇 장의 신문을 쌓았을까요?

풀이　103+448=551

답　551　장

56 상인이 고등어 705마리 삼치 126마리를 샀습니다. 모두 몇 마리의 생선을 샀을까요?

풀이　705+126=831

답　831　마리

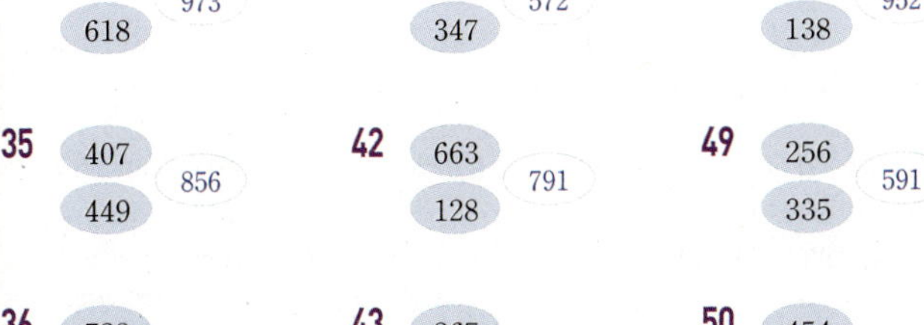

연마 Check　칭찬이나 노력할 점을 써 주세요.

맞힌 개수	지도 의견		확인란
개	나의 생각		

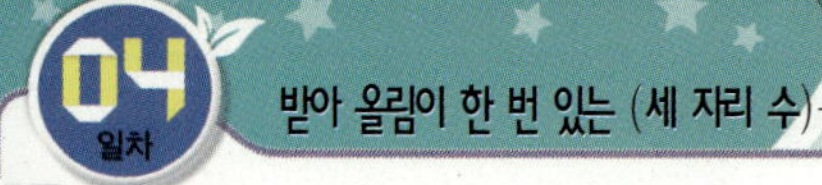

받아 올림이 한 번 있는 (세 자리 수)+(세 자리 수) ②

월 일

(세 자리 수)+(세 자리 수)의 계산에서 일의 자리의 계산 결과가 10이 넘어가면 십의 자리로 받아 올림 하고 나머지는 일의 자리에 내려씁니다.

핵심포인트
- 일의 자리에서 8+5=13이므로 10을 받아 올림 합니다.

- 228+435의 계산
=(200+20+8)+(400+30+5)
=(200+400)+(20+30)+(8+5)
=600+50+13=663

(01~10) 빈칸에 알맞은 수를 써넣으세요.

01	104+657= 7 6 1	06	306+449= 7 5 5
02	775+216= 9 9 1	07	276+617= 8 9 3
03	636+148= 7 8 4	08	121+609= 7 3 0
04	209+338= 5 4 7	09	141+629= 7 7 0
05	845+138= 9 8 3	10	144+137= 2 8 1

계산력 강화하기

정확하게 풀어보아요

(11~31) 계산을 하세요.

11	623+269 =892	18	755+228 =983	25	227+647 =874
12	415+369 =784	19	164+628 =792	26	855+128 =983
13	667+116 =783	20	255+536 =791	27	507+206 =713
14	608+226 =834	21	236+426 =662	28	827+155 =982
15	549+213 =762	22	152+128 =280	29	754+128 =882
16	555+216 =771	23	746+117 =863	30	363+609 =972
17	143+239 =382	24	352+318 =670	31	427+156 =583

사고력 확장

구조화 하기

구조화 하기를 연습하면 서술형도 쉽게 풀어요

(32~52) 안빈에 알맞은 수를 써넣으세요.

32	+158 / 712 → 870	39	+127 / 805 → 932	46	+216 / 677 → 893
33	+108 / 483 → 591	40	+608 / 264 → 872	47	+102 / 689 → 791
34	+206 / 207 → 413	41	+316 / 516 → 832	48	+316 / 178 → 494
35	+236 / 715 → 951	42	+255 / 316 → 571	49	+443 / 508 → 951
36	+668 / 214 → 882	43	+753 / 218 → 971	50	+356 / 505 → 861
37	+437 / 535 → 972	44	+425 / 366 → 791	51	+119 / 875 → 994
38	+657 / 128 → 785	45	+229 / 352 → 581	52	+668 / 223 → 891

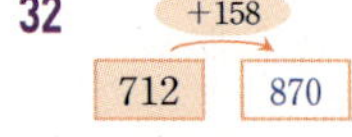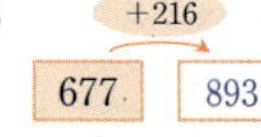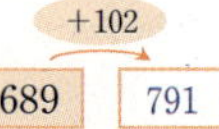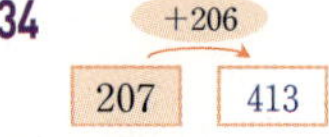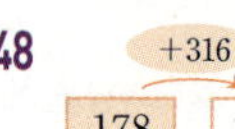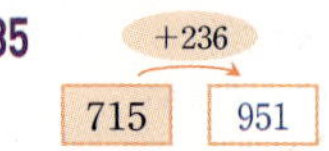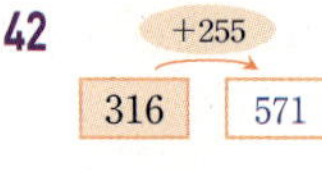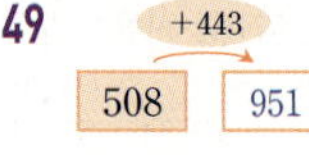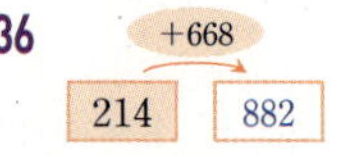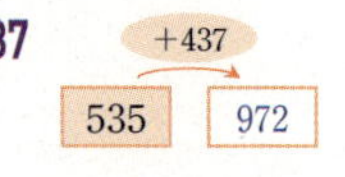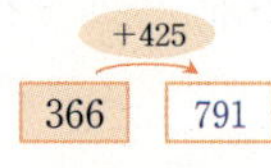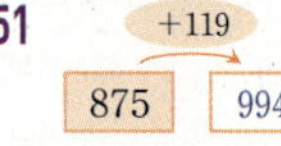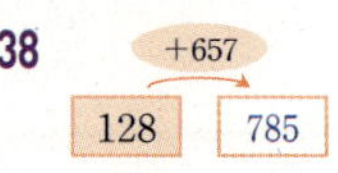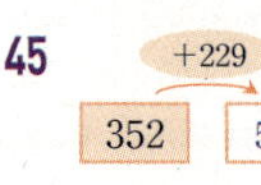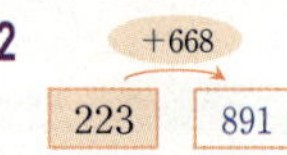

사고력 확장

서술형 풀어보기

구조화 해서 풀어보아요

53 첫 번째 통에 259마리의 새우가 있고, 두 번째 통에 533마리의 새우가 있습니다. 두 통의 새우를 합하면 모두 몇 마리일까요?

풀이과정

(1) 첫 번째 통에는 새우가 259 마리 있습니다.

(2) 두 번째 통에는 새우가 533 마리 있습니다.

(3) 새우는 모두 259 + 533 = 792 마리입니다.

+533 / 259 → 792

(54~57) 풀이과정을 쓰고 답을 구하세요.

54 545 m를 걸은 다음 147 m를 더 걸었습니다. 몇 m를 걸었을까요?

풀이 545+147=692
답 692 m

55 사과를 지난주에 477개 팔았고, 이번 주에 317개 팔았습니다. 지난주와 이번 주 모두 몇 개의 사과를 팔았을까요?

풀이 477+317=794
답 794 개

56 병아리가 어제는 153마리 태어났고, 오늘은 638마리 태어났습니다. 어제와 오늘 태어난 병아리는 모두 몇 마리 몇 마리일까요?

풀이 153+638=791
답 791 마리

57 민호네 집에서 학교까지 864 m이고, 지은네 집에서 학교까지 129 m입니다. 민호가 집에서 학교까지 갔다가, 지은이네 집으로 갔다면 민호가 간 거리는 몇 m일까요?

풀이 864+129=993
답 993 m

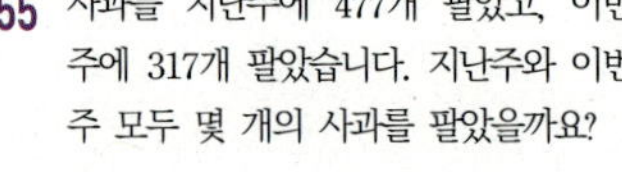

연마 Check 칭찬이나 노력할 점을 써 주세요.

| 맞힌 개수 | 지도 의견 | | 확인란 |
| 개 | 나의 생각 | | |

받아 올림이 두 번 있는 (세 자리 수)+(세 자리 수) ①

  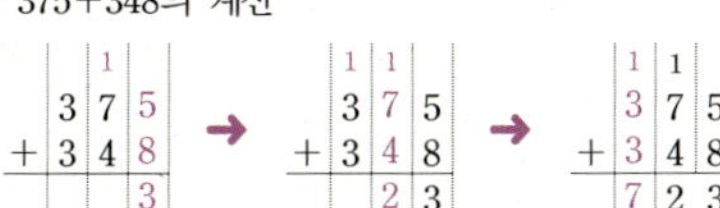 

월   일

(세 자리 수)+(세 자리 수)의 계산에서 계산 한 결과가 10이 넘어가는 자리마다 다음 자리로 받아 올림을 합니다.

● 375+348의 계산

$$\begin{array}{r} {}^{1}\\ 3\,7\,5\\ +\,3\,4\,8\\ \hline 3 \end{array} \rightarrow \begin{array}{r} {}^{1}{}^{1}\\ 3\,7\,5\\ +\,3\,4\,8\\ \hline 2\,3 \end{array} \rightarrow \begin{array}{r} {}^{1}{}^{1}\\ 3\,7\,5\\ +\,3\,4\,8\\ \hline 7\,2\,3 \end{array}$$

5+8=13이므로 3은 일의 자리에, 10은 십의 자리로 보냅니다.

받아 올림 10+70+40=120, 100을 백의 자리로 올림 합니다.

100+300+300=700

핵심 포인트

- 일의 자리에서 5+8=13이므로 10을 받아 올림 합니다.
- 십의 자리에서 10+70+40=120이므로 100을 받아 올림 합니다.

[01~12] 빈칸에 알맞은 수를 써넣으세요.

01
```
   1 1
   1 3 5
 + 2 8 9
 ─────────
   4 2 4
```

05
```
   1 1
   4 5 8
 + 2 5 6
 ─────────
   7 1 4
```

09
```
   1 1
   2 7 9
 + 3 4 4
 ─────────
   6 2 3
```

02
```
   1 1
   1 7 4
 + 1 5 9
 ─────────
   3 3 3
```

06
```
   1 1
   5 9 4
 + 1 2 8
 ─────────
   7 2 2
```

10
```
   1 1
   5 9 6
 + 2 3 6
 ─────────
   8 3 2
```

03
```
   1 1
   3 8 6
 + 1 8 5
 ─────────
   5 7 1
```

07
```
   1 1
   5 2 8
 + 3 8 3
 ─────────
   9 1 1
```

11
```
   1 1
   3 5 7
 + 1 6 8
 ─────────
   5 2 5
```

04
```
   1 1
   6 5 6
 + 1 6 9
 ─────────
   8 2 5
```

08
```
   1 1
   2 6 7
 + 2 6 7
 ─────────
   5 3 4
```

12
```
   1 1
   2 6 8
 + 3 3 6
 ─────────
   6 0 4
```

계산력 강화하기

정확하게 풀어보아요

[13~30] 다음을 계산하세요.

13
```
   1 3 4
 + 2 9 7
 ───────
   4 3 1
```

19
```
   4 7 6
 + 2 4 5
 ───────
   7 2 1
```

25
```
   1 5 9
 + 1 6 5
 ───────
   3 2 4
```

14
```
   1 7 7
 + 3 4 5
 ───────
   5 2 2
```

20
```
   5 4 5
 + 1 6 8
 ───────
   7 1 3
```

26
```
   2 8 5
 + 6 3 6
 ───────
   9 2 1
```

15
```
   5 6 5
 + 2 4 5
 ───────
   8 1 0
```

21
```
   2 5 8
 + 1 8 8
 ───────
   4 4 6
```

27
```
   6 4 8
 + 1 6 8
 ───────
   8 1 6
```

16
```
   1 9 7
 + 3 5 8
 ───────
   5 5 5
```

22
```
   1 3 6
 + 4 9 6
 ───────
   6 3 2
```

28
```
   7 5 7
 + 1 8 3
 ───────
   9 4 0
```

17
```
   5 8 7
 + 2 2 8
 ───────
   8 1 5
```

23
```
   1 5 6
 + 3 4 8
 ───────
   5 0 4
```

29
```
   7 5 9
 + 1 5 5
 ───────
   9 1 4
```

18
```
   1 9 6
 + 3 2 6
 ───────
   5 2 2
```

24
```
   2 3 8
 + 6 7 3
 ───────
   9 1 1
```

30
```
   6 9 7
 + 2 2 7
 ───────
   9 2 4
```

구조화 하기

구조화 하기를 연습하면 서술형도 쉽게 풀어요

[31~40] 빈칸에 알맞은 수를 써넣으세요.

31
359	372
185	439
544	811

36
237	195
584	336
821	531

32
659	125
153	388
812	513

37
147	475
355	265
502	740

33
556	354
148	267
704	621

38
747	178
164	337
911	515

34
146	577
279	153
425	730

39
676	265
145	378
821	643

35
294	199
327	585
621	784

40
236	695
684	137
920	832

서술형 풀어보기

구조화 해서 풀어보아요

41 현아는 567 mL의 물을 마셨고, 선미는 369 mL의 물을 마셨습니다. 두 사람이 마신 물은 모두 몇 mL일까요?

풀이과정

(1) 현아가 마신 물은 567 mL입니다.

(2) 선미가 마신 물은 369 mL입니다.

(3) 현아와 선미가 마신 물은 모두 567 + 369 = 936 mL입니다.

```
   1 1
   5 6 7
 + 3 6 9
 ───────
   9 3 6
```

[42~45] 풀이과정을 쓰고 답을 구하세요.

42 연마초등학교의 1학년은 182명이고, 2학년은 239명입니다. 1학년과 2학년을 합하면 모두 몇 명일까요?

풀이   182+239=421

답   421 명

44 서울에서 부산을 가는 KTX 열차에 467명이 타고 있습니다. 그런데 대전역에서 158명이 더 탔다면 모두 몇 명이 KTX 열차 안에 있을까요?

풀이   467+158=625

답   625 명

43 동현이네 학교 학생들의 혈액형을 조사해보니 A형이 178명, O형이 228명이었습니다. A형과 O형인 학생들은 모두 몇 명일까요?

풀이   178+228=406

답   406 명

45 철민이는 256 m를 걸은 후 657 m를 달렸습니다. 철민이가 이동한 거리는 모두 몇 m일까요?

풀이   256+657=913

답   913 m

연마 Check   칭찬이나 노력할 점을 써 주세요.

맞힌 개수	지도 의견	확인란
개	나의 생각	

06 일차

받아 올림이 두 번 있는 (세 자리 수)+(세 자리 수) ②

월   일

(세 자리 수)+(세 자리 수)의 계산에서 계산 한 결과가 10이나 100이 넘으면 다음 자리로 받아 올림을 합니다.

● 428+495의 계산
=(400+20+8)+(400+90+5)
=(400+400)+(20+90)+(8+5)
=800+110+13=923

핵심 포인트

· (일의 자리)+(일의 자리)가 10이 넘으면 10은 십의 자리로 보냅니다.
→ 일의 자리에서 8+5=13이므로 10을 받아 올림 합니다.

· (십의 자리)+(십의 자리)가 100이 넘으면 100은 백의 자리로 보냅니다.
→ 십의 자리에서 10+20+90=120 이므로 100을 받아 올림 합니다.

[01~10] 빈칸에 알맞은 수를 써넣으세요.

01 549+168 = 7 1 7
02 537+188 = 7 2 5
03 127+696 = 8 2 3
04 345+398 = 7 4 3
05 479+366 = 8 4 5

06 795+157 = 9 5 2
07 588+336 = 9 2 4
08 569+183 = 7 5 2
09 773+159 = 9 3 2
10 366+568 = 9 3 4

계산력 강화하기

정확하게 풀어보아요

[11~31] 계산을 하세요.

11 428+186 =614
12 195+448 =643
13 786+154 =940
14 367+169 =536
15 495+155 =650
16 746+156 =902
17 253+568 =821

18 487+237 =724
19 219+392 =611
20 445+278 =723
21 237+168 =405
22 568+333 =901
23 287+545 =832
24 379+145 =524

25 375+228 =603
26 396+125 =521
27 736+188 =924
28 713+187 =900
29 319+195 =514
30 147+275 =422
31 546+368 =914

구조화 하기

구조화 하기를 연습하면 서술형도 쉽게 풀어요

[32~52] 두 수의 덧셈을 빈칸에 쓰세요.

32 193 217 → 410
33 599 213 → 812
34 528 188 → 716
35 378 537 → 915
36 237 589 → 826
37 143 577 → 720
38 728 185 → 913

39 695 149 → 844
40 637 275 → 912
41 257 356 → 613
42 535 168 → 703
43 387 255 → 642
44 566 138 → 704
45 148 378 → 526

46 188 333 → 521
47 163 369 → 532
48 687 163 → 850
49 259 362 → 621
50 665 145 → 810
51 238 388 → 626
52 398 326 → 724

서술형 풀어보기

구조화 해서 풀어보아요

53 초콜릿이 155개가 있고, 젤리가 275개 있습니다. 초콜릿과 젤리를 합하면 모두 몇 개일까요?

풀이과정

(1) 초콜릿이 155 개 있습니다.
(2) 젤리가 275 개 있습니다.
(3) 초콜릿과 젤리는 모두 155 + 275 = 430 개 있습니다.

155 275 → 430

[54~57] 풀이과정을 쓰고 답을 구하세요.

54 비커에 물 677 mL에 식초 137 mL을 넣었습니다. 비커에는 몇 mL의 물과 식초가 섞여 있을까요?
풀이 677+137=814
답 814 mL

55 438명의 자원봉사자가 마을을 청소하는데 일손이 부족하여 275명의 자원봉사자가 더 왔습니다. 모두 몇 명의 자원봉사자가 마을청소를 할까요?
풀이 438+275=713
답 713 명

56 토끼는 537 m를 이동했고, 강아지는 286 m를 이동했습니다. 토끼와 강아지의 이동 거리를 합하면 모두 몇 m일까요?
풀이 537+286=823
답 823 m

57 245개의 사과와 488개의 귤이 있습니다. 사과와 귤을 합하면 모두 몇 개 있을까요?
풀이 245+488=733
답 733 개

연마 Check   칭찬이나 노력할 점을 써 주세요.

맞힌 개수	지도 의견	확인란
개	나의 생각	

받아 올림이 여러 번 있는 (세 자리 수)+(세 자리 수) ①

월 일

각 자리 수의 계산 결과가 10이 넘을 때마다 다음 자리로 받아 올림을 합니다.

● 765+846의 계산

$$
\begin{array}{ccc}
\overset{1}{7}\,6\,\overset{1}{5} & \overset{1}{7}\,6\,5 & \overset{1}{\overset{1}{7}}\,6\,5 \\
+\,8\,4\,6 & +\,8\,4\,6 & +\,8\,4\,6 \\
\hline
\underset{①}{1} & 1\,1 & 1\,6\,1\,1 \\
\end{array}
$$

① 5+6=11이므로 1은 일의 자리에, 10은 십의 자리로 보냅니다.

② 받아 올린 10+60+40=110, 100을 백의 자리로 올림 합니다.

③ 100+700+800=1600

핵심 포인트

- 5+6=11이므로 10을 십의 자리로 받아 올림 합니다.
- 십의 자리는 10+60+40이므로 110이 되어 100을 백의 자리로 올림 합니다.
- 백의 자리에서 100+700+800 =1600이므로 1000을 받아 올림 합니다.

[01~12] 빈칸에 알맞은 수를 써넣으세요.

01
$$\begin{array}{ccc} {}^1 & {}^1 & \\ 3 & 8 & 8 \\ +\,8 & 1 & 7 \\ \hline 1\,2\,0\,5 \end{array}$$

02
$$\begin{array}{ccc} {}^1 & {}^1 & \\ 2 & 1 & 9 \\ +\,8 & 8 & 3 \\ \hline 1\,1\,0\,2 \end{array}$$

03
$$\begin{array}{ccc} {}^1 & {}^1 & \\ 8 & 3 & 4 \\ +\,6 & 8 & 9 \\ \hline 1\,5\,2\,3 \end{array}$$

04
$$\begin{array}{ccc} {}^1 & {}^1 & \\ 6 & 3 & 8 \\ +\,5 & 6 & 4 \\ \hline 1\,2\,0\,2 \end{array}$$

05
$$\begin{array}{ccc} {}^1 & {}^1 & \\ 9 & 8 & 8 \\ +\,2 & 3 & 6 \\ \hline 1\,2\,2\,4 \end{array}$$

06
$$\begin{array}{ccc} {}^1 & {}^1 & \\ 7 & 5 & 8 \\ +\,3 & 6 & 9 \\ \hline 1\,1\,2\,7 \end{array}$$

07
$$\begin{array}{ccc} {}^1 & {}^1 & \\ 2 & 3 & 4 \\ +\,9 & 7 & 7 \\ \hline 1\,2\,1\,1 \end{array}$$

08
$$\begin{array}{ccc} {}^1 & {}^1 & \\ 2 & 1 & 7 \\ +\,8 & 9 & 5 \\ \hline 1\,1\,1\,2 \end{array}$$

09
$$\begin{array}{ccc} {}^1 & {}^1 & \\ 5 & 8 & 5 \\ +\,8 & 3 & 9 \\ \hline 1\,4\,2\,4 \end{array}$$

10
$$\begin{array}{ccc} {}^1 & {}^1 & \\ 4 & 2 & 5 \\ +\,8 & 8 & 6 \\ \hline 1\,3\,1\,1 \end{array}$$

11
$$\begin{array}{ccc} {}^1 & {}^1 & \\ 9 & 4 & 5 \\ +\,3 & 6 & 6 \\ \hline 1\,3\,1\,1 \end{array}$$

12
$$\begin{array}{ccc} {}^1 & {}^1 & \\ 7 & 8 & 8 \\ +\,3 & 3 & 6 \\ \hline 1\,1\,2\,4 \end{array}$$

정확하게 풀어보아요

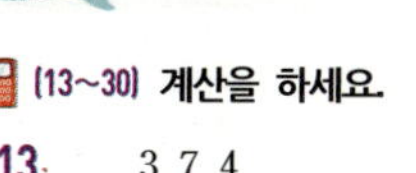

[13~30] 계산을 하세요.

13
$$\begin{array}{r} 3\,7\,4 \\ +\,6\,5\,6 \\ \hline 1\,0\,3\,0 \end{array}$$

14
$$\begin{array}{r} 4\,4\,7 \\ +\,7\,8\,5 \\ \hline 1\,2\,3\,2 \end{array}$$

15
$$\begin{array}{r} 2\,3\,5 \\ +\,8\,8\,6 \\ \hline 1\,1\,2\,1 \end{array}$$

16
$$\begin{array}{r} 3\,3\,8 \\ +\,8\,8\,3 \\ \hline 1\,2\,2\,1 \end{array}$$

17
$$\begin{array}{r} 5\,5\,7 \\ +\,7\,5\,9 \\ \hline 1\,3\,1\,6 \end{array}$$

18
$$\begin{array}{r} 4\,3\,6 \\ +\,5\,8\,6 \\ \hline 1\,0\,2\,2 \end{array}$$

19
$$\begin{array}{r} 9\,3\,9 \\ +\,2\,6\,2 \\ \hline 1\,2\,0\,1 \end{array}$$

20
$$\begin{array}{r} 7\,3\,8 \\ +\,4\,8\,2 \\ \hline 1\,2\,2\,0 \end{array}$$

21
$$\begin{array}{r} 9\,2\,4 \\ +\,1\,7\,8 \\ \hline 1\,1\,0\,2 \end{array}$$

22
$$\begin{array}{r} 4\,7\,2 \\ +\,7\,3\,9 \\ \hline 1\,2\,1\,1 \end{array}$$

23
$$\begin{array}{r} 8\,9\,3 \\ +\,3\,4\,7 \\ \hline 1\,2\,4\,0 \end{array}$$

24
$$\begin{array}{r} 2\,6\,9 \\ +\,8\,5\,4 \\ \hline 1\,1\,2\,3 \end{array}$$

25
$$\begin{array}{r} 5\,7\,4 \\ +\,6\,3\,8 \\ \hline 1\,2\,1\,2 \end{array}$$

26
$$\begin{array}{r} 5\,4\,6 \\ +\,6\,8\,5 \\ \hline 1\,2\,3\,1 \end{array}$$

27
$$\begin{array}{r} 7\,2\,9 \\ +\,3\,9\,2 \\ \hline 1\,1\,2\,1 \end{array}$$

28
$$\begin{array}{r} 6\,3\,2 \\ +\,4\,8\,8 \\ \hline 1\,1\,2\,0 \end{array}$$

29
$$\begin{array}{r} 2\,9\,3 \\ +\,7\,9\,8 \\ \hline 1\,0\,9\,1 \end{array}$$

30
$$\begin{array}{r} 5\,7\,8 \\ +\,7\,4\,2 \\ \hline 1\,3\,2\,0 \end{array}$$

구조화 적기를 연습하면 서술형도 쉽게 풀어요

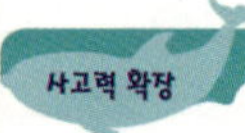

[31~51] 두 수의 덧셈을 빈칸에 쓰세요.

31 484 / 787 → 1271

32 688 / 332 → 1020

33 385 / 875 → 1260

34 844 / 597 → 1441

35 544 / 689 → 1233

36 967 / 365 → 1332

37 828 / 683 → 1511

38 883 / 327 → 1210

39 536 / 785 → 1321

40 933 / 277 → 1210

41 389 / 924 → 1313

42 837 / 568 → 1405

43 963 / 178 → 1141

44 748 / 563 → 1311

45 286 / 837 → 1123

46 737 / 476 → 1213

47 497 / 864 → 1361

48 725 / 689 → 1414

49 972 / 228 → 1200

50 863 / 458 → 1321

51 275 / 838 → 1113

구조화 복서 풀어보아요

52 영화관에서 어느 날 관람객 수를 조사해보니 남자가 678명, 여자가 377명이었습니다. 모두 몇 명이 관람했을까요?

풀이과정

(1) 남자 관람객 수는 **678** 명입니다.

(2) 여자 관람객 수는 **377** 명입니다.

(3) 관람객 수는 모두 **678** + **377** = **1055** 명입니다.

$$\begin{array}{ccc} {}^1 & {}^1 & \\ 6 & 7 & 8 \\ +\,3 & 7 & 7 \\ \hline 1\,0\,5\,5 \end{array}$$

[53~56] 풀이과정을 쓰고 답을 구하세요.

53 검은색 바둑돌이 589개, 흰색 바둑돌이 435개 있습니다. 검은색과 흰색 바둑돌은 모두 몇 개일까요?

풀이 $589+435=1024$

답 **1024** 개

54 올라가는 길이 736 m, 내려가는 길이 494 m인 산을 올라갔다가 내려오면 총 몇 m를 걸어야 할까요?

풀이 $736+494=1230$

답 **1230** m

55 진영이는 점심에 983 kcal를 먹고 간식으로 387 kcal를 더 먹었습니다. 진영이는 점심과 간식으로 모두 몇 kcal를 먹었을까요?

풀이 $983+387=1370$

답 **1370** kcal

56 어느 호텔에서 816인분의 식사를 준비했는데 손님이 더 와서 297인분의 식사를 더 만들었습니다. 모두 몇 인분의 식사를 만들었을까요?

풀이 $816+297=1113$

답 **1113** 인분

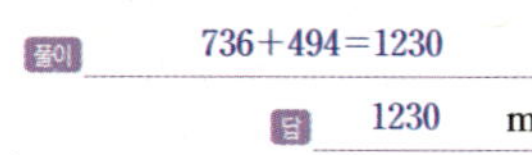

연마 Check 칭찬이나 노력할 점을 써 주세요.

맞힌 개수	지도 의견	확인란
개	나의 생각	

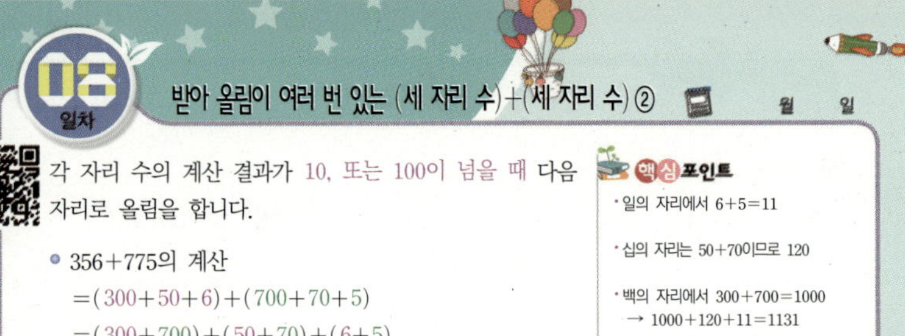

받아 올림이 여러 번 있는 (세 자리 수)+(세 자리 수) ②

월 일

각 자리 수의 계산 결과가 10, 또는 100이 넘을 때 다음 자리로 올림을 합니다.

● 356+775의 계산
$$=(300+50+6)+(700+70+5)$$
$$=(300+700)+(50+70)+(6+5)$$
$$=1000+120+11=1131$$

핵심포인트
- 일의 자리에서 6+5=11
- 십의 자리는 50+700이므로 120
- 백의 자리에서 300+700=1000
→ 1000+120+11=1131

[01~10] 빈칸에 알맞은 수를 써넣으세요.

01 216+884 = [1][1][0][0]   06 657+469 = [1][1][2][6]

02 586+437 = [1][0][2][3]   07 573+538 = [1][1][1][1]

03 397+654 = [1][0][5][1]   08 662+458 = [1][1][2][0]

04 897+233 = [1][1][3][0]   09 226+875 = [1][1][0][1]

05 444+679 = [1][1][2][3]   10 368+863 = [1][2][3][1]

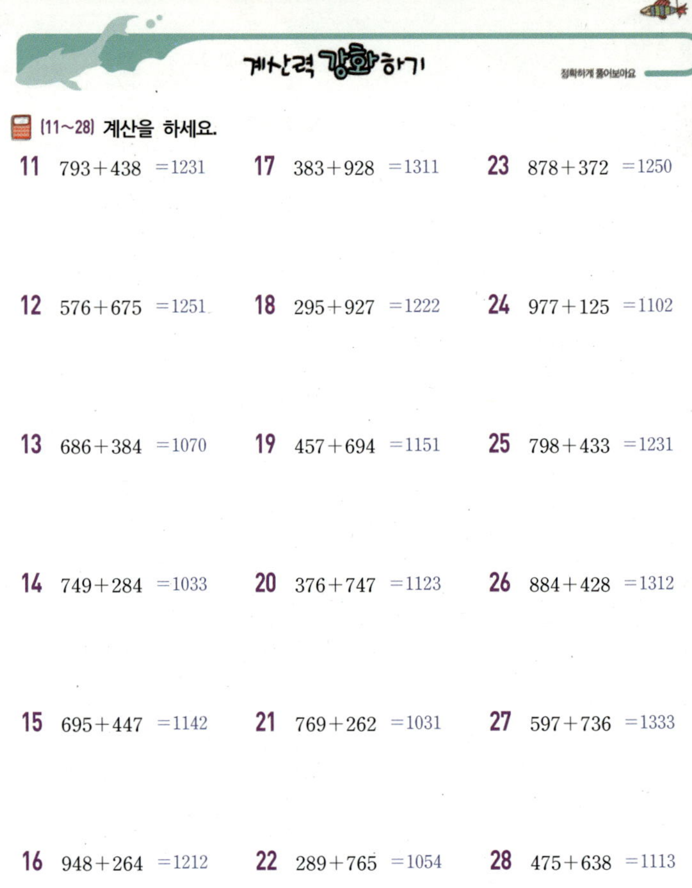

계산력 강화하기

정확하게 풀어보아요

[11~28] 계산을 하세요.

11 793+438 = 1231   17 383+928 = 1311   23 878+372 = 1250

12 576+675 = 1251   18 295+927 = 1222   24 977+125 = 1102

13 686+384 = 1070   19 457+694 = 1151   25 798+433 = 1231

14 749+284 = 1033   20 376+747 = 1123   26 884+428 = 1312

15 695+447 = 1142   21 769+262 = 1031   27 597+736 = 1333

16 948+264 = 1212   22 289+765 = 1054   28 475+638 = 1113

구조화 하기

구조화 하기를 연습하면 서술형도 쉽게 풀어요

[29~49] 빈칸에 알맞은 수를 써넣으세요.

29 +345 668 → 1013   36 +776 337 → 1113   43 +578 524 → 1102

30 +768 249 → 1017   37 +448 783 → 1231   44 +739 384 → 1123

31 +128 993 → 1121   38 +683 437 → 1120   45 +538 696 → 1234

32 +695 527 → 1222   39 +458 792 → 1250   46 +685 347 → 1032

33 +489 852 → 1341   40 +386 647 → 1033   47 +567 595 → 1162

34 +695 395 → 1090   41 +975 959 → 1934   48 +764 358 → 1122

35 +678 562 → 1240   42 +682 739 → 1421   49 +796 475 → 1271

서술형 풀어보기

구조화 해서 풀어보아요

50 민아는 과수원에서 작년에 사과를 694개 땄고, 올해는 작년보다 477개 더 많이 땄습니다. 민아가 과수원에서 올해 딴 사과는 모두 몇 개일까요?

풀이과정

(1) 작년에 딴 사과의 수는 [694] 개입니다.

(2) 올해는 작년보다 [477] 개를 더 땄습니다.

(3) 올해 딴 사과의 수는 [694] + [477] = [1171] 개입니다.

[51~54] 풀이과정을 쓰고 답을 구하세요.

51 민수는 점심 식사 때 278 mL의 물을 마셨고, 오후 체육 시간이 끝나고 855 mL의 물을 더 마셨습니다. 민수가 마신 물의 양은 모두 몇 mL일까요?

풀이 278+855=1133

답 1133 mL

53 만두 가게에서 어제는 877개의 만두를, 오늘은 356개의 만두를 팔았습니다. 어제와 오늘 판 만두는 모두 몇 개일까요?

풀이 877+356=1233

답 1233 개

52 719개의 종이학과 385개의 종이별을 접어 유리병 속에 넣었습니다. 유리병 속에는 모두 몇 개의 종이학과 종이별이 있을까요?

풀이 719+385=1104

답 1104 개

54 검은 바둑돌이 493개, 흰 바둑돌이 558개가 섞여 있는 상자가 있습니다. 상자 안에는 모두 몇 개의 바둑돌이 있을까요?

풀이 493+558=1051

답 1051 개

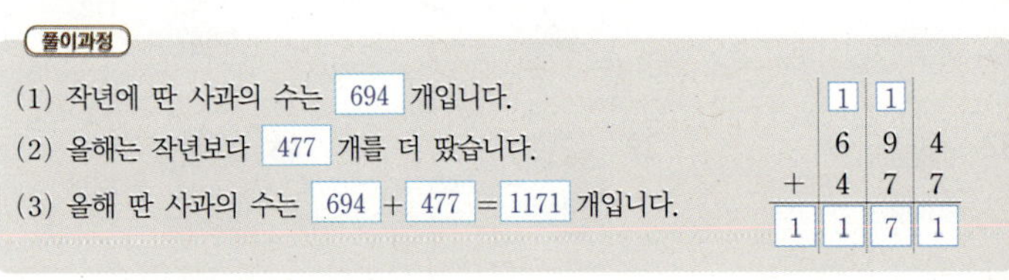

연마 Check 칭찬이나 노력할 점을 써 주세요.

맞힌 개수	지도 의견	확인란
개	나의 생각	

받아 내림이 없는 (세 자리 수)−(세 자리 수) ①

월   일

(세 자리 수)−(세 자리 수)를 세로셈으로 계산할 때에는 일의 자리, 십의 자리, 백의 자리 순서로 계산을 합니다.

핵심 포인트
세로셈을 계산할 때에는 각 자리의 숫자를 맞추어 적습니다.

● 645−432의 계산

	6	4	5
−	4	3	2
			3
일의 자리부터 계산합니다.

→

	6	4	5
−	4	3	2
		1	3
십의 자리를 계산합니다.

→

	6	4	5
−	4	3	2
	2	1	3
백의 자리를 계산합니다.

[01~12] 빈칸에 알맞은 수를 써넣으세요.

01
```
    4 0 6
  − 1 0 1
    3 0 5
```

02
```
    6 9 3
  − 2 8 1
    4 1 2
```

03
```
    5 9 2
  − 4 4 1
    1 5 1
```

04
```
    5 6 4
  − 3 2 3
    2 4 1
```

05
```
    7 1 4
  − 5 1 2
    2 0 2
```

06
```
    4 1 9
  − 2 1 3
    2 0 6
```

07
```
    8 9 4
  − 7 5 2
    1 4 2
```

08
```
    9 6 4
  − 5 0 3
    4 6 1
```

09
```
    3 6 5
  − 1 2 2
    2 4 3
```

10
```
    6 1 9
  − 5 0 5
    1 1 4
```

11
```
    9 5 6
  − 8 1 3
    1 4 3
```

12
```
    5 5 3
  − 1 2 2
    4 3 1
```

정확하게 풀어보아요.

[13~30] 계산을 하세요.

13
```
    4 6 5
  − 2 3 1
    2 3 4
```

14
```
    5 3 4
  − 3 1 2
    2 2 2
```

15
```
    4 3 8
  − 2 1 5
    2 2 3
```

16
```
    6 9 8
  − 2 7 7
    4 2 1
```

17
```
    8 8 9
  − 6 2 8
    2 6 1
```

18
```
    2 6 2
  − 1 5 1
    1 1 1
```

19
```
    7 3 3
  − 3 2 2
    4 1 1
```

20
```
    5 0 6
  − 3 0 2
    2 0 4
```

21
```
    5 2 6
  − 2 1 5
    3 1 1
```

22
```
    8 6 6
  − 5 1 4
    3 5 2
```

23
```
    6 2 7
  − 1 1 6
    5 1 1
```

24
```
    8 4 7
  − 2 3 5
    6 1 2
```

25
```
    9 2 8
  − 5 1 3
    4 1 5
```

26
```
    6 3 5
  − 2 2 2
    4 1 3
```

27
```
    7 2 2
  − 5 0 1
    2 2 1
```

28
```
    4 6 3
  − 3 1 1
    1 5 2
```

29
```
    8 3 3
  − 4 1 1
    4 2 2
```

30
```
    7 5 6
  − 4 1 4
    3 4 2
```

구조화 하기를 연습하면 서술형도 쉽게 풀어요.

[31~40] 빈칸에 알맞은 수를 써넣으세요.

31
	318	215
−	216	114
	102	101

32
	646	334
−	435	212
	211	122

33
	446	235
−	325	114
	121	121

34
	655	442
−	344	231
	311	211

35
	853	513
−	742	401
	111	112

36
	538	435
−	316	204
	222	231

37
	776	523
−	464	222
	312	301

38
	937	732
−	635	412
	302	320

39
	589	856
−	378	145
	211	711

40
	657	324
−	445	221
	212	103

구조화 해서 풀어보아요.

41 학생들이 학교 주변에서 496개의 음료수 캔과 355개의 병을 주웠습니다. 학생들은 음료수 캔을 병보다 몇 개 더 주웠을까요?

풀이과정

(1) 학생들은 **496** 개의 음료수 캔을 주웠습니다.

(2) 학생들은 **355** 개의 병을 주웠습니다.

```
    4 9 6
  − 3 5 5
    1 4 1
```

(3) 음료수 캔과 병의 차이를 계산하면
496 − **355** = **141** 개를 더 주웠습니다.

[42~45] 풀이과정을 쓰고 답을 구하세요.

42 철물점에 못이 517개, 망치가 206개 있습니다. 못이 망치보다 몇 개 더 많을까요?

풀이   517−206=311

답   311   개

43 다승이네 학교 학생 가운데 953명은 휴대전화를 가지고 있고, 522명은 휴대전화가 없습니다. 휴대전화를 가진 학생 수는 휴대전화가 없는 학생 수보다 몇 명 더 많을까요?

풀이   953−522=431

답   431   명

44 빵집에서 소보루빵을 246개, 팥빵을 123개 팔았다면 팥빵보다 소보루빵을 몇 개 더 팔았을까요?

풀이   246−123=123

답   123   개

45 만두 가게에서 고기만두 664개, 김치만두 421개를 팔았다면 고기만두는 김치만두 보다 몇 개 더 팔았을까요?

풀이   664−421=243

답   243   개

연마 Check 칭찬이나 노력할 점을 써 주세요.

맞힌 개수	지도 의견	확인란
개	나의 생각	

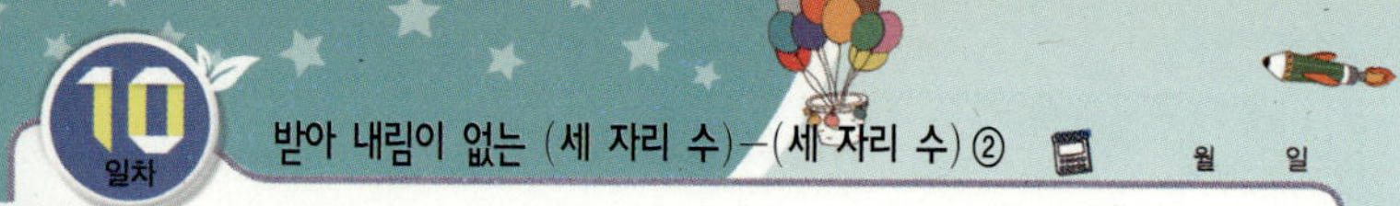

(세 자리 수)-(세 자리 수)를 가로셈으로 계산할 때 각 자리의 수를 각각 뺍니다.

핵심 포인트
- 백의 자리, 십의 자리, 일의 자리의 각자리 수끼리 뺄셈을 한 뒤, 계산 결과를 더합니다.

● 549-335의 계산
=(500+40+9)-(300+30+5)
=(500-300)+(40-30)+(9-5)
=200+10+4=214

[01~10] 빈칸에 알맞은 수를 써넣으세요.

01 445-231 = 2 1 4

02 237-123 = 1 1 4

03 625-413 = 2 1 2

04 416-205 = 2 1 1

05 228-115 = 1 1 3

06 786-343 = 4 4 3

07 768-531 = 2 3 7

08 969-217 = 7 5 2

09 387-254 = 1 3 3

10 647-225 = 4 2 2

계산력 강화하기

정확하게 풀어보아요

[11~28] 계산을 하세요.

11 467-136 =331
12 595-271 =324
13 764-143 =621
14 657-215 =442
15 944-513 =431
16 358-236 =122

17 659-326 =333
18 248-137 =111
19 379-137 =242
20 896-382 =514
21 817-602 =215
22 867-363 =504

23 969-613 =356
24 819-114 =705
25 946-134 =812
26 486-204 =282
27 256-112 =144
28 935-621 =314

구조화 하기

사고력 확장

구조화 하기를 연습하면 서술형도 쉽게 풀어요

[29~49] 큰 수에서 작은 수를 빼세요.

29 | 328 | 213 | → 115
30 | 743 | 431 | → 312
31 | 542 | 231 | → 311
32 | 724 | 213 | → 511
33 | 739 | 604 | → 135
34 | 576 | 152 | → 424
35 | 752 | 531 | → 221

36 | 668 | 514 | → 154
37 | 491 | 350 | → 141
38 | 686 | 183 | → 503
39 | 694 | 381 | → 313
40 | 926 | 214 | → 712
41 | 388 | 125 | → 263
42 | 263 | 131 | → 132

43 | 287 | 143 | → 144
44 | 868 | 154 | → 714
45 | 289 | 158 | → 131
46 | 848 | 526 | → 322
47 | 973 | 521 | → 452
48 | 551 | 210 | → 341
49 | 362 | 151 | → 211

서술형 풀어보기

사고력 확장

구조화 해서 풀어보아요

50 서울에서 부산을 가는 기차에 687명이 타고 있었는데, 천안역에서 435명이 내렸습니다. 기차 안에는 모두 몇 명이 남아있을까요?

풀이과정

(1) 기차에 687 명이 타고 있었습니다.

(2) 천안역에서 435 명이 내렸습니다.

| 687 | 435 |
| 252 | |

(3) 기차 안에는 687 - 435 = 252 명의 사람이 남았습니다.

[51~54] 풀이과정을 쓰고 답을 구하세요.

51 927 mL의 우유를 425 mL 마셨다면 우유는 얼마큼 남았을까요?

풀이 927-425=502

답 502 mL

52 현석이네 집에서 학교까지 497 m이고, 현석이네 집에서 우체국까지는 373 m입니다. 현석이네 집에서 학교는 우체국보다 얼마나 더 멀까요?

풀이 497-373=124

답 124 m

53 834개의 대추 가운데 523개의 대추를 팔았습니다. 팔고 남은 대추는 몇 개일까요?

풀이 834-523=311

답 311 개

54 쿠키가 288개 있었는데 152개를 먹었습니다. 남아있는 쿠키는 몇 개일까요?

풀이 288-152=136

답 136 개

연마 Check 칭찬이나 노력할 것을 써 주세요.

맞힌 개수		지도 의견	
	개	나의 생각	확인란

 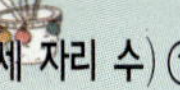  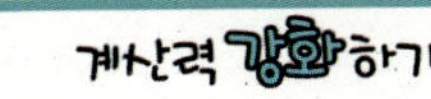

11 일차 받아 내림이 한 번 있는 (세 자리 수)−(세 자리 수) ①

월 일

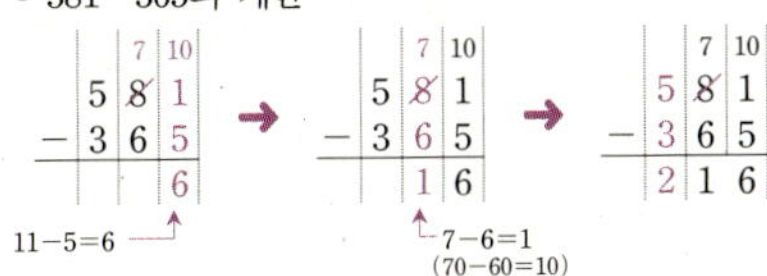

- 받아 내림이 한 번 있는 (세 자리 수)−(세 자리 수)의 계산
  → 십의 자리에서 일의 자리에 10을 빌려줍니다.
- 581−365의 계산

핵심 포인트

- 일의 자리에서 1−5를 계산할 수 없을 때는 10의 자리에서 10을 내려서 계산합니다. 그러면 10+1−5가 되므로 11−5=6, 그래서 일의 자리는 6이 됩니다.

[01~12] 빈칸에 알맞은 수를 써넣으세요.

01
　　4　10
　2　5　2
−1　2　8
　1　2　4

02
　　8　10
　6　9　5
−4　3　7
　2　5　8

03
　　2　10
　7　3　6
−5　1　8
　2　1　8

04
　　8　10
　4　9　6
−2　4　8
　2　4　8

05
　4　10
　4　5　3
−2　3　5
　2　1　8

06
　1　10
　7　2　1
−2　1　3
　5　0　8

07
　3　10
　4　4　7
−3　2　8
　1　1　9

08
　6　10
　9　7　5
−3　2　8
　6　4　7

09
　7　10
　6　8　1
−3　3　8
　3　4　3

10
　7　10
　9　8　1
−5　1　2
　4　6　9

11
　7　10
　5　8　1
−2　3　7
　3　4　4

12
　8　10
　8　9　8
−7　6　9
　1　2　9

[13~30] 계산을 하세요.

13
　2 6 1
−1 3 6
　1 2 5

14
　4 3 5
−3 2 6
　1 0 9

15
　4 8 5
−3 1 6
　1 6 9

16
　3 9 6
−2 8 9
　1 0 7

17
　8 9 2
−6 8 3
　2 0 9

18
　2 9 8
−1 7 9
　1 1 9

19
　8 9 7
−6 8 8
　2 0 9

20
　3 9 4
−2 8 7
　1 0 7

21
　5 9 7
−1 2 8
　4 6 9

22
　7 3 1
−4 1 5
　3 1 6

23
　2 9 6
−1 8 8
　1 0 8

24
　8 1 6
−2 0 7
　6 0 9

25
　7 6 1
−4 1 6
　3 4 5

26
　6 7 1
−2 3 2
　4 3 9

27
　6 3 3
−1 1 6
　5 1 7

28
　9 9 3
−1 7 4
　8 1 9

29
　5 6 6
−4 1 7
　1 4 9

30
　4 6 6
−2 3 8
　2 2 8

 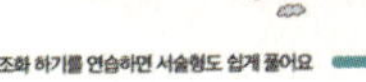 

사고력 확장 — 구조화 하기
구조화 하기를 연습하면 서술형도 쉽게 풀어요

[31~51] 큰 수에서 작은 수를 빼세요.

31 595 − 258 → 337

32 491 − 224 → 267

33 341 − 216 → 125

34 966 − 719 → 247

35 633 − 528 → 105

36 841 − 325 → 516

37 523 − 114 → 409

38 986 − 448 → 538

39 891 − 735 → 156

40 793 − 128 → 665

41 347 − 128 → 219

42 941 − 606 → 335

43 484 − 247 → 237

44 792 − 185 → 607

45 762 − 335 → 427

46 645 − 128 → 517

47 863 − 539 → 324

48 868 − 609 → 259

49 542 − 305 → 237

50 931 − 524 → 407

51 274 − 137 → 137

사고력 확장 — 서술형 풀어보기
구조화 해서 풀어보아요

52 빵집에서 크림빵 846개 가운데 218개를 팔았습니다. 팔고 남은 크림빵은 몇 개일까요?

풀이과정

(1) **846** 개의 크림빵이 있습니다.

(2) **218** 개의 크림빵을 팔았습니다.

(3) **846** − **218** = **628** 개의 크림빵이 남았습니다.

　　3　10
　8　4　6
−2　1　8
　6　2　8

[53~56] 풀이과정을 쓰고 답을 구하세요.

53 916개의 사탕 가운데 507개를 먹었다면 몇 개의 사탕이 남았을까요?

풀이　916−507=409

답　409　개

54 승준이네 학교 613명의 학생 중 305명이 남학생입니다. 여학생은 몇 명일까요?

풀이　613−305=308

답　308　명

55 진영이는 366 cm의 끈에서 138 cm를 자른 나머지를 사용했습니다. 진영이가 사용한 끈은 몇 cm 일까요?

풀이　366−138=228

답　228　cm

56 495대의 자동차 가운데 378대를 팔았습니다. 팔고 남은 자동차는 몇 대일까요?

풀이　495−378=117

답　117　대

연마 Check 칭찬이나 노력할 점을 써 주세요.

맞힌 개수	지도 의견	
개	나의 생각	확인란

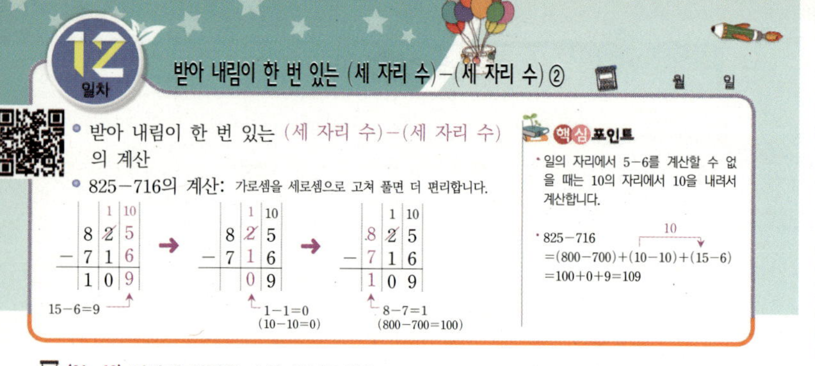

12 일차 — 받아 내림이 한 번 있는 (세 자리 수)−(세 자리 수) ②

월   일

- 받아 내림이 한 번 있는 (세 자리 수)−(세 자리 수)의 계산
- 825−716의 계산: 가로셈을 세로셈으로 고쳐 풀면 더 편리합니다.

핵심포인트

- 일의 자리에서 5−6를 계산할 수 없을 때는 10의 자리에서 10을 내려서 계산합니다.

$$825-716$$
$$=(800-700)+(10-10)+(15-6)$$
$$=100+0+9=109$$

[01~10] 빈칸에 알맞은 수를 써넣으세요.

01   $796-259=$ 5 3 7

06   $596-489=$ 1 0 7

02   $657-329=$ 3 2 8

07   $436-219=$ 2 1 7

03   $997-888=$ 1 0 9

08   $395-176=$ 2 1 9

04   $996-337=$ 6 5 9

09   $777-659=$ 1 1 8

05   $791-633=$ 1 5 8

10   $922-715=$ 2 0 7

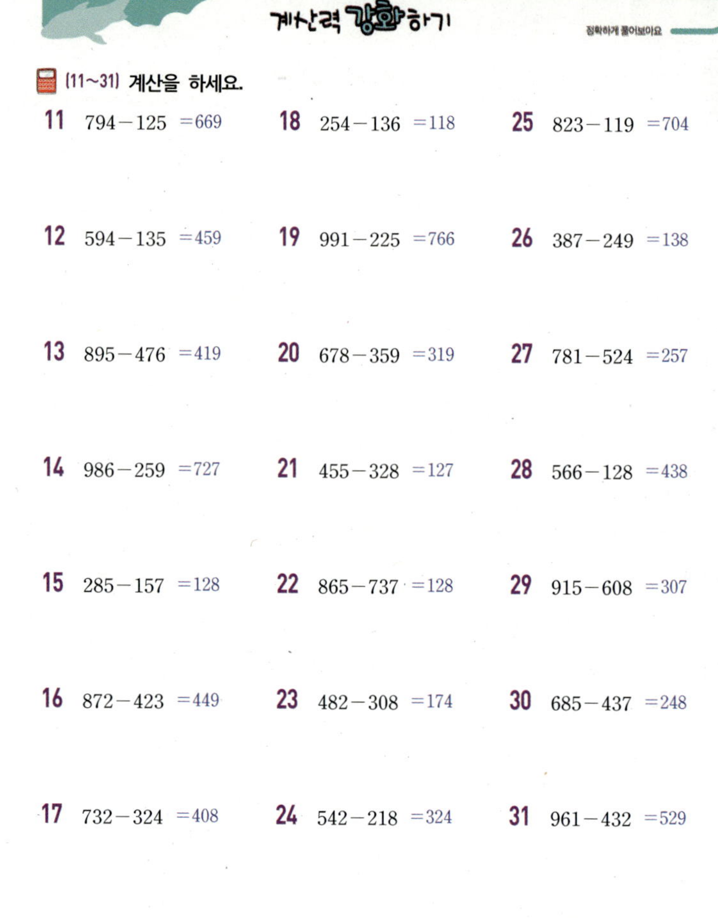

계산력 강화하기

정확하게 풀어보아요

[11~31] 계산을 하세요.

11   $794-125=669$

18   $254-136=118$

25   $823-119=704$

12   $594-135=459$

19   $991-225=766$

26   $387-249=138$

13   $895-476=419$

20   $678-359=319$

27   $781-524=257$

14   $986-259=727$

21   $455-328=127$

28   $566-128=438$

15   $285-157=128$

22   $865-737=128$

29   $915-608=307$

16   $872-423=449$

23   $482-308=174$

30   $685-437=248$

17   $732-324=408$

24   $542-218=324$

31   $961-432=529$

사고력 확장 — 구조화 하기

구조화 하기를 연습하면 서술형도 쉽게 풀어요

[32~49] 빈칸에 두 수의 차를 써넣으세요.

32   341   124 → 217

38   982   313 → 669

44   424   316 → 108

33   896   357 → 539

39   273   155 → 118

45   787   148 → 639

34   694   555 → 139

40   867   458 → 409

46   532   216 → 316

35   974   548 → 426

41   486   319 → 167

47   786   217 → 569

36   691   372 → 319

42   845   136 → 709

48   686   338 → 348

37   475   246 → 229

43   971   238 → 733

49   884   267 → 617

사고력 확장 — 서술형 풀어보기

구조화 해서 풀어보아요

50   711 mL의 물 가운데 503 mL를 쏟았습니다. 남아있는 물은 몇 mL일까요?

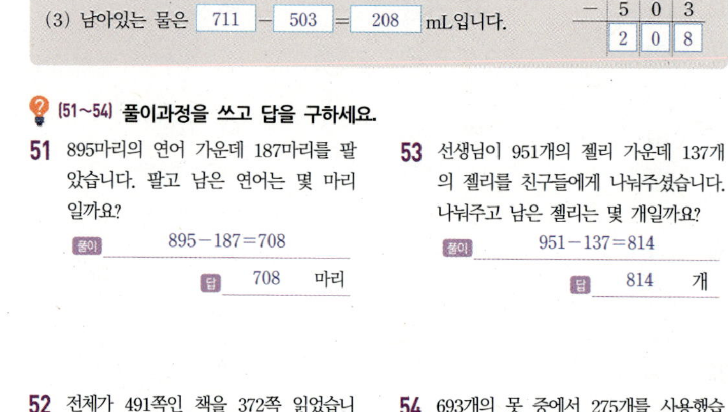

풀이과정

(1) 처음에 있던 물은 711 mL입니다.

(2) 쏟은 물은 503 mL입니다.

(3) 남아있는 물은 711 − 503 = 208 mL입니다.

$$\begin{array}{r} 7\,1\,1 \\ -\,5\,0\,3 \\ \hline 2\,0\,8 \end{array}$$

[51~54] 풀이과정을 쓰고 답을 구하세요.

51   895마리의 연어 가운데 187마리를 팔았습니다. 팔고 남은 연어는 몇 마리일까요?

풀이 $895-187=708$

답   708 마리

53   선생님이 951개의 젤리 가운데 137개의 젤리를 친구들에게 나눠주셨습니다. 나눠주고 남은 젤리는 몇 개일까요?

풀이 $951-137=814$

답   814 개

52   전체가 491쪽인 책을 372쪽 읽었습니다. 책을 다 읽으려면 몇 쪽을 더 읽어야 할까요?

풀이 $491-372=119$

답   119 쪽

54   693개의 못 중에서 275개를 사용했습니다. 남아있는 못은 몇 개일까요?

풀이 $693-275=418$

답   418 개

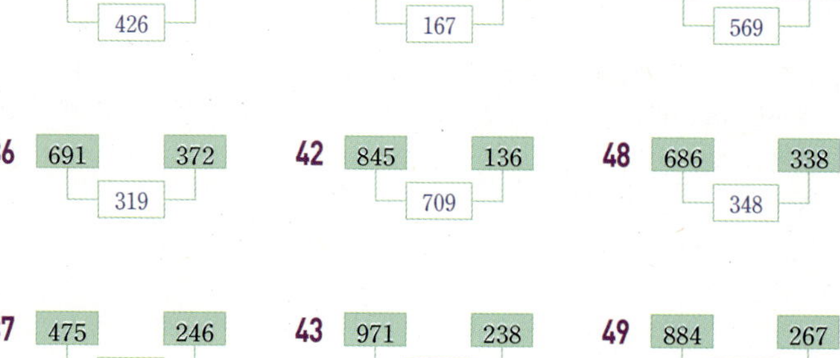

연마 Check   칭찬이나 노력할 점을 써 주세요.

맞힌 개수	지도 의견	확인란
개	나의 생각	

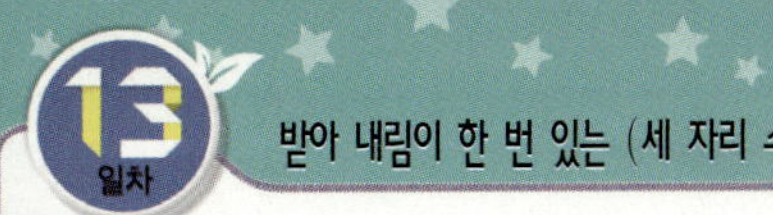

받아 내림이 한 번 있는 (세 자리 수)−(세 자리 수) ③　　　월　일

● 받아 내림이 한 번 있는 (세 자리 수)−(세 자리 수)의 계산

● 375−137의 계산

$$
\begin{array}{r} {}^{6}\ {}^{10} \\ 3\ 7\ 5 \\ -\ 1\ 3\ 7 \\ \hline 8 \end{array}
\ \rightarrow\
\begin{array}{r} {}^{6}\ {}^{10} \\ 3\ 7\ 5 \\ -\ 1\ 3\ 7 \\ \hline 3\ 8 \end{array}
\ \rightarrow\
\begin{array}{r} {}^{6}\ {}^{10} \\ 3\ 7\ 5 \\ -\ 1\ 3\ 7 \\ \hline 2\ 3\ 8 \end{array}
$$

핵심 포인트
· 5−7을 할 수 없으므로 십의 자리에서 10을 내려 15−7을 합니다.
· 70은 10을 일의 자리에 빌려줬기 때문에 60이 됩니다.

[01~12] 빈칸에 알맞은 수를 써넣으세요.

01				05				09			
		7	10			8	10			7	10
	4	8	8		2	9	5		5	8	6
−	1	6	9	−	1	5	7	−	3	4	7
	3	1	9		1	3	8		2	3	9

02				06				10			
	1		10			7	10			7	10
	7	2	1		9	8	6		4	8	3
−	6	0	4	−	6	3	7	−	1	1	5
	1	1	7		3	4	9		3	6	8

03				07				11			
		8	10			7	10			4	10
	4	9	3		6	8	5		6	5	7
−	1	3	7	−	1	2	9	−	1	1	8
	3	5	6		5	5	6		5	3	9

04				08				12			
		8	10			7	10			4	10
	9	9	4		9	8	4		7	5	2
−	3	6	5	−	3	0	8	−	2	3	8
	6	2	9		6	7	6		5	1	4

[13~33] 계산을 하세요.

13	273−148 =125	20	541−137 =404	27	987−478 =509
14	687−218 =469	21	487−328 =159	28	985−329 =656
15	492−363 =129	22	995−547 =448	29	688−159 =529
16	586−169 =417	23	231−127 =104	30	983−747 =236
17	775−527 =248	24	453−117 =336	31	893−375 =518
18	551−424 =127	25	693−554 =139	32	788−559 =229
19	695−558 =137	26	337−118 =219	33	967−348 =619

[34~54] 두 수의 뺄셈을 빈칸에 쓰세요.

34	952 / 516	436	41	532 / 425	107	48	992 / 363	629
35	722 / 316	406	42	386 / 158	228	49	446 / 127	319
36	881 / 354	527	43	494 / 245	249	50	645 / 336	309
37	972 / 436	536	44	523 / 405	118	51	247 / 138	109
38	692 / 474	218	45	294 / 135	159	52	541 / 225	316
39	897 / 548	349	46	496 / 157	339	53	468 / 239	229
40	984 / 167	817	47	356 / 227	129	54	284 / 157	127

55 674 cm의 끈이 있는데 이 가운데 447 cm를 포장하는 데 사용하였습니다. 남은 끈은 몇 cm일까요?

풀이과정
(1) 처음 끈의 길이는 [674] cm입니다.
(2) 사용한 끈은 [447] cm 입니다.
(3) 남아있는 끈은 [674] − [447] = [227] cm입니다.

$$
\begin{array}{r} {}^{6}\ {}^{10} \\ 6\ 7\ 4 \\ -\ 4\ 4\ 7 \\ \hline 2\ 2\ 7 \end{array}
$$

[56~59] 풀이과정을 쓰고 답을 구하세요.

56 선생님이 346개의 복숭아를 207명의 학생에게 하나씩 나누어 주었습니다. 나눠주고 남은 복숭아는 몇 개일까요?
풀이　346−207=139
답　139　개

57 상자에 있던 795개의 구슬 중에서 428을 꺼냈습니다. 상자에 남아있는 구슬은 몇 개일까요?
풀이　795−428=367
답　367　개

58 물통에 있던 965 mL의 물 가운데 527 mL를 사용하였습니다. 물통에 남아있는 물은 몇 mL일까요?
풀이　965−527=438
답　438　mL

59 주차장에 486대의 자동차가 있는데 검은색 차가 258대입니다. 검은색이 아닌 자동차는 몇 대일까요?
풀이　486−258=228
답　228　대

연마 Check　칭찬이나 노력할 점을 써 주세요.

맞힌 개수	지도 의견	확인란
개	나의 생각	

받아 내림이 두 번 있는 (세 자리 수)−(세 자리 수) ①

월 일

● 받아 내림이 두 번 있는 (세 자리 수)−(세 자리 수) 의 계산

● 913−295의 계산

일의 자리에 10을 빌려줘서 십의 자리는 0이 됩니다.

$$9\ 1\ 3 \quad \rightarrow \quad 9\ 1\ 3 \quad \rightarrow \quad 9\ 1\ 3$$
$$-2\ 9\ 5 \qquad\qquad -2\ 9\ 5 \qquad\qquad -2\ 9\ 5$$
$$8 \qquad\qquad 1\ 8 \qquad\qquad 6\ 1\ 8$$

핵심 포인트

● 일의 자리에서 3−5를 계산할 수 없을 때는 10의 자리에서 10을 내려서 계산합니다. → 13−5=8

● 십의 자리에서 0−9를 계산할 수 없을 때는 100의 자리에서 100을 내려서 계산합니다. → 100−90=10

⏳ [01~12] 빈칸에 알맞은 수를 써넣으세요.

01

$$\begin{array}{r} {\scriptstyle 7\ 10\ 10} \\ 8\ 1\ 2 \\ -\ 4\ 1\ 6 \\ \hline 3\ 9\ 6 \end{array}$$

02

$$\begin{array}{r} {\scriptstyle 5\ 10\ 10} \\ 6\ 1\ 2 \\ -\ 4\ 7\ 9 \\ \hline 1\ 3\ 3 \end{array}$$

03

$$\begin{array}{r} {\scriptstyle 2\ 17\ 10} \\ 3\ 8\ 2 \\ -\ 1\ 9\ 5 \\ \hline 1\ 8\ 7 \end{array}$$

04

$$\begin{array}{r} {\scriptstyle 3\ 10\ 10} \\ 4\ 1\ 5 \\ -\ 2\ 3\ 8 \\ \hline 1\ 7\ 7 \end{array}$$

05

$$\begin{array}{r} {\scriptstyle 3\ 10\ 10} \\ 4\ 1\ 1 \\ -\ 1\ 2\ 7 \\ \hline 2\ 8\ 4 \end{array}$$

06

$$\begin{array}{r} {\scriptstyle 6\ 16\ 10} \\ 7\ 7\ 2 \\ -\ 3\ 9\ 5 \\ \hline 3\ 7\ 7 \end{array}$$

07

$$\begin{array}{r} {\scriptstyle 6\ 13\ 10} \\ 7\ 4\ 1 \\ -\ 4\ 5\ 6 \\ \hline 2\ 8\ 5 \end{array}$$

08

$$\begin{array}{r} {\scriptstyle 7\ 10\ 10} \\ 8\ 1\ 6 \\ -\ 4\ 2\ 8 \\ \hline 3\ 8\ 8 \end{array}$$

09

$$\begin{array}{r} {\scriptstyle 8\ 10\ 10} \\ 9\ 1\ 1 \\ -\ 3\ 8\ 2 \\ \hline 5\ 2\ 9 \end{array}$$

10

$$\begin{array}{r} {\scriptstyle 4\ 16\ 10} \\ 5\ 7\ 3 \\ -\ 2\ 8\ 5 \\ \hline 2\ 8\ 8 \end{array}$$

11

$$\begin{array}{r} {\scriptstyle 7\ 10\ 10} \\ 8\ 1\ 5 \\ -\ 3\ 4\ 8 \\ \hline 4\ 6\ 7 \end{array}$$

12

$$\begin{array}{r} {\scriptstyle 4\ 16\ 10} \\ 5\ 7\ 2 \\ -\ 1\ 9\ 4 \\ \hline 3\ 7\ 8 \end{array}$$

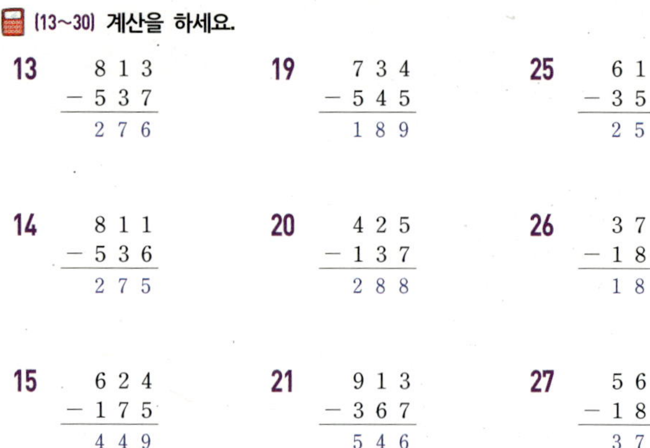

계산력 강화하기

정확하게 풀어보아요

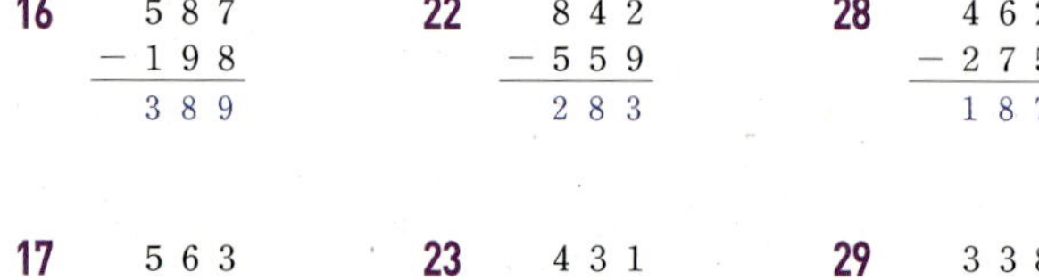

⌨ [13~30] 계산을 하세요.

13

$$\begin{array}{r} 8\ 1\ 3 \\ -\ 5\ 3\ 7 \\ \hline 2\ 7\ 6 \end{array}$$

14

$$\begin{array}{r} 8\ 1\ 1 \\ -\ 5\ 3\ 6 \\ \hline 2\ 7\ 5 \end{array}$$

15

$$\begin{array}{r} 6\ 2\ 4 \\ -\ 1\ 7\ 5 \\ \hline 4\ 4\ 9 \end{array}$$

16

$$\begin{array}{r} 5\ 8\ 7 \\ -\ 1\ 9\ 8 \\ \hline 3\ 8\ 9 \end{array}$$

17

$$\begin{array}{r} 5\ 6\ 3 \\ -\ 1\ 9\ 6 \\ \hline 3\ 6\ 7 \end{array}$$

18

$$\begin{array}{r} 6\ 2\ 3 \\ -\ 4\ 4\ 5 \\ \hline 1\ 7\ 8 \end{array}$$

19

$$\begin{array}{r} 7\ 3\ 4 \\ -\ 5\ 4\ 5 \\ \hline 1\ 8\ 9 \end{array}$$

20

$$\begin{array}{r} 4\ 2\ 5 \\ -\ 1\ 3\ 7 \\ \hline 2\ 8\ 8 \end{array}$$

21

$$\begin{array}{r} 9\ 1\ 3 \\ -\ 3\ 6\ 7 \\ \hline 5\ 4\ 6 \end{array}$$

22

$$\begin{array}{r} 8\ 4\ 2 \\ -\ 5\ 5\ 9 \\ \hline 2\ 8\ 3 \end{array}$$

23

$$\begin{array}{r} 4\ 3\ 1 \\ -\ 2\ 5\ 9 \\ \hline 1\ 7\ 2 \end{array}$$

24

$$\begin{array}{r} 7\ 1\ 4 \\ -\ 4\ 7\ 5 \\ \hline 2\ 3\ 9 \end{array}$$

25

$$\begin{array}{r} 6\ 1\ 6 \\ -\ 3\ 5\ 8 \\ \hline 2\ 5\ 8 \end{array}$$

26

$$\begin{array}{r} 3\ 7\ 3 \\ -\ 1\ 8\ 5 \\ \hline 1\ 8\ 8 \end{array}$$

27

$$\begin{array}{r} 5\ 6\ 5 \\ -\ 1\ 8\ 8 \\ \hline 3\ 7\ 7 \end{array}$$

28

$$\begin{array}{r} 4\ 6\ 2 \\ -\ 2\ 7\ 5 \\ \hline 1\ 8\ 7 \end{array}$$

29

$$\begin{array}{r} 3\ 3\ 8 \\ -\ 1\ 7\ 9 \\ \hline 1\ 5\ 9 \end{array}$$

30

$$\begin{array}{r} 8\ 4\ 3 \\ -\ 6\ 7\ 8 \\ \hline 1\ 6\ 5 \end{array}$$

구조화 하기

구조화 하기를 연습하면 서술형도 쉽게 풀어요

✈ [31~40] 빈칸에 알맞은 수를 써넣으세요.

31

911	323
− 536	147
375	176

36

861	382
− 573	184
288	198

32

904	465
− 516	278
388	187

37

471	285
− 283	196
188	89

33

861	472
− 584	295
277	177

38

537	368
− 348	179
189	189

34

711	512
− 432	146
279	366

39

862	574
− 675	386
187	188

35

602	454
− 335	167
267	287

40

912	734
− 645	456
267	278

서술형 풀어보기

구조화 해서 풀어보아요

41 874개의 달걀 중 185개가 깨졌습니다. 깨지지 않은 달걀은 모두 몇 개일까요?

풀이과정

(1) 달걀이 **874** 개 있습니다.

(2) 깨진 달걀은 **185** 개입니다.

(3) 깨지지 않은 달걀은 **874** − **185** = **689** 개입니다.

$$\begin{array}{r} {\scriptstyle 7\ 16\ 10} \\ 8\ 7\ 4 \\ -\ 1\ 8\ 5 \\ \hline 6\ 8\ 9 \end{array}$$

❓ [42~45] 풀이과정을 쓰고 답을 구하세요.

42 과일가게에서 717개의 사과 중에서 128개를 팔았습니다. 팔고 남은 사과는 몇 개일까요?

풀이   717−128=589

답   589   개

43 어느 박물관에 317명의 관람객 중 149명이 남자였다면 여자는 몇 명일까요?

풀이   317−149=168

답   168   명

44 비타민이 821개 있었는데 437개를 먹었습니다. 남은 비타민은 몇 개일까요?

풀이   821−437=384

답   384   개

45 민선이는 출발점에서 512m 달린 뒤 반대 방향으로 돌아서 256m를 달렸습니다. 민선이는 출발점과 얼마큼 떨어진 위치에 있을까요?

풀이   512−256=256

답   256   m

🔧 **연마 Check**   칭찬이나 노력할 점을 써 주세요.

맞힌 개수	지도 의견		확인란
개	나의 생각		

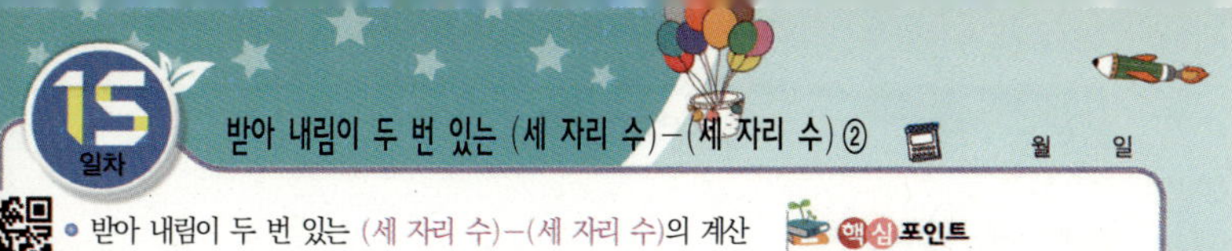
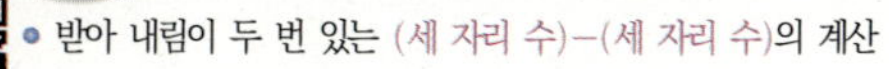

받아 내림이 두 번 있는 (세 자리 수)−(세 자리 수) ②

월   일

- 받아 내림이 두 번 있는 (세 자리 수)−(세 자리 수)의 계산
- 402−136의 계산

십의 자리가 0이어서 백의 자리에서 100을 먼저 빌려옵니다.

$$
\begin{array}{r} {\scriptstyle 3\ 10}\\ 4\ 0\ 2\\ -\ 1\ 3\ 6\\ \hline 6 \end{array}
\;\Rightarrow\;
\begin{array}{r} {\scriptstyle 3\ 9\ 10}\\ 4\ 0\ 2\\ -\ 1\ 3\ 6\\ \hline 6\ 6 \end{array}
\;\Rightarrow\;
\begin{array}{r} {\scriptstyle 3\ 9\ 12}\\ 4\ 0\ 2\\ -\ 1\ 3\ 6\\ \hline 2\ 6\ 6 \end{array}
$$

10의 자리에서 1의 자리로 10을 받아 내림합니다.

핵심 포인트

· 십의 자리가 0일 때 받아 내림
① 십의 자리가 0일 때에는 일의 자리에 받아 내림을 할 수 없으므로 백의 자리에서 100을 내립니다.
② 일의 자리의 계산이 안 되면 십의 자리에 10을 내려서 계산을 합니다.

(01~12) 빈칸에 알맞은 수를 써넣으세요.

01

$$\begin{array}{r} {\scriptstyle [2]\ [9]\ [10]}\\ 3\ 0\ 1\\ -\ 1\ 2\ 5\\ \hline [1]\ [7]\ [6] \end{array}$$

05

$$\begin{array}{r} {\scriptstyle [5]\ [17]\ [10]}\\ 6\ 8\ 4\\ -\ 1\ 9\ 7\\ \hline [4]\ [8]\ [7] \end{array}$$

09

$$\begin{array}{r} {\scriptstyle [4]\ [9]\ [10]}\\ 5\ 0\ 4\\ -\ 3\ 2\ 6\\ \hline [1]\ [7]\ [8] \end{array}$$

02

$$\begin{array}{r} {\scriptstyle [6]\ [10]\ [10]}\\ 7\ 1\ 1\\ -\ 5\ 3\ 4\\ \hline [1]\ [7]\ [7] \end{array}$$

06

$$\begin{array}{r} {\scriptstyle [8]\ [10]\ [10]}\\ 9\ 1\ 4\\ -\ 1\ 8\ 6\\ \hline [7]\ [2]\ [8] \end{array}$$

10

$$\begin{array}{r} {\scriptstyle [3]\ [16]\ [10]}\\ 4\ 7\ 1\\ -\ 1\ 8\ 2\\ \hline [2]\ [8]\ [9] \end{array}$$

03

$$\begin{array}{r} {\scriptstyle [8]\ [11]\ [10]}\\ 9\ 2\ 4\\ -\ 5\ 8\ 5\\ \hline [3]\ [3]\ [9] \end{array}$$

07

$$\begin{array}{r} {\scriptstyle [2]\ [10]\ [10]}\\ 3\ 1\ 1\\ -\ 1\ 2\ 4\\ \hline [1]\ [8]\ [7] \end{array}$$

11

$$\begin{array}{r} {\scriptstyle [5]\ [13]\ [10]}\\ 6\ 4\ 2\\ -\ 2\ 5\ 8\\ \hline [3]\ [8]\ [4] \end{array}$$

04

$$\begin{array}{r} {\scriptstyle [3]\ [14]\ [10]}\\ 4\ 5\ 4\\ -\ 1\ 6\ 5\\ \hline [2]\ [8]\ [9] \end{array}$$

08

$$\begin{array}{r} {\scriptstyle [8]\ [9]\ [10]}\\ 9\ 0\ 2\\ -\ 2\ 4\ 5\\ \hline [6]\ [5]\ [7] \end{array}$$

12

$$\begin{array}{r} {\scriptstyle [4]\ [10]\ [10]}\\ 5\ 1\ 3\\ -\ 3\ 2\ 9\\ \hline [1]\ [8]\ [4] \end{array}$$

계산력 강화하기

정확하게 풀어보아요

(13~30) 계산을 하세요.

13
$$\begin{array}{r} 3\ 1\ 2\\ -\ 1\ 7\ 3\\ \hline 1\ 3\ 9 \end{array}$$

19
$$\begin{array}{r} 8\ 5\ 4\\ -\ 3\ 8\ 5\\ \hline 4\ 6\ 9 \end{array}$$

25
$$\begin{array}{r} 9\ 3\ 4\\ -\ 6\ 8\ 5\\ \hline 2\ 4\ 9 \end{array}$$

14
$$\begin{array}{r} 5\ 2\ 4\\ -\ 1\ 8\ 8\\ \hline 3\ 3\ 6 \end{array}$$

20
$$\begin{array}{r} 7\ 1\ 3\\ -\ 2\ 7\ 8\\ \hline 4\ 3\ 5 \end{array}$$

26
$$\begin{array}{r} 6\ 4\ 3\\ -\ 1\ 8\ 4\\ \hline 4\ 5\ 9 \end{array}$$

15
$$\begin{array}{r} 8\ 7\ 1\\ -\ 6\ 8\ 2\\ \hline 1\ 8\ 9 \end{array}$$

21
$$\begin{array}{r} 4\ 5\ 7\\ -\ 2\ 8\ 8\\ \hline 1\ 6\ 9 \end{array}$$

27
$$\begin{array}{r} 9\ 2\ 1\\ -\ 4\ 5\ 2\\ \hline 4\ 6\ 9 \end{array}$$

16
$$\begin{array}{r} 6\ 3\ 1\\ -\ 4\ 7\ 3\\ \hline 1\ 5\ 8 \end{array}$$

22
$$\begin{array}{r} 9\ 4\ 5\\ -\ 3\ 6\ 9\\ \hline 5\ 7\ 6 \end{array}$$

28
$$\begin{array}{r} 5\ 2\ 2\\ -\ 2\ 4\ 3\\ \hline 2\ 7\ 9 \end{array}$$

17
$$\begin{array}{r} 7\ 4\ 4\\ -\ 5\ 5\ 9\\ \hline 1\ 8\ 5 \end{array}$$

23
$$\begin{array}{r} 4\ 7\ 8\\ -\ 2\ 9\ 9\\ \hline 1\ 7\ 9 \end{array}$$

29
$$\begin{array}{r} 5\ 4\ 6\\ -\ 2\ 7\ 7\\ \hline 2\ 6\ 9 \end{array}$$

18
$$\begin{array}{r} 4\ 6\ 7\\ -\ 2\ 7\ 9\\ \hline 1\ 8\ 8 \end{array}$$

24
$$\begin{array}{r} 6\ 1\ 6\\ -\ 3\ 4\ 7\\ \hline 2\ 6\ 9 \end{array}$$

30
$$\begin{array}{r} 8\ 4\ 4\\ -\ 3\ 6\ 5\\ \hline 4\ 7\ 9 \end{array}$$

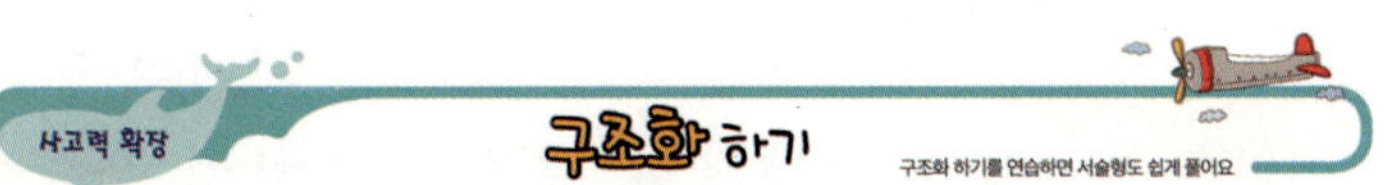

구조화 하기

구조화 하기를 연습하면 서술형도 쉽게 풀어요

(31~51) 두 수의 뺄셈을 빈칸에 쓰세요.

31

441	
152	289

38

611	
122	489

45

562	
294	268

32

827	
538	289

39

472	
296	176

46

771	
284	487

33

574	
397	177

40

614	
237	377

47

388	
199	189

34

742	
363	379

41

362	
174	188

48

942	
263	679

35

555	
189	366

42

824	
659	165

49

651	
262	389

36

715	
129	586

43

954	
485	469

50

515	
287	228

37

764	
375	389

44

354	
167	187

51

428	
139	289

서술형 풀어보기

사고력 확장

구조화 해서 풀어보아요

52 602명의 학생 중 345명이 준비물을 가지고 왔습니다. 준비물을 가져오지 않은 학생들은 몇 명일까요?

풀이과정

(1) 학생은 602 명입니다.

(2) 준비물을 가져온 학생은 345 명입니다.

(3) 준비물을 가져오지 않은 학생은 602 − 345 = 257 명입니다.

$$\begin{array}{r} {\scriptstyle [5]\ [9]\ [10]}\\ 6\ 0\ 2\\ -\ 3\ 4\ 5\\ \hline [2]\ [5]\ [7] \end{array}$$

(53~56) 풀이과정을 쓰고 답을 구하세요.

53 호수에 433마리의 백조가 있었는데 248마리가 날아갔습니다. 호수에 남아있는 백조는 몇 마리일까요?

풀이   433−248=185

답   185   마리

55 525 cm의 밧줄 중에서 267 cm 를 잘라버렸습니다. 남아있는 밧줄은 몇 cm일까요?

풀이   525−267=258

답   258   cm

54 바나나 농장에서 963개의 바나나를 따서 495개를 상자에 담았습니다. 상자에 담지 않은 바나나는 몇 개일까요?

풀이   963−495=468

답   468   개

56 814마리의 물고기 가운데 477마리를 수산시장에 팔았습니다. 팔지 않은 물고기는 몇 마리일까요?

풀이   814−477=337

답   337   마리

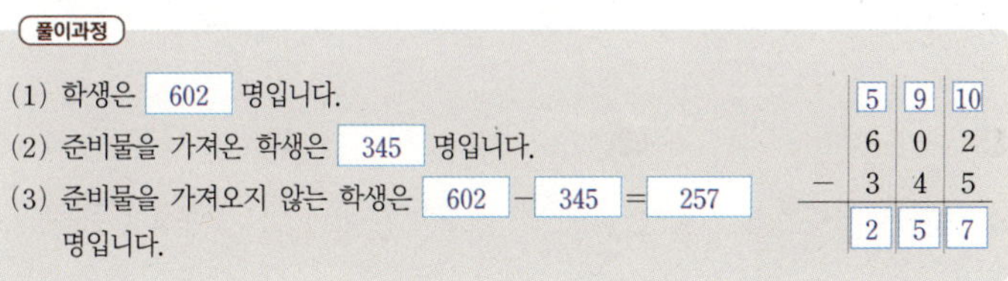

연마 Check   칭찬이나 노력할 점을 써 주세요.

맞힌 개수		지도 의견		확인란
	개	나의 생각		

받아 내림이 두 번 있는 (세 자리 수)−(세 자리 수) ③

월 일

- 받아 내림이 두 번 있는 (세 자리 수)−(세 자리 수)의 계산

- 962−389의 계산

$$
\begin{array}{r}
{\scriptstyle 5\ 10}\\
9\ 6\ 2\\
-\ 3\ 8\ 9\\
\hline
3
\end{array}
\rightarrow
\begin{array}{r}
{\scriptstyle 8\ 15\ 12}\\
9\ 6\ 2\\
-\ 3\ 8\ 9\\
\hline
7\ 3
\end{array}
\rightarrow
\begin{array}{r}
{\scriptstyle 8\ 15\ 10}\\
9\ 6\ 2\\
-\ 3\ 8\ 9\\
\hline
5\ 7\ 3
\end{array}
$$

핵심 포인트
- 일의 자리에서 2−9를 계산할 수 없을 때는 10의 자리에서 10을 내려서 계산합니다.
→ 12−9=3
- 십의 자리에서 5−8를 계산할 수 없을 때는 100의 자리에서 100을 내려서 계산합니다.
→ 150−80=70

[01~12] 빈칸에 알맞은 수를 써넣으세요.

01
$$
\begin{array}{r}
{\scriptstyle 7\ 12\ 10}\\
8\ 3\ 5\\
-\ 1\ 6\ 7\\
\hline
6\ 6\ 8
\end{array}
$$

05
$$
\begin{array}{r}
{\scriptstyle 6\ 10\ 10}\\
7\ 1\ 2\\
-\ 3\ 6\ 8\\
\hline
3\ 4\ 4
\end{array}
$$

09
$$
\begin{array}{r}
{\scriptstyle 3\ 13\ 10}\\
4\ 4\ 8\\
-\ 1\ 6\ 9\\
\hline
2\ 7\ 9
\end{array}
$$

02
$$
\begin{array}{r}
{\scriptstyle 8\ 11\ 10}\\
9\ 2\ 3\\
-\ 3\ 5\ 4\\
\hline
5\ 6\ 9
\end{array}
$$

06
$$
\begin{array}{r}
{\scriptstyle 5\ 13\ 10}\\
6\ 4\ 1\\
-\ 3\ 6\ 2\\
\hline
2\ 7\ 9
\end{array}
$$

10
$$
\begin{array}{r}
{\scriptstyle 7\ 14\ 10}\\
8\ 5\ 2\\
-\ 5\ 6\ 9\\
\hline
2\ 8\ 3
\end{array}
$$

03
$$
\begin{array}{r}
{\scriptstyle 4\ 9\ 10}\\
5\ 0\ 3\\
-\ 1\ 1\ 8\\
\hline
3\ 8\ 5
\end{array}
$$

07
$$
\begin{array}{r}
{\scriptstyle 7\ 14\ 10}\\
8\ 5\ 1\\
-\ 4\ 6\ 4\\
\hline
3\ 8\ 7
\end{array}
$$

11
$$
\begin{array}{r}
{\scriptstyle 5\ 16\ 10}\\
6\ 7\ 3\\
-\ 4\ 9\ 5\\
\hline
1\ 7\ 8
\end{array}
$$

04
$$
\begin{array}{r}
{\scriptstyle 7\ 14\ 10}\\
8\ 5\ 5\\
-\ 4\ 8\ 6\\
\hline
3\ 6\ 9
\end{array}
$$

08
$$
\begin{array}{r}
{\scriptstyle 3\ 13\ 10}\\
4\ 4\ 3\\
-\ 2\ 5\ 4\\
\hline
1\ 8\ 9
\end{array}
$$

12
$$
\begin{array}{r}
{\scriptstyle 8\ 13\ 10}\\
9\ 4\ 3\\
-\ 4\ 6\ 9\\
\hline
4\ 7\ 4
\end{array}
$$

계산력 강화하기

정확하게 풀어보아요

[13~33] 계산을 하세요.

13 906−328 =578
20 527−138 =389
27 652−385 =267

14 451−273 =178
21 832−475 =357
28 763−299 =464

15 621−246 =375
22 543−144 =399
29 932−475 =457

16 818−129 =689
23 735−377 =358
30 636−448 =188

17 512−227 =285
24 615−168 =447
31 813−257 =556

18 822−533 =289
25 561−382 =179
32 751−362 =389

19 801−752 =49
26 725−578 =147
33 514−346 =168

구조화 하기

사고력 확장

구조화 하기를 연습하면 서술형도 쉽게 풀어요

[34~54] 빈칸에 알맞은 수를 써넣으세요.

34 812 −425→ 387

41 753 −475→ 278

48 805 −177→ 628

35 556 −267→ 289

42 622 −337→ 285

49 907 −558→ 349

36 755 −166→ 589

43 414 −225→ 189

50 873 −397→ 476

37 552 −365→ 187

44 925 −163→ 762

51 773 −198→ 575

38 831 −256→ 575

45 607 −239→ 368

52 567 −279→ 288

39 826 −167→ 659

46 672 −384→ 288

53 207 −138→ 69

40 365 −177→ 188

47 532 −385→ 147

54 642 −263→ 379

서술형 풀어보기

사고력 확장

구조화 해서 풀어보아요

55 623개의 초콜릿이 있었는데 336개가 녹았습니다. 녹지 않은 초콜릿은 몇 개일까요?

풀이과정
(1) 초콜릿이 623 개 있습니다.
(2) 녹은 초콜릿은 336 개입니다.
(3) 녹지 않은 초콜릿은 623 − 336 = 287 개입니다.

$$
\begin{array}{r}
{\scriptstyle 5\ 11\ 10}\\
6\ 2\ 3\\
-\ 3\ 3\ 6\\
\hline
2\ 8\ 7
\end{array}
$$

[56~59] 풀이과정을 쓰고 답을 구하세요.

56 766개의 쿠키를 구워서 388개의 쿠키를 포장하였습니다. 포장하지 않은 쿠키는 몇 개일까요?

풀이 766−388=378
답 378 개

58 서울에서 춘천으로 가는 기차에 804명이 타고 있었는데 대성리역에서 629명이 내렸습니다. 기차에 남아있는 사람은 몇 명일까요?

풀이 804−629=175
답 175 명

57 571mL의 식용유 중 182mL의 식용유를 튀김에 사용했습니다. 남아있는 식용유는 몇 mL일까요?

풀이 571−182=389
답 389 mL

59 현진이는 933m를 달렸고, 수진이는 759m를 달렸습니다. 현진이는 수진이보다 몇 m 더 달렸을까요?

풀이 933−759=174
답 174 m

연마 Check 칭찬이나 노력할 점을 써 주세요.

맞힌 개수	지도 의견	확인란
개	나의 생각	

선, 각, 직각 알아보기

월 일

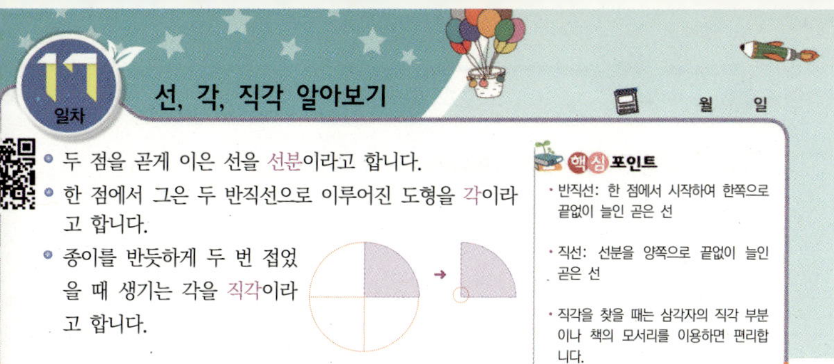

- 두 점을 곧게 이은 선을 선분이라고 합니다.
- 한 점에서 그은 두 반직선으로 이루어진 도형을 각이라고 합니다.
- 종이를 반듯하게 두 번 접었을 때 생기는 각을 직각이라고 합니다.

핵심 포인트
- 반직선: 한 점에서 시작하여 한쪽으로 끝없이 늘인 곧은 선
- 직선: 선분을 양쪽으로 끝없이 늘인 곧은 선
- 직각을 찾을 때는 삼각자의 직각 부분이나 책의 모서리를 이용하면 편리합니다.

(01~06) 선분 ㄱㄴ을 그려보세요.

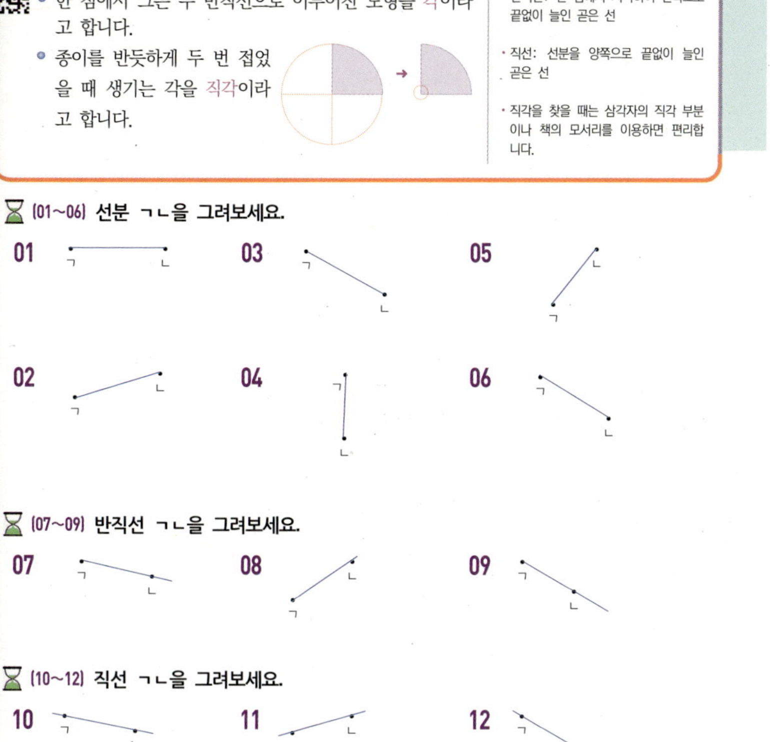

01 03 05
02 04 06

(07~09) 반직선 ㄱㄴ을 그려보세요.

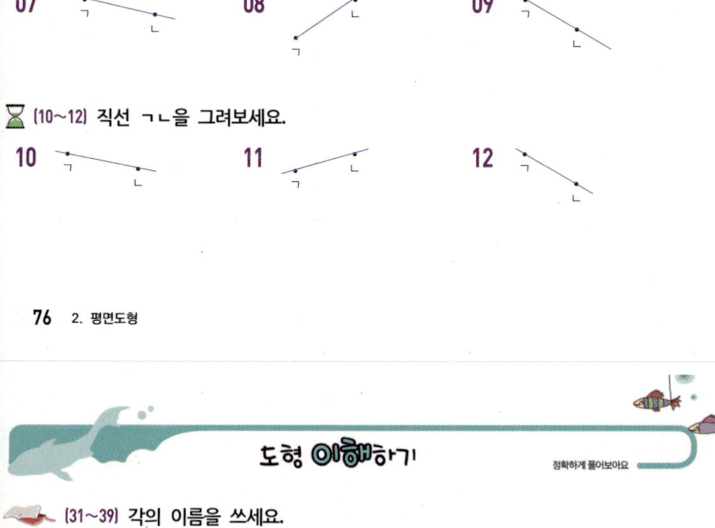

07 08 09

(10~12) 직선 ㄱㄴ을 그려보세요.

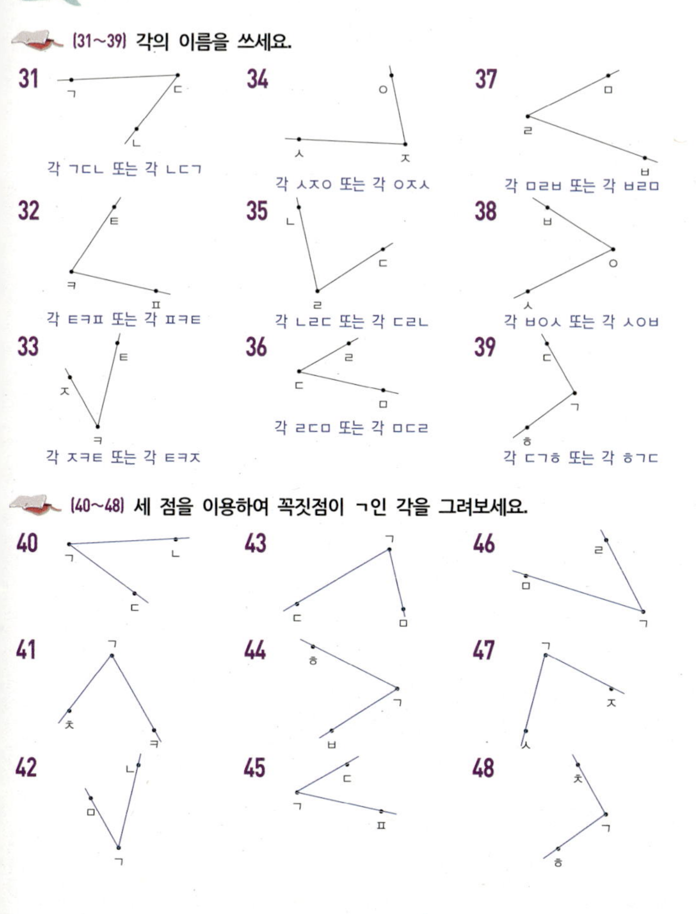

10 11 12

(13~21) 각을 찾아 ○표하세요.

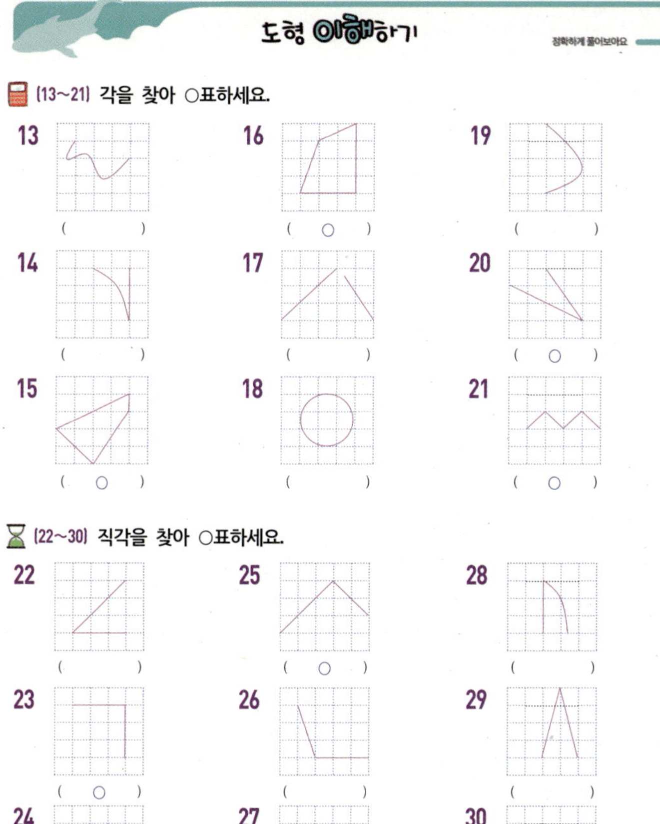

13 ( ) 16 (○) 19 ( )
14 ( ) 17 ( ) 20 (○)
15 (○) 18 ( ) 21 (○)

(22~30) 직각을 찾아 ○표하세요.

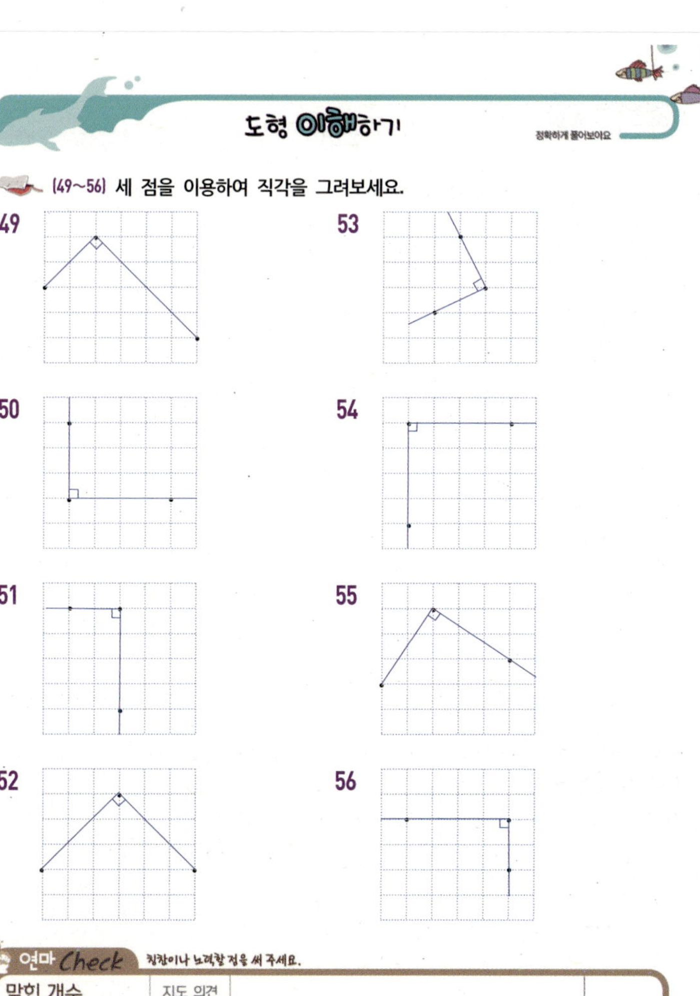

22 ( ) 25 (○) 28 ( )
23 (○) 26 ( ) 29 ( )
24 ( ) 27 (○) 30 ( )

(31~39) 각의 이름을 쓰세요.

31 각 ㄱㄷㄴ 또는 각 ㄴㄷㄱ
34 각 ㅅㅈㅇ 또는 각 ㅇㅈㅅ
37 각 ㅁㄹㅂ 또는 각 ㅂㄹㅁ
32 각 ㅌㅋㅍ 또는 각 ㅍㅋㅌ
35 각 ㄴㄹㄷ 또는 각 ㄷㄹㄴ
38 각 ㅂㅇㅅ 또는 각 ㅅㅇㅂ
33 각 ㅈㅋㅌ 또는 각 ㅌㅋㅈ
36 각 ㄹㄷㅁ 또는 각 ㅁㄷㄹ
39 각 ㄷㄱㅎ 또는 각 ㅎㄱㄷ

(40~48) 세 점을 이용하여 꼭짓점이 ㄱ인 각을 그려보세요.

40 43 46
41 44 47
42 45 48

(49~56) 세 점을 이용하여 직각을 그려보세요.

49 53
50 54
51 55
52 56

연마 Check 칭찬이나 노력할 점을 써 주세요.

맞힌 개수		지도 의견		확인란
	개	나의 생각		

직각삼각형, 직사각형, 정사각형 알아보기

월 일

- 한 각이 직각인 삼각형을 직각삼각형이라고 합니다.
- 네 각이 모두 직각인 사각형을 직사각형이라고 합니다.
- 네 각이 모두 직각이고 네 변의 길이가 모두 같은 사각형을 정사각형이라고 합니다.

핵심포인트
- 직각삼각형은 한 각이 직각입니다.

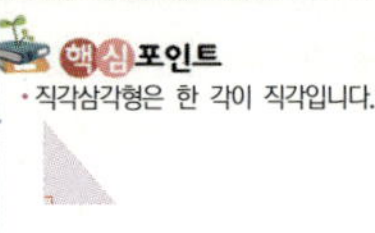

- 직사각형에서 직각은 4개입니다.

[01~02] 직각삼각형을 찾아 ○표하세요.

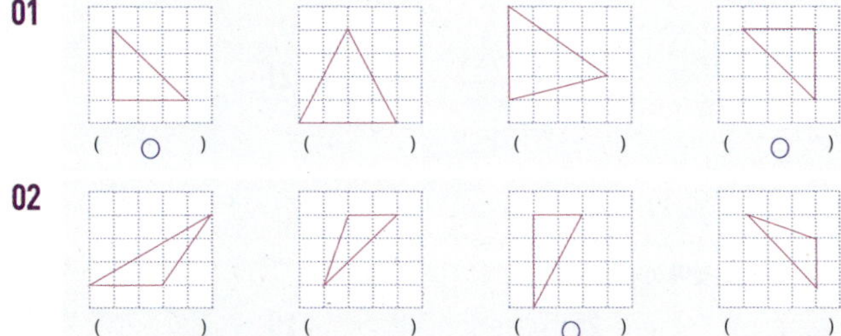

01 (○) ( ) ( ) (○)

02 ( ) ( ) (○) ( )

[03~04] 직사각형을 찾아 ○표하세요.

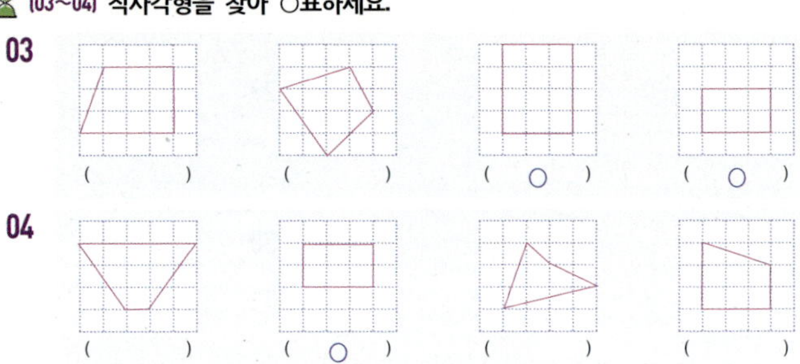

03 ( ) ( ) (○) (○)

04 ( ) (○) ( ) ( )

도형 이해하기

정확하게 풀어보아요

[05~06] 정사각형을 찾아 ○표하세요.

05 ( ) (○) ( ) ( )

06 ( ) ( ) ( ) ( )

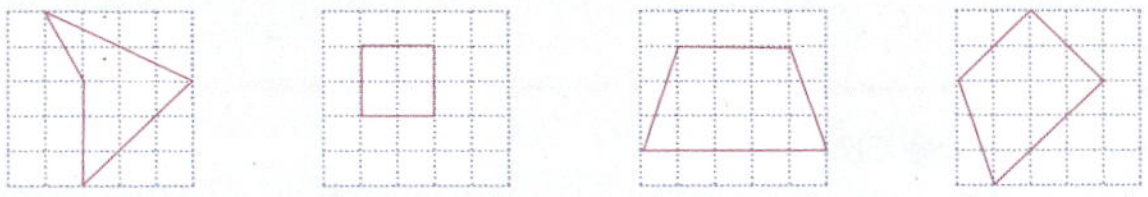

[07~12] 세 점을 이용하여 직각삼각형을 그리세요.

07   10

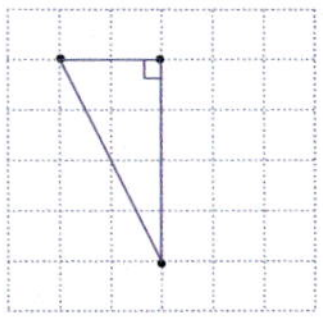

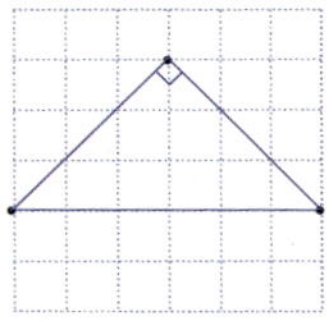

08 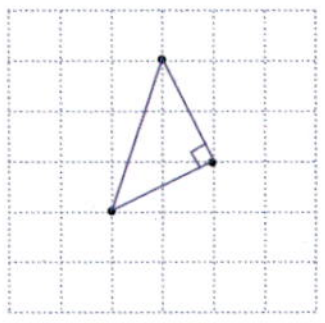   11

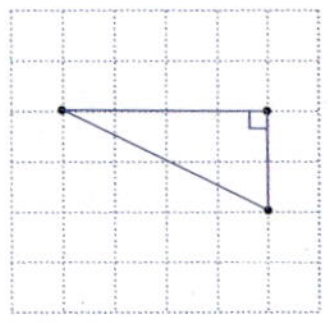

09 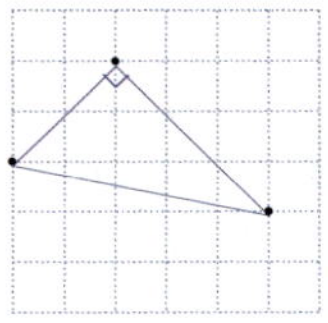   12

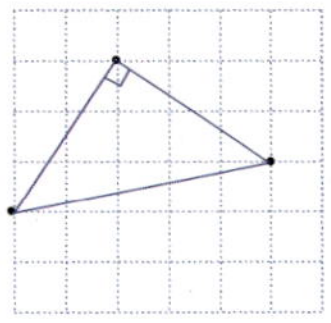

도형 이해하기

정확하게 풀어보아요

[13~17] 네 점을 이용하여 직사각형을 그리세요.

13

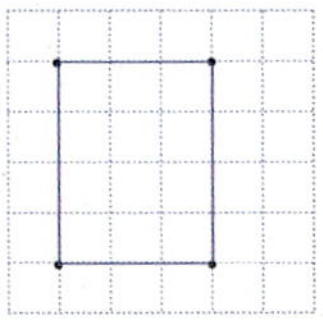

14

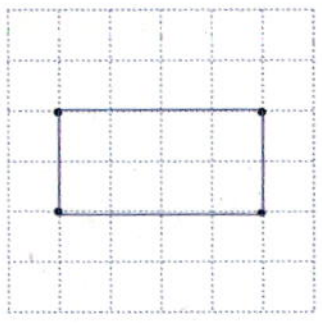

15

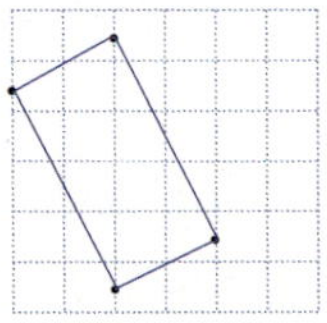

16

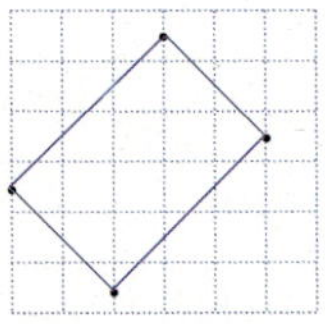

17

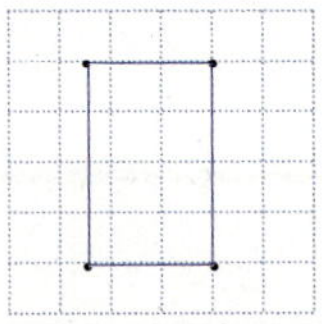

[18~22] 네 점을 이용하여 정사각형을 그리세요.

18

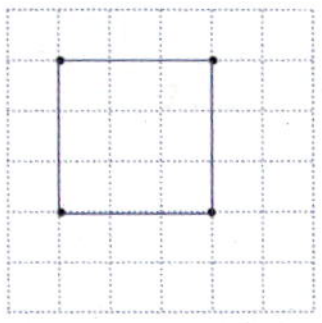

19

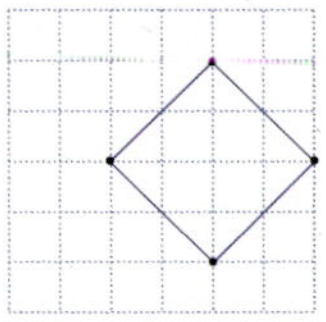

20

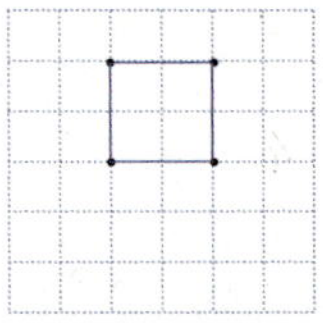

21

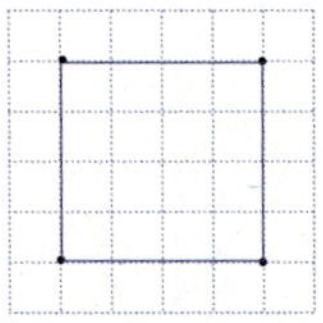

22

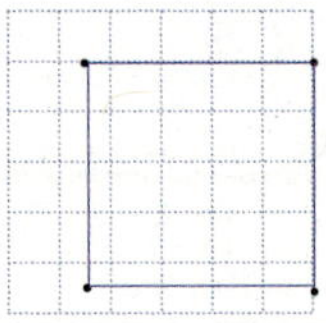

도형 이해하기

정확하게 풀어보아요

[23~26] 도형을 보고 물음에 답하세요.

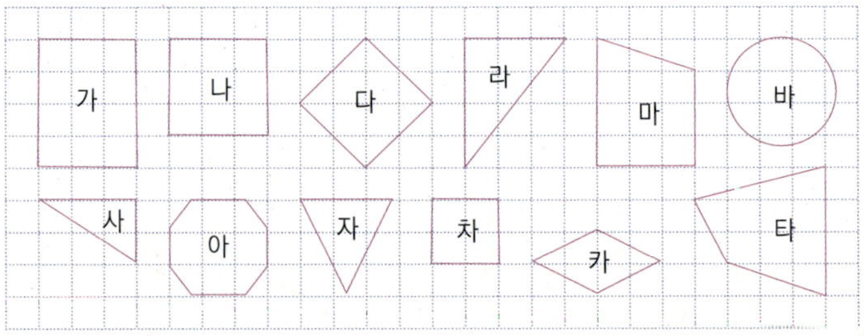

가 나 다 라 마 바
사 아 자 차 카 타

23 한 각이 직각인 삼각형

라, 사

24 4개의 변과 4개의 꼭짓점으로 이루어지고, 4개의 각이 모두 직각인 사각형

가, 나, 다, 차

25 네 각이 모두 직각이고 네 변의 길이가 모두 같은 사각형

나, 다, 차

26 도형 '카'가 정사각형이 아닌 이유를 쓰세요.

네 변의 길이는 모두 같지만 네 각이 모두 직각이 아니다.

연마 Check 칭찬이나 노력할 점을 써 주세요.

맞힌 개수	지도 의견	확인란
개	나의 생각	

8개의 ★모양을 4개의 상자에 똑같이 나누어 담기

→ 8개의 ★모양을 4개의 상자에 똑같이 나누면 한 상자에 ★모양이 2개씩 들어갑니다.

핵심 포인트
- 8÷4=2와 같은 식을 나눗셈식이라 하고, 8 나누기 4는 2와 같습니다. 라고 읽습니다.

[01~08] 그림을 똑같이 나눠 보세요.

01

02

03

04

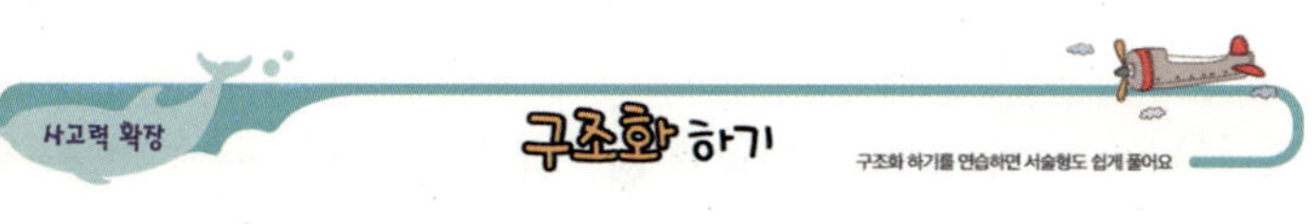

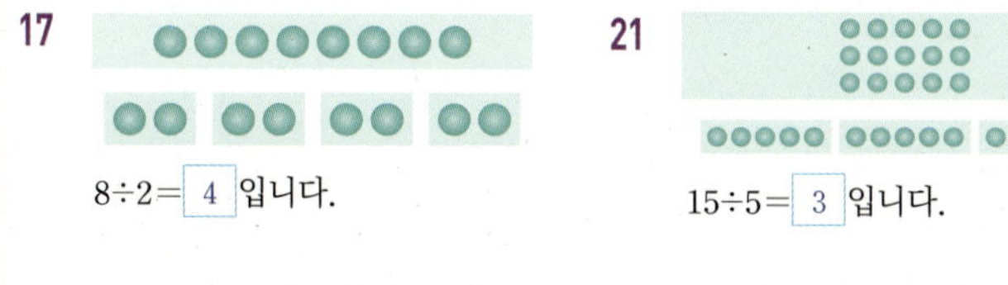

05

06

07

08

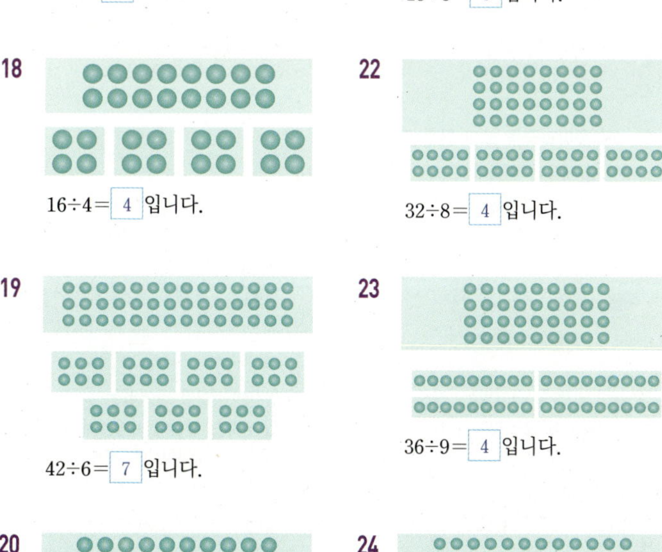

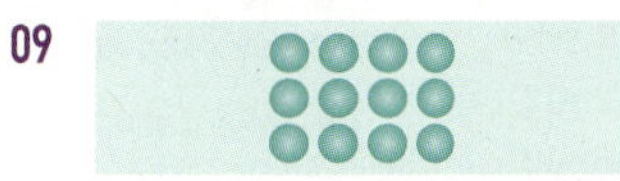 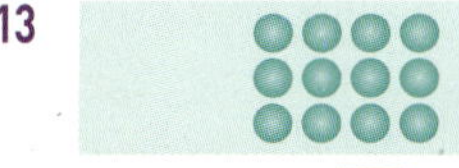

[09~16] 빈칸에 알맞은 수를 써넣으세요.

09
(1) 4개씩 묶으면 **3** 묶음이 됩니다.
(2) 이것을 나눗셈식으로 나타내면
12÷4= **3** 입니다.

13
(1) 3개씩 묶으면 **4** 묶음이 됩니다.
(2) 이것을 나눗셈식으로 나타내면
12÷3= **4** 입니다.

10
(1) 5개씩 묶으면 **3** 묶음이 됩니다.
(2) 이것을 나눗셈식으로 나타내면
15÷5= **3** 입니다.

14
(1) 3개씩 묶으면 **5** 묶음이 됩니다.
(2) 이것을 나눗셈식으로 나타내면
15÷3= **5** 입니다.

11
(1) 6개씩 묶으면 **3** 묶음이 됩니다.
(2) 이것을 나눗셈식으로 나타내면
18÷6= **3** 입니다.

15
(1) 3개씩 묶으면 **6** 묶음이 됩니다.
(2) 이것을 나눗셈식으로 나타내면
18÷3= **6** 입니다.

12
(1) 6개씩 묶으면 **2** 묶음이 됩니다.
(2) 이것을 나눗셈식으로 나타내면
12÷6= **2** 입니다.

16
(1) 2개씩 묶으면 **6** 묶음이 됩니다.
(2) 이것을 나눗셈식으로 나타내면
12÷2= **6** 입니다.

사고력 확장   구조화하기   구조화 하기를 연습하면 서술형도 쉽게 풀어요

[17~24] 몇 개씩 나누면 몇 묶음인지 나눗셈식으로 나타내세요.

17
8÷2= **4** 입니다.

18
16÷4= **4** 입니다.

19
42÷6= **7** 입니다.

20
20÷5= **4** 입니다.

21
15÷5= **3** 입니다.

22
32÷8= **4** 입니다.

23
36÷9= **4** 입니다.

24
24÷8= **3** 입니다.

사고력 확장   서술형 풀어보기   구조화 해서 풀어보아요

25 종이 56장을 7장씩 똑같이 나누어 가지려고 합니다. 몇 명이 나누어 가질 수 있을까요?

풀이과정
(1) 종이가 **56** 장 있습니다.
(2) **7** 장씩 똑같이 나누어 가지려고 합니다.
(3) **56** ÷ **7** = **8** 이므로
8 명이 **7** 장씩 나누어 가질 수 있습니다.

[26~29] 풀이과정을 쓰고 답을 구하세요.

26 사탕 49개를 7명이 똑같이 나누어 가지려고 합니다. 한 명이 몇 개씩 가질 수 있을까요?
풀이   49÷7=7
답   **7** 개

28 참외 21명이 7개씩 똑같이 나누어 가지려고 합니다. 몇 개씩 나누어 가질 수 있을까요?
풀이   21÷7=3
답   **3** 개

27 연필 16개를 8개씩 똑같이 나누어 가지려고 합니다. 몇 명에게 줄 수 있을까요?
풀이   16÷8=2
답   **2** 명

29 사과 30개를 10명이 똑같이 나누어 가지려고 합니다. 몇 개씩 나누어 가질 수 있을까요?
풀이   30÷10=3
답   **3** 개

연마 Check   칭찬이나 노력할 점을 써 주세요.

맞힌 개수	지도 의견	
개	나의 생각	확인란

곱셈과 나눗셈의 관계

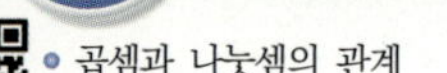

월 일

● 곱셈과 나눗셈의 관계

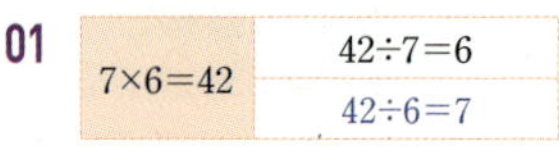

핵심포인트
· 12를 6개씩 묶으면 2묶음이 생기고, 2개씩 묶으면 6묶음이 생깁니다.
· 6개씩 2묶음은 12개입니다.

곱셈식을 나눗셈식으로 바꾸기

$6 \times 2 = 12$ → $12 \div 6 = 2$, $12 \div 2 = 6$

나눗셈식을 곱셈식으로 바꾸기

$12 \div 6 = 2$ → $6 \times 2 = 12$, $2 \times 6 = 12$

→ $6 \times 2 = 12$ 이므로 $12 \div 6$의 몫은 2입니다.

[01~05] 곱셈식을 나눗셈식으로 바꾸세요.

| 01 | $7 \times 6 = 42$ | $42 \div 7 = 6$ |
| | | $42 \div 6 = 7$ |

| 02 | $6 \times 3 = 18$ | $18 \div 6 = 3$ |
| | | $18 \div 3 = 6$ |

| 03 | $8 \times 2 = 16$ | $16 \div 8 = 2$ |
| | | $16 \div 2 = 8$ |

| 04 | $7 \times 8 = 56$ | $56 \div 7 = 8$ |
| | | $56 \div 8 = 7$ |

| 05 | $8 \times 5 = 40$ | $40 \div 8 = 5$ |
| | | $40 \div 5 = 8$ |

[06~10] 나눗셈식을 곱셈식으로 바꾸세요.

| 06 | $24 \div 8 = 3$ | $8 \times 3 = 24$ |
| | | $3 \times 8 = 24$ |

| 07 | $20 \div 4 = 5$ | $4 \times 5 = 20$ |
| | | $5 \times 4 = 20$ |

| 08 | $72 \div 9 = 8$ | $9 \times 8 = 72$ |
| | | $8 \times 9 = 72$ |

| 09 | $6 \div 3 = 2$ | $3 \times 2 = 6$ |
| | | $2 \times 3 = 6$ |

| 10 | $45 \div 5 = 9$ | $5 \times 9 = 45$ |
| | | $9 \times 5 = 45$ |

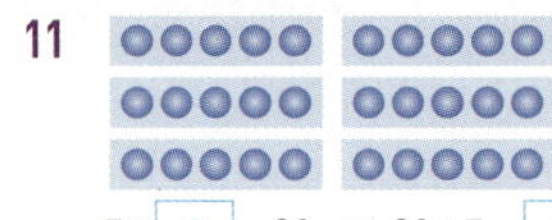

계산력 강화하기

정확하게 풀어보아요

[11~20] 빈칸에 알맞은 숫자를 쓰세요.

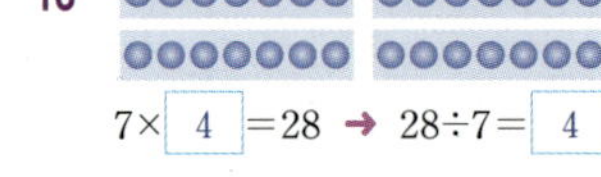

11 $5 \times 6 = 30$ → $30 \div 5 = 6$

12 $3 \times 5 = 15$ → $15 \div 3 = 5$

13 $7 \times 3 = 21$ → $21 \div 7 = 3$

14 $7 \times 7 = 49$ → $49 \div 7 = 7$

15 $5 \times 2 = 10$ → $10 \div 5 = 2$

16 $7 \times 4 = 28$ → $28 \div 7 = 4$

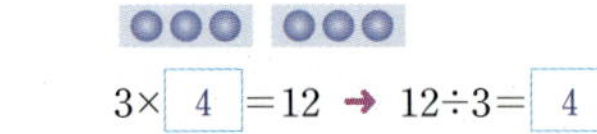
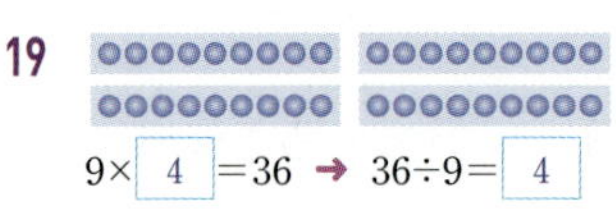

17 $8 \times 6 = 48$ → $48 \div 8 = 6$

18 $3 \times 4 = 12$ → $12 \div 3 = 4$

19 $9 \times 4 = 36$ → $36 \div 9 = 4$

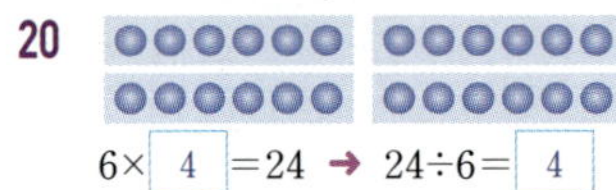

20 $6 \times 4 = 24$ → $24 \div 6 = 4$

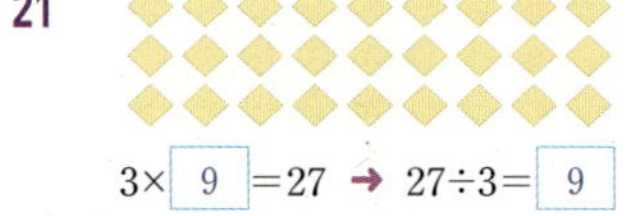

구조화하기

구조화 하기를 연습하면 서술형도 쉽게 풀어요

[21~30] 그림을 보고 빈칸에 알맞은 수를 써넣으세요.

21 $3 \times 9 = 27$ → $27 \div 3 = 9$

22 $2 \times 8 = 16$ → $16 \div 2 = 8$

23 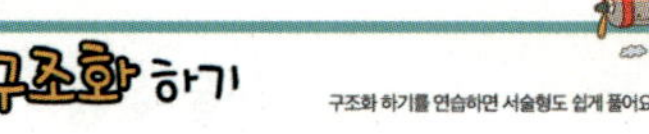 $6 \times 3 = 18$ → $18 \div 6 = 3$

24 $8 \times 5 = 40$ → $40 \div 8 = 5$

25 $7 \times 3 = 21$ → $21 \div 7 = 3$

26 $3 \times 6 = 18$ → $18 \div 3 = 6$

27 $4 \times 3 = 12$ → $12 \div 4 = 3$

28 $12 \times 4 = 48$ → $48 \div 12 = 4$

29 $5 \times 7 = 35$ → $35 \div 5 = 7$

30 $3 \times 8 = 24$ → $24 \div 3 = 8$

서술형 풀어보기

구조화 해서 풀어보아요

31 빵 8개가 들어있는 상자 3개가 있습니다. 이 빵을 3명에게 똑같이 나누어 주려면 몇 개씩 줄 수 있을까요?

풀이과정

(1) 빵은 모두 $8 \times 3 = 24$ 개 있습니다.

(2) 빵을 $24 \div 3 = 8$ 개씩 나누어 줄 수 있습니다.

$8 \times 3 = 24$ → $24 \div 8 = 3$

[32~35] 풀이과정을 쓰고 답을 구하세요.

32 5개씩 들어있는 과자가 7상자 있습니다. 이 과자를 7명에게 나누어 준다면 한 사람당 몇 개씩 나누어주면 될까요?

풀이 $5 \times 7 = 35$ → $35 \div 7 = 5$

답 5 개

33 초콜릿 9개가 들어있는 상자가 6개 있습니다. 이 초콜릿을 6명에게 나누어 준다면 한 사람당 몇 개씩 나누어 주면 될까요?

풀이 $9 \times 6 = 54$ → $54 \div 6 = 9$

답 9 개

34 구슬 8개가 들어있는 주머니가 4개 있습니다. 이 구슬을 4명에게 나누어 준다면 한 사람당 몇 개씩 나누어 주면 될까요?

풀이 $8 \times 4 = 32$ → $32 \div 4 = 8$

답 8 개

35 달걀이 6개씩 들어있는 4개의 상자가 있습니다. 달걀을 6명에게 나누어 준다면 한 사람당 몇 개씩 나누어주면 될까요?

풀이 $6 \times 4 = 24$ → $24 \div 6 = 4$

답 4 개

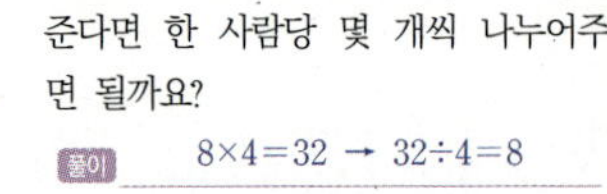

연마 Check 칭찬이나 노력할 점을 써 주세요.

맞힌 개수	지도 의견	확인란
개	나의 생각	

(몇십)×(몇) ①

월 일

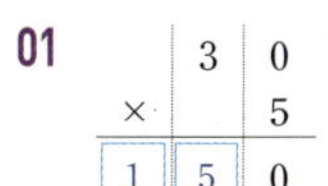

- (몇십)×(몇)은 (몇)×(몇)의 계산 결과에 0을 붙입니다.
- 40×3의 계산방법

①
$$\begin{array}{r} 4 \\ \times\ 3 \\ \hline 1\ 2 \end{array}$$

② 12에 0을 붙입니다.
$$40×3=120$$

핵심포인트
- 40×3은 4×3의 계산 결과에 0을 붙이면 됩니다.

[01~12] 계산을 하세요.

01	05	09
3 0 × 5 = 1 5 0	5 0 × 6 = 3 0 0	9 0 × 3 = 2 7 0

02	06	10
6 0 × 7 = 4 2 0	7 0 × 8 = 5 6 0	4 0 × 9 = 3 6 0

03	07	11
8 0 × 5 = 4 0 0	5 0 × 4 = 2 0 0	3 0 × 8 = 2 4 0

04	08	12
8 0 × 7 = 5 6 0	7 0 × 9 = 6 3 0	4 0 × 6 = 2 4 0

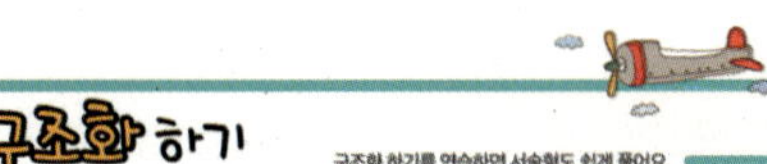

계산력 강화하기

정확하게 풀어보아요

[13~30] 계산을 하세요.

13	19	25
5 0 × 2 = 1 0 0	2 0 × 6 = 1 2 0	1 0 × 8 = 8 0

14	20	26
9 0 × 5 = 4 5 0	7 0 × 6 = 4 2 0	6 0 × 8 = 4 8 0

15	21	27
2 0 × 3 = 6 0	8 0 × 2 = 1 6 0	4 0 × 4 = 1 6 0

16	22	28
1 0 × 3 = 3 0	1 0 × 9 = 9 0	4 0 × 2 = 8 0

17	23	29
9 0 × 4 = 3 6 0	7 0 × 4 = 2 8 0	8 0 × 1 = 8 0

18	24	30
6 0 × 1 = 6 0	2 0 × 8 = 1 6 0	3 0 × 9 = 2 7 0

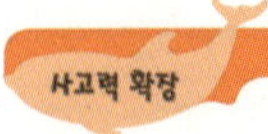

구조화 하기

구조화 하기를 연습하면 서술형도 쉽게 풀어요

[31~51] 두 수의 곱셈을 빈칸에 쓰세요.

31	38	45
70 5 → 350	40 5 → 200	90 7 → 630

32	39	46
30 6 → 180	60 6 → 360	20 5 → 100

33	40	47
90 8 → 720	70 2 → 140	80 3 → 240

34	41	48
20 6 → 120	50 9 → 450	50 7 → 350

35	42	49
70 9 → 630	70 3 → 210	20 9 → 180

36	43	50
90 6 → 540	80 8 → 640	50 3 → 150

37	44	51
80 4 → 320	70 4 → 280	90 5 → 450

서술형 풀어보기

구조화 해서 풀어보아요

52 사과가 60개씩 들어있는 상자가 4개 있습니다. 사과는 모두 몇 개가 있을까요?

풀이과정

(1) 사과 한 상자에 사과가 **60** 개 있습니다.

(2) 사과 상자는 **4** 개입니다.

(3) 사과는 모두 **60** × **4** = **240** 개입니다.

$$\begin{array}{r} 6\ 0 \\ \times\ \ \ 4 \\ \hline 2\ 4\ 0 \end{array}$$

[53~56] 풀이과정을 쓰고 답을 구하세요.

53 80장씩 묶은 신문지가 5묶음 있습니다. 신문지는 모두 몇 장 있을까요?

풀이 80×5=400

답 400 장

54 초콜릿을 40개씩 8상자를 포장했습니다. 초콜릿은 모두 몇 개 있을까요?

풀이 40×8=320

답 320 개

55 돼지우리에 돼지가 20마리 있습니다. 돼지 다리는 모두 몇 개일까요?

풀이 20×4=80

답 80 개

56 몸무게가 30 kg인 사람 4명이 엘리베이터에 탔습니다. 엘리베이터에 탄 사람의 몸무게는 모두 몇 kg입니까?

풀이 30×4=120

답 120 kg

연마 Check 칭찬이나 노력할 점을 써 주세요.

맞힌 개수	지도 의견	확인란
개	나의 생각	

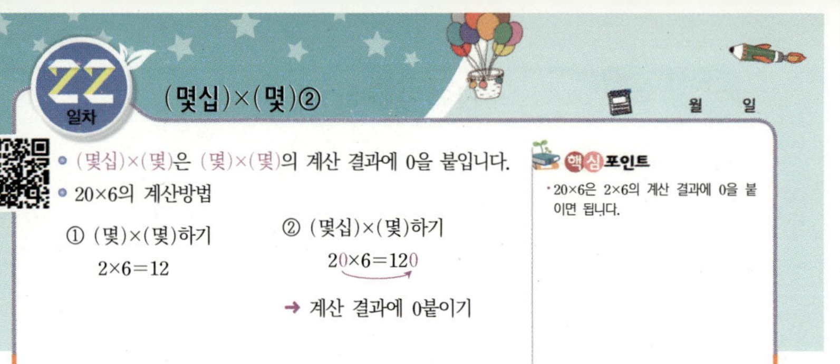

- (몇십)×(몇)은 (몇)×(몇)의 계산 결과에 0을 붙입니다.
- 20×6의 계산방법

① (몇)×(몇)하기
2×6=12

② (몇십)×(몇)하기
20×6=120

→ 계산 결과에 0붙이기

핵심포인트
· 20×6은 2×6의 계산 결과에 0을 붙이면 됩니다.

[01~10] 빈칸에 알맞은 수를 쓰세요.

01 $50×2=$ 1 0 0

06 $10×3=$ 3 0

02 $80×8=$ 6 4 0

07 $10×9=$ 9 0

03 $30×9=$ 2 7 0

08 $90×5=$ 4 5 0

04 $70×6=$ 4 2 0

09 $60×6=$ 3 6 0

05 $80×1=$ 8 0

10 $60×8=$ 4 8 0

계산력 강화하기

정확하게 풀어보세요

[11~31] 계산을 하세요.

11 $90×1=90$

18 $20×1=20$

25 $70×7=490$

12 $60×2=120$

19 $30×1=30$

26 $50×1=50$

13 $70×9=630$

20 $50×9=450$

27 $20×7=140$

14 $20×2=40$

21 $80×9=720$

28 $40×5=200$

15 $20×5=100$

22 $70×5=350$

29 $10×2=20$

16 $70×2=140$

23 $90×9=810$

30 $10×7=70$

17 $50×5=250$

24 $80×3=240$

31 $50×7=350$

구조화 하기

구조화 하기를 연습하면 서술형도 쉽게 풀어요

[32~52] 빈칸에 알맞은 수를 써넣으세요.

32 ×3 70 → 210

39 ×9 40 → 360

46 ×3 60 → 180

33 ×8 10 → 80

40 ×2 90 → 180

47 ×8 50 → 400

34 ×9 60 → 540

41 ×2 40 → 80

48 ×6 80 → 480

35 ×6 30 → 180

42 ×5 30 → 150

49 ×8 30 → 240

36 ×3 90 → 270

43 ×6 90 → 540

50 ×3 50 → 150

37 ×4 40 → 160

44 ×3 20 → 60

51 ×2 50 → 100

38 ×6 20 → 120

45 ×5 90 → 450

52 ×6 70 → 420

서술형 풀어보기

구조화 해서 풀어보아요

53 달걀을 한판에 20개씩 담아서 8판을 만들려고 합니다. 필요한 달걀은 몇 개일까요?

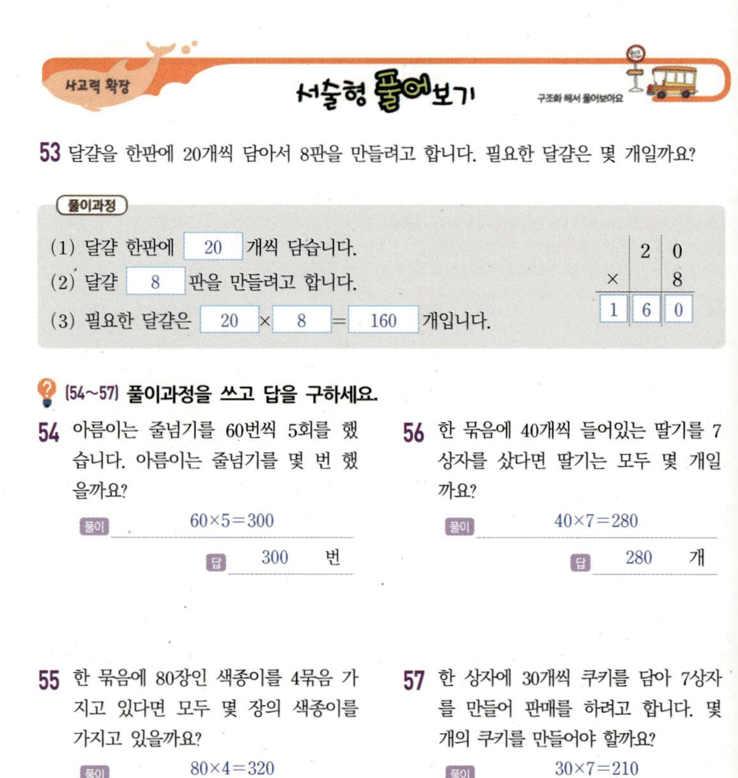

풀이과정

(1) 달걀 한판에 20 개씩 담습니다.

(2) 달걀 8 판을 만들려고 합니다.

(3) 필요한 달걀은 20 × 8 = 160 개입니다.

$$\begin{array}{r} 2\,0 \\ \times\quad 8 \\ \hline 1\,6\,0 \end{array}$$

[54~57] 풀이과정을 쓰고 답을 구하세요.

54 아름이는 줄넘기를 60번씩 5회를 했습니다. 아름이는 줄넘기를 몇 번 했을까요?

풀이　$60×5=300$

답　300　번

56 한 묶음에 40개씩 들어있는 딸기를 7상자를 샀다면 딸기는 모두 몇 개일까요?

풀이　$40×7=280$

답　280　개

55 한 묶음에 80장인 색종이를 4묶음 가지고 있다면 모두 몇 장의 색종이를 가지고 있을까요?

풀이　$80×4=320$

답　320　장

57 한 상자에 30개씩 쿠키를 담아 7상자를 만들어 판매를 하려고 합니다. 몇 개의 쿠키를 만들어야 할까요?

풀이　$30×7=210$

답　210　개

연마 Check　칭찬이나 노력할 점을 써 주세요.

맞힌 개수	지도 의견		확인란
개	나의 생각		

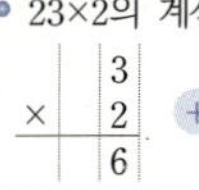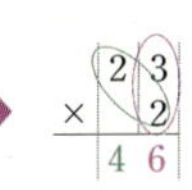

올림이 없는 (몇십 몇)×(몇)

월 일

● 23×2의 계산

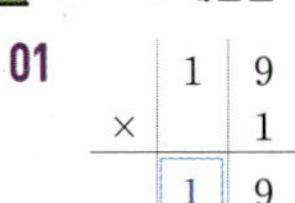

	3			2	0			2	3
×		2	+	×		2	→	×	2
		6		4	0			4	6

<일의 자리 곱셈> <십의 자리 곱셈>

① (일의 자리)×(일의 자리)를 먼저 계산합니다.
② 그 다음 (십의 자리)×(일의 자리)를 계산합니다.

핵심 포인트

· 3×2=6을 먼저 계산합니다.
· 그다음 20×2=40을 계산합니다.

[01~12] 계산을 하세요.

01	1 9 × 1 = 1 9	05	4 4 × 2 = 8 8	09	1 4 × 2 = 2 8
02	1 2 × 4 = 4 8	06	1 1 × 8 = 8 8	10	3 4 × 2 = 6 8
03	7 9 × 1 = 7 9	07	8 2 × 1 = 8 2	11	2 2 × 2 = 4 4
04	2 3 × 2 = 4 6	08	1 3 × 2 = 2 6	12	1 2 × 2 = 2 4

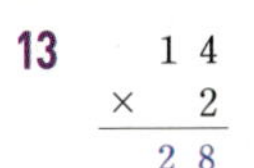

계산력 강화하기

정확하게 풀어보아요

[13~30] 계산을 하세요.

13	1 4 × 2 = 2 8	19	3 1 × 3 = 9 3	25	2 4 × 2 = 4 8
14	3 1 × 2 = 6 2	20	4 4 × 1 = 4 4	26	1 4 × 2 = 2 8
15	2 1 × 4 = 8 4	21	5 8 × 1 = 5 8	27	4 3 × 2 = 8 6
16	4 3 × 1 = 4 3	22	7 6 × 1 = 7 6	28	2 1 × 3 = 6 3
17	1 1 × 4 = 4 4	23	1 3 × 3 = 3 9	29	1 2 × 4 = 4 8
18	4 4 × 2 = 8 8	24	2 7 × 1 = 2 7	30	2 1 × 2 = 4 2

구조화 하기

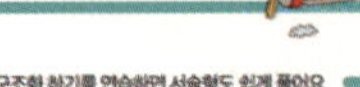

구조화 하기를 연습하면 서술형도 쉽게 풀어요

[31~51] 두 수의 곱셈을 빈칸에 쓰세요.

31	12 / 2 → 24	38	59 / 1 → 59	45	31 / 2 → 62
32	14 / 2 → 28	39	42 / 2 → 84	46	23 / 3 → 69
33	11 / 8 → 88	40	24 / 1 → 24	47	15 / 1 → 15
34	13 / 1 → 13	41	12 / 3 → 36	48	26 / 1 → 26
35	33 / 3 → 99	42	11 / 7 → 77	49	32 / 2 → 64
36	47 / 1 → 47	43	41 / 2 → 82	50	12 / 1 → 12
37	22 / 3 → 66	44	38 / 1 → 38	51	31 / 3 → 93

서술형 풀어보기

구조화 해서 풀어보아요

52 누나가 윗몸일으키기를 32번씩 3회를 했습니다. 윗몸일으키기를 모두 몇 번 했을까요?

풀이과정

(1) 한 번에 윗몸일으키기를 [32] 번씩 했습니다.

(2) 누나는 윗몸일으키기를 [3] 회 했습니다.

(3) 누나는 윗몸일으키기를 모두 [32] × [3] = [96] 번 했습니다.

	3	2
×		3
	9	6

[53~56] 풀이과정을 쓰고 답을 구하세요.

53 21개씩 들어있는 달걀이 4상자 있습니다. 달걀은 모두 몇 개가 있을까요?

풀이 21×4=84

답 84 개

54 한 다발에 장미를 23송이씩 2다발을 만들었습니다. 장미는 모두 몇 송이일까요?

풀이 23×2=46

답 46 송이

55 색연필이 한 세트에 33개가 들어있습니다. 색연필 3세트를 사면 색연필은 몇 개일까요?

풀이 33×3=99

답 99 개

56 한 주머니에 42개씩 들어있는 구슬 주머니가 2개 있습니다. 구슬은 모두 몇 개일까요?

풀이 42×2=84

답 84 개

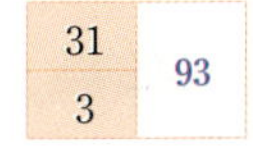

연마 Check 칭찬이나 노력할 점을 써 주세요.

맞힌 개수	지도 의견	확인란
개	나의 생각	

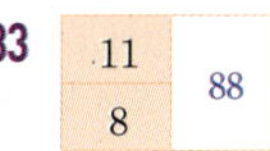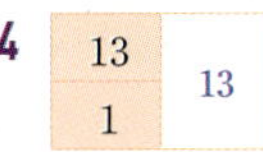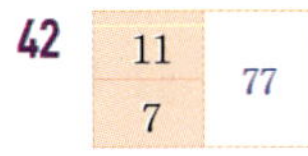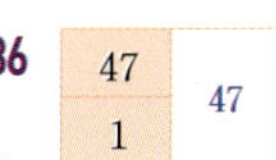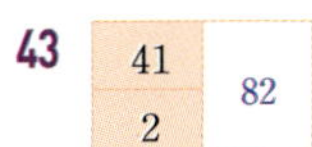

십의 자리에서 올림이 있는 (두 자리수)×(한 자리 수)①

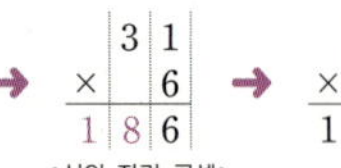

● 십의 자리에서 올림이 있는 (두 자리 수)×(한 자리 수)의 곱셈

$$\begin{array}{r} 3\,1 \\ \times\ \ \ 6 \\ \hline 6 \end{array} \rightarrow \begin{array}{r} 3\,1 \\ \times\ \ \ 6 \\ \hline 1\,8\,6 \end{array} \rightarrow \begin{array}{r} 3\,1 \\ \times\ \ \ 6 \\ \hline 1\,8\,6 \end{array}$$

<일의 자리 곱셈>   <십의 자리 곱셈>

핵심포인트
- 1×6=6을 먼저 계산합니다.
- 30×6=180을 두 번째 계산합니다.
- 두 수를 더합니다.
  6+180 → 186

① (일의 자리)×(일의 자리)를 먼저 계산합니다.
② (십의 자리)×(일의 자리)를 두 번째 계산합니다.

[01~12] 계산을 하시오.

01
$$\begin{array}{r} 9\,1 \\ \times\ \ \ 3 \\ \hline 2\,7\,3 \end{array}$$

05
$$\begin{array}{r} 6\,1 \\ \times\ \ \ 9 \\ \hline 5\,4\,9 \end{array}$$

09
$$\begin{array}{r} 8\,2 \\ \times\ \ \ 2 \\ \hline 1\,6\,4 \end{array}$$

02
$$\begin{array}{r} 4\,2 \\ \times\ \ \ 3 \\ \hline 1\,2\,6 \end{array}$$

06
$$\begin{array}{r} 7\,1 \\ \times\ \ \ 8 \\ \hline 5\,6\,8 \end{array}$$

10
$$\begin{array}{r} 9\,1 \\ \times\ \ \ 6 \\ \hline 5\,4\,6 \end{array}$$

03
$$\begin{array}{r} 5\,1 \\ \times\ \ \ 2 \\ \hline 1\,0\,2 \end{array}$$

07
$$\begin{array}{r} 7\,1 \\ \times\ \ \ 4 \\ \hline 2\,8\,4 \end{array}$$

11
$$\begin{array}{r} 9\,1 \\ \times\ \ \ 7 \\ \hline 6\,3\,7 \end{array}$$

04
$$\begin{array}{r} 2\,1 \\ \times\ \ \ 5 \\ \hline 1\,0\,5 \end{array}$$

08
$$\begin{array}{r} 3\,1 \\ \times\ \ \ 8 \\ \hline 2\,4\,8 \end{array}$$

12
$$\begin{array}{r} 9\,3 \\ \times\ \ \ 3 \\ \hline 2\,7\,9 \end{array}$$

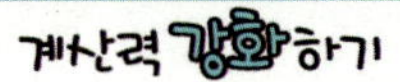 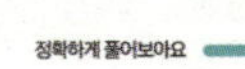

계산력 강화하기

정확하게 풀어보아요

[13~29] 계산을 하세요.

13
$$\begin{array}{r} 4\,1 \\ \times\ \ \ 3 \\ \hline 1\,2\,3 \end{array}$$

19
$$\begin{array}{r} 7\,1 \\ \times\ \ \ 9 \\ \hline 6\,3\,9 \end{array}$$

25
$$\begin{array}{r} 9\,1 \\ \times\ \ \ 9 \\ \hline 8\,1\,9 \end{array}$$

14
$$\begin{array}{r} 2\,1 \\ \times\ \ \ 9 \\ \hline 1\,8\,9 \end{array}$$

20
$$\begin{array}{r} 9\,4 \\ \times\ \ \ 2 \\ \hline 1\,8\,8 \end{array}$$

26
$$\begin{array}{r} 8\,2 \\ \times\ \ \ 3 \\ \hline 2\,4\,6 \end{array}$$

15
$$\begin{array}{r} 3\,1 \\ \times\ \ \ 7 \\ \hline 2\,1\,7 \end{array}$$

21
$$\begin{array}{r} 5\,1 \\ \times\ \ \ 4 \\ \hline 2\,0\,4 \end{array}$$

27
$$\begin{array}{r} 2\,1 \\ \times\ \ \ 8 \\ \hline 1\,6\,8 \end{array}$$

16
$$\begin{array}{r} 8\,2 \\ \times\ \ \ 4 \\ \hline 3\,2\,8 \end{array}$$

22
$$\begin{array}{r} 3\,1 \\ \times\ \ \ 9 \\ \hline 2\,7\,9 \end{array}$$

28
$$\begin{array}{r} 3\,2 \\ \times\ \ \ 4 \\ \hline 1\,2\,8 \end{array}$$

17
$$\begin{array}{r} 9\,1 \\ \times\ \ \ 8 \\ \hline 7\,2\,8 \end{array}$$

23
$$\begin{array}{r} 7\,2 \\ \times\ \ \ 3 \\ \hline 2\,1\,6 \end{array}$$

29
$$\begin{array}{r} 6\,4 \\ \times\ \ \ 2 \\ \hline 1\,2\,8 \end{array}$$

18
$$\begin{array}{r} 8\,1 \\ \times\ \ \ 5 \\ \hline 4\,0\,5 \end{array}$$

24
$$\begin{array}{r} 5\,1 \\ \times\ \ \ 5 \\ \hline 2\,5\,5 \end{array}$$

30
$$\begin{array}{r} 4\,1 \\ \times\ \ \ 7 \\ \hline 2\,8\,7 \end{array}$$

구조화 하기

구조화 하기를 연습하면 서술형도 쉽게 풀어요

[31~48] 빈칸에 두 수의 곱을 써넣으세요.

31 81 ×2 → 162

37 31 ×4 → 124

43 51 ×6 → 306

32 41 ×9 → 369

38 32 ×4 → 128

44 53 ×2 → 106

33 52 ×3 → 156

39 83 ×2 → 166

45 41 ×5 → 205

34 91 ×5 → 455

40 61 ×7 → 427

46 63 ×3 → 189

35 71 ×3 → 213

41 61 ×6 → 366

47 81 ×4 → 324

36 71 ×4 → 284

42 72 ×3 → 216

48 72 ×4 → 288

서술형 풀어보기

구조화 해서 풀어보아요

49 73명이 탈 수 있는 배가 3척 있습니다. 배 3척에는 모두 몇 명이 탈 수 있을까요?

풀이과정
(1) 배 한 척에는 [73] 명이 탈 수 있습니다.
(2) 배가 [3] 척 있습니다.
(3) 배에는 모두 [73] × [3] = [219] 명이 탈 수 있습니다.

$$\begin{array}{r} 7\,3 \\ \times\ \ \ 3 \\ \hline 2\,1\,9 \end{array}$$

[50~53] 풀이과정을 쓰고 답을 구하세요.

50 한 상자에 92개의 토마토가 들어있는 상자가 4개 있습니다. 토마토는 모두 몇 개 있을까요?

풀이   92×4=368

답   368 개

52 한 상자에 51개의 사과가 들어있는 상자 8개가 있습니다. 사과는 모두 몇 개가 있을까요?

풀이   51×8=408

답   408 개

51 61 kg의 상자 5개의 무게는 모두 몇 kg일까요?

풀이   61×5=305

답   305 kg

53 42 L가 들어있는 물탱크가 4개 있습니다. 4개의 물탱크에 있는 물은 모두 몇 L일까요?

풀이   42×4=168

답   168 L

연마 Check   칭찬이나 노력할 점을 써 주세요.

맞힌 개수	지도 의견	
개	나의 생각	확인란

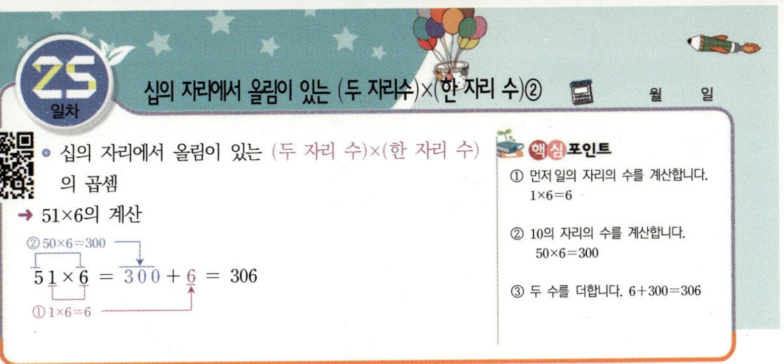

십의 자리에서 올림이 있는 (두 자리수)×(한 자리 수)②

월 일

● 십의 자리에서 올림이 있는 (두 자리 수)×(한 자리 수)의 곱셈

→ 51×6의 계산

② 50×6=300

$51 × 6 = \boxed{300} + \boxed{6} = 306$

① 1×6=6

핵심포인트

① 먼저 일의 자리의 수를 계산합니다.
  1×6=6

② 10의 자리의 수를 계산합니다.
  50×6=300

③ 두 수를 더합니다. 6+300=306

[01~08] 안에 알맞은 수를 써넣으세요.

01
	백	십	일
1×9 →			9
40×9 →	3	6	0
41×9 →	3	6	9

02
	백	십	일
1×8 →			8
50×8 →	4	0	0
51×8 →	4	0	8

03
	백	십	일
3×2 →			6
50×2 →	1	0	0
53×2 →	1	0	6

04
	백	십	일
3×2 →			6
80×2 →	1	6	0
83×2 →	1	6	6

05
	백	십	일
1×5 →			5
90×5 →	4	5	0
91×5 →	4	5	5

06
	백	십	일
1×2 →			2
80×2 →	1	6	0
81×2 →	1	6	2

07
	백	십	일
1×8 →			8
60×8 →	4	8	0
61×8 →	4	8	8

08
	백	십	일
1×4 →			4
60×4 →	2	4	0
61×4 →	2	4	4

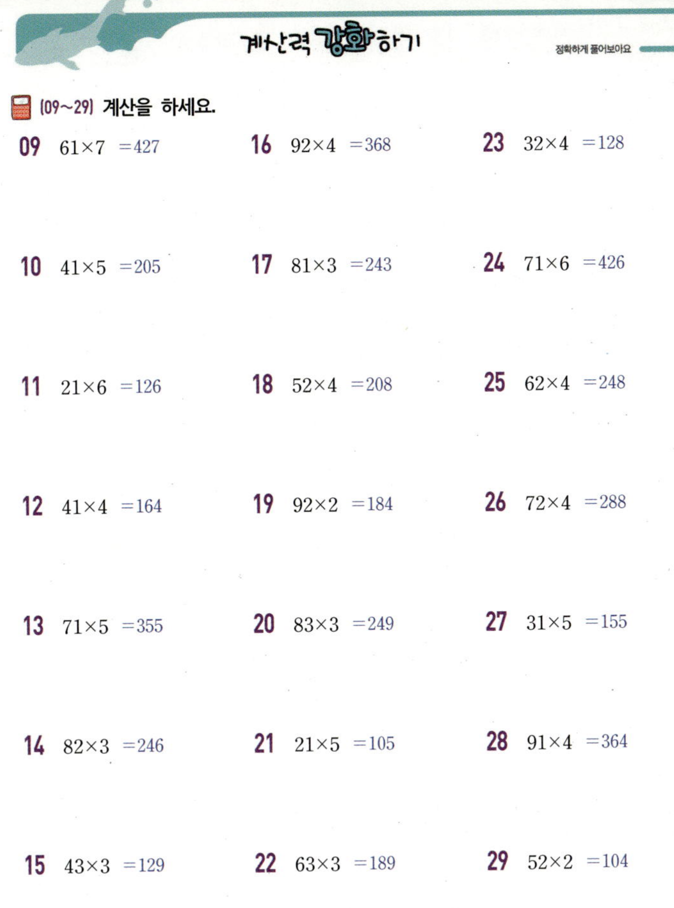

계산력 강화하기

정확하게 풀어요

[09~29] 계산을 하세요.

09 61×7 =427

10 41×5 =205

11 21×6 =126

12 41×4 =164

13 71×5 =355

14 82×3 =246

15 43×3 =129

16 92×4 =368

17 81×3 =243

18 52×4 =208

19 92×2 =184

20 83×3 =249

21 21×5 =105

22 63×3 =189

23 32×4 =128

24 71×6 =426

25 62×4 =248

26 72×4 =288

27 31×5 =155

28 91×4 =364

29 52×2 =104

구조화 하기

구조화 하기를 연습하면 서술형도 쉽게 풀어요

[30~50] 두 수의 곱셈을 빈칸에 쓰세요.

30
31	9
279	

31
73	2
146	

32
42	4
168	

33
74	2
148	

34
61	3
183	

35
32	4
128	

36
71	2
142	

37
81	6
486	

38
84	2
168	

39
82	2
164	

40
93	2
186	

41
51	3
153	

42
42	3
126	

43
61	6
366	

44
62	2
124	

45
72	2
144	

46
54	2
108	

47
71	8
568	

48
31	7
217	

49
53	3
159	

50
93	3
279	

서술형 풀어보기

구조화 해서 풀어보아요

51 53장씩 묶인 메모지가 3개 있습니다. 메모지는 모두 몇 장일까요?

풀이과정

(1) 메모지가 [53] 장씩 묶여 있습니다.

(2) 묶여 있는 메모지가 [3] 개 있습니다.

(3) 메모지는 모두 [53] × [3] = [159] 장 있습니다.

	백	십	일
3×3 →			9
50×3 →	1	5	0
53×3 →	1	5	9

[52~55] 풀이과정을 쓰고 답을 구하세요.

52 73개의 귤이 담겨 있는 상자가 3개 있으면 귤은 몇 개일까요?

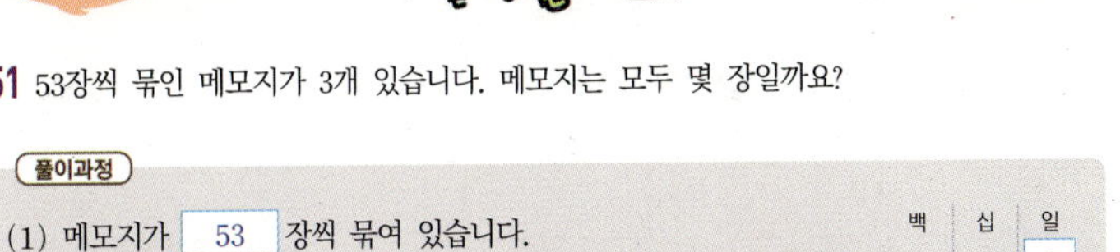

풀이 73×3=219

답 219 개

53 현주는 91m의 길을 갔다가 다시 되돌아와 출발점으로 왔습니다. 현주가 움직인 거리는 모두 몇 m일까요?

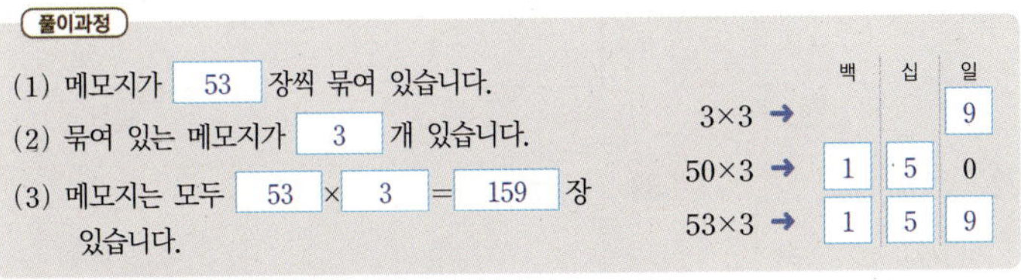

풀이 91×2=182

답 182 m

54 63 cm 길이의 끈을 2개를 겹치지 않게 연결하면 몇 cm가 될까요?

풀이 63×2=126

답 126 cm

55 92개의 사탕이 들어있는 주머니가 3개 있습니다. 사탕은 모두 몇 개일까요?

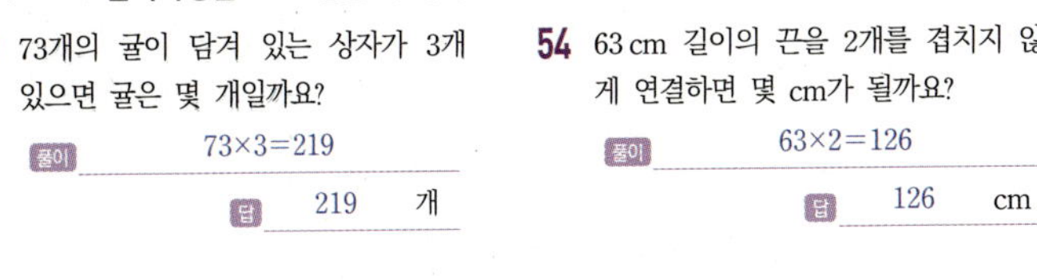

풀이 92×3=276

답 276 개

연마 Check 칭찬이나 노력할 점을 써 주세요.

맞힌 개수	지도 의견	
개	나의 생각	확인란

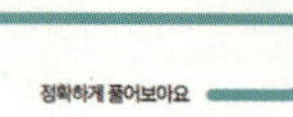
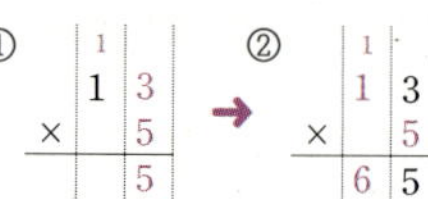

- 일의 자리에서 올림이 있는 (두 자리 수)×(한 자리 수)의 곱셈

핵심 포인트

- 일의 자리에서 계산한 3×5=15와 십의 자리에서 계산한 10×5=50을 더합니다.
  → 15+50=65

$$
① \quad \begin{array}{r} 1 \\ 1\ 3 \\ \times \quad 5 \\ \hline 5 \end{array} \quad → \quad ② \quad \begin{array}{r} 1 \\ 1\ 3 \\ \times \quad 5 \\ \hline 6\ 5 \end{array}
$$

① (일의 자리)×(일의 자리)를 먼저 계산합니다. 3×5=15이므로 10을 십의 자리로 올립니다.
② (십의 자리)×(일의 자리)를 계산한 후 올림 한 수를 더합니다.

[01~12] 빈칸에 알맞은 수를 써넣으세요.

01 1 / 2 6 × 2 = 5 2

02 2 / 2 8 × 3 = 8 4

03 1 / 3 6 × 2 = 7 2

04 1 / 1 5 × 2 = 3 0

05 1 / 3 7 × 2 = 7 4

06 1 / 2 7 × 2 = 5 4

07 1 / 4 8 × 2 = 9 6

08 2 / 1 5 × 4 = 6 0

09 1 / 1 3 × 6 = 7 8

10 1 / 2 3 × 4 = 9 2

11 2 / 1 7 × 3 = 5 1

12 1 / 2 6 × 3 = 7 8

계산력 강화하기

정확하게 풀어보아요

[13~30] 계산을 하세요.

13 1 5 × 3 = 4 5

14 4 9 × 2 = 9 8

15 1 4 × 7 = 9 8

16 2 6 × 2 = 5 2

17 1 4 × 5 = 7 0

18 2 8 × 2 = 5 6

19 1 8 × 4 = 7 2

20 1 5 × 5 = 7 5

21 1 3 × 4 = 5 2

22 1 6 × 6 = 9 6

23 3 6 × 2 = 7 2

24 1 6 × 5 = 8 0

25 2 9 × 3 = 8 7

26 1 8 × 3 = 5 4

27 2 9 × 2 = 5 8

28 2 5 × 3 = 7 5

29 1 9 × 3 = 5 7

30 1 2 × 6 = 7 2

구조화 하기

구조화 하기를 연습하면 서술형도 쉽게 풀어요

[31~48] 빈칸에 두 수의 곱을 써넣으세요.

31 48 ×2 = 96

32 27 ×2 = 54

33 28 ×3 = 84

34 13 ×6 = 78

35 12 ×6 = 72

36 36 ×2 = 72

37 19 ×3 = 57

38 17 ×5 = 85

39 16 ×3 = 48

40 49 ×2 = 98

41 14 ×7 = 98

42 15 ×4 = 60

43 23 ×4 = 92

44 15 ×5 = 75

45 37 ×2 = 74

46 24 ×4 = 96

47 27 ×3 = 81

48 19 ×5 = 95

서술형 풀어보기

구조화 해서 풀어보아요

49 어떤 빵은 한 개를 굽는데 버터가 14 g씩 필요합니다. 이 빵을 5개를 굽는다면 버터는 몇 g이 필요할까요?

풀이과정

(1) 빵 한 개를 굽는 데 버터가 [14] g 필요합니다.

(2) [5] 개의 빵을 굽습니다.

(3) 필요한 버터의 양은 [14] × [5] = [70] g입니다.

$$
\begin{array}{r} 2 \\ 1\ 4 \\ \times \quad 5 \\ \hline 7\ 0 \end{array}
$$

[50~53] 풀이과정을 쓰고 답을 구하세요.

50 13명의 사람이 똑같이 4 g의 소금을 먹었습니다. 사용된 소금은 모두 몇 g일까요?

풀이 13×4=52

답 52 g

51 47쌍의 부부가 파티에 참석합니다. 의자는 몇 개가 필요할까요?

풀이 47×2=94

답 94 개

52 세발자전거가 14대 있습니다. 바퀴는 모두 몇 개일까요?

풀이 14×3=42

답 42 개

53 끈으로 묶는 운동화 26켤레가 있습니다. 운동화 끈은 모두 몇 개일까요?

풀이 26×2=52

답 52 개

연마 Check 칭찬이나 노력할 점을 써 주세요.

맞힌 개수	지도 의견	확인란
개	나의 생각	

일의 자리에서 올림이 있는 (두 자리수)×(한 자리 수)②

월 일

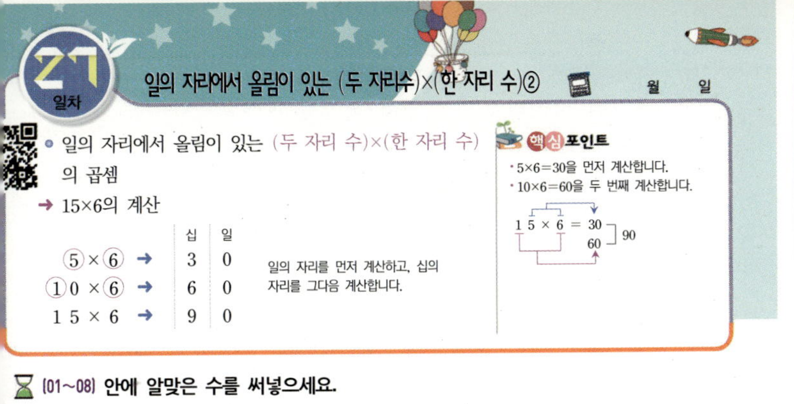

- 일의 자리에서 올림이 있는 (두 자리 수)×(한 자리 수)의 곱셈
→ 15×6의 계산

	십	일
⑤×⑥ →	3	0
①0×⑥ →	6	0
1 5 × 6 →	9	0

일의 자리를 먼저 계산하고, 십의 자리를 그다음 계산합니다.

핵심포인트
- 5×6=30을 먼저 계산합니다.
- 10×6=60을 두 번째 계산합니다.

$$1 5 \times 6 = \begin{matrix} 30 \\ 60 \end{matrix} \Big] 90$$

[01~08] 안에 알맞은 수를 써넣으세요.

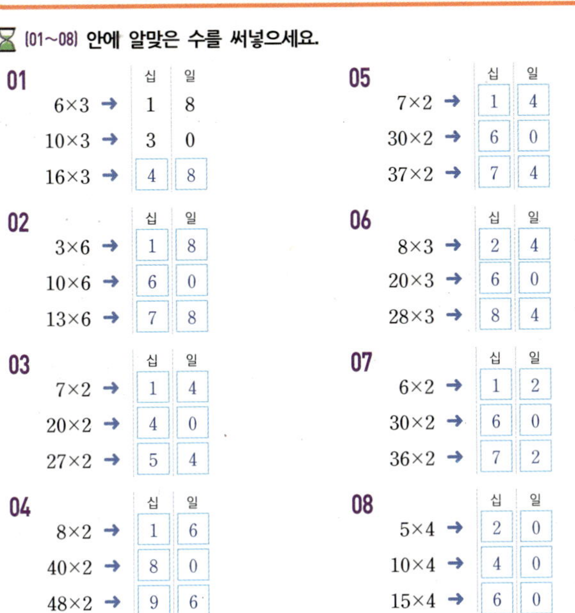

01
	십	일
6×3 →	1	8
10×3 →	3	0
16×3 →	4	8

05
	십	일
7×2 →	1	4
30×2 →	6	0
37×2 →	7	4

02
	십	일
3×6 →	1	8
10×6 →	6	0
13×6 →	7	8

06
	십	일
8×3 →	2	4
20×3 →	6	0
28×3 →	8	4

03
	십	일
7×2 →	1	4
20×2 →	4	0
27×2 →	5	4

07
	십	일
6×2 →	1	2
30×2 →	6	0
36×2 →	7	2

04
	십	일
8×2 →	1	6
40×2 →	8	0
48×2 →	9	6

08
	십	일
5×4 →	2	0
10×4 →	4	0
15×4 →	6	0

계산력 강화하기

정확하게 풀어보아요

[09~29] 계산을 하세요.

09 14×6 =84
16 12×7 =84
23 15×3 =45

10 49×2 =98
17 15×5 =75
24 18×3 =54

11 14×7 =98
18 13×4 =52
25 14×4 =56

12 15×6 =90
19 25×3 =75
26 16×2 =32

13 19×3 =57
20 28×2 =56
27 39×2 =78

14 16×6 =96
21 15×2 =30
28 15×4 =60

15 26×3 =78
22 17×3 =51
29 19×2 =38

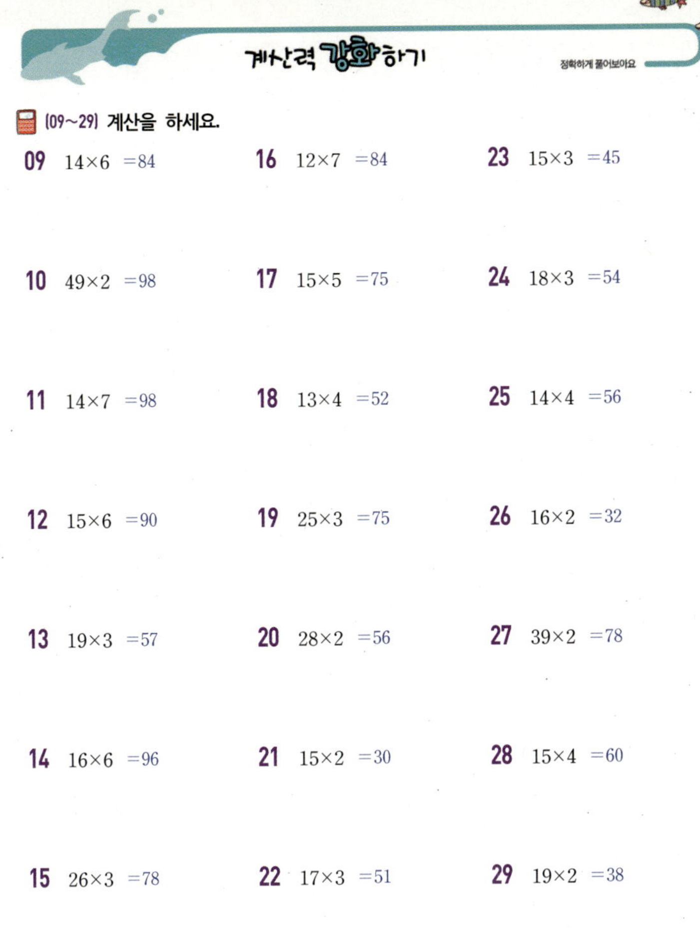

구조화 하기

사고력 확장

구조화 하기를 연습하면 서술형도 쉽게 풀어요

[30~50] 빈칸에 알맞은 수를 써넣으세요.

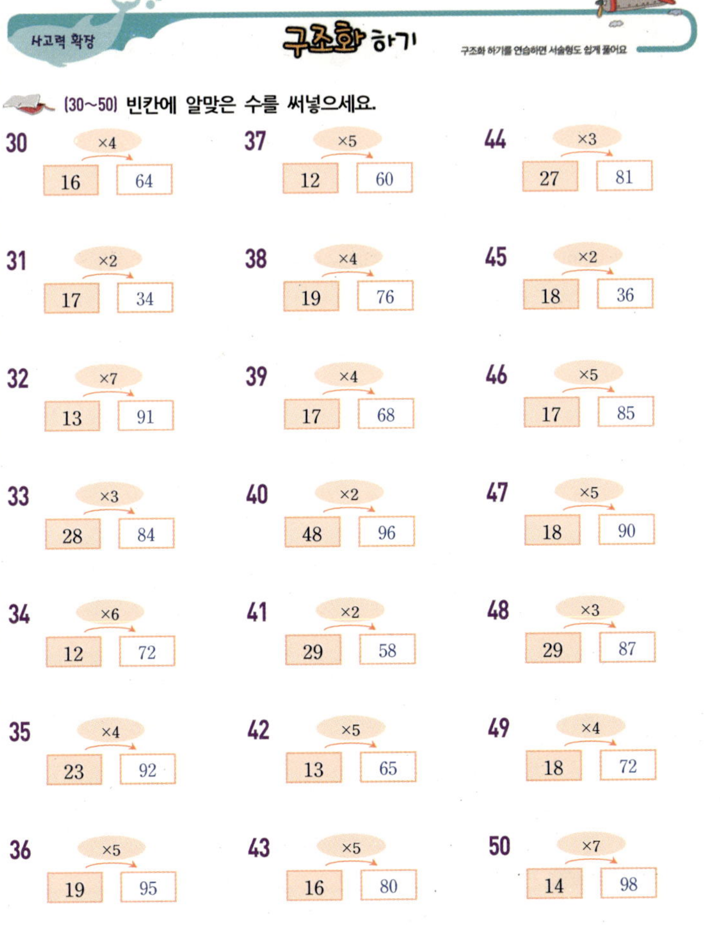

30 ×4 : 16 → 64
37 ×5 : 12 → 60
44 ×3 : 27 → 81

31 ×2 : 17 → 34
38 ×4 : 19 → 76
45 ×2 : 18 → 36

32 ×7 : 13 → 91
39 ×4 : 17 → 68
46 ×5 : 17 → 85

33 ×3 : 28 → 84
40 ×2 : 48 → 96
47 ×5 : 18 → 90

34 ×6 : 12 → 72
41 ×2 : 29 → 58
48 ×3 : 29 → 87

35 ×4 : 23 → 92
42 ×5 : 13 → 65
49 ×4 : 18 → 72

36 ×5 : 19 → 95
43 ×5 : 16 → 80
50 ×7 : 14 → 98

서술형 풀어보기

사고력 확장

구조화 해서 풀어보아요

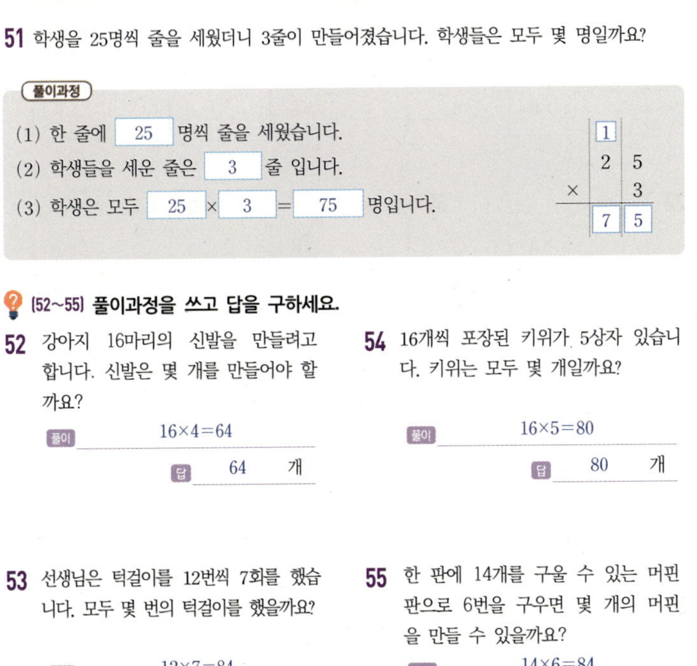

51 학생을 25명씩 줄을 세웠더니 3줄이 만들어졌습니다. 학생들은 모두 몇 명일까요?

풀이과정

(1) 한 줄에 [25] 명씩 줄을 세웠습니다.

(2) 학생들을 세운 줄은 [3] 줄 입니다.

(3) 학생은 모두 [25] × [3] = [75] 명입니다.

$$\begin{array}{r} 2\ 5 \\ \times\ \ \ 3 \\ \hline 7\ 5 \end{array}$$

[52~55] 풀이과정을 쓰고 답을 구하세요.

52 강아지 16마리의 신발을 만들려고 합니다. 신발은 몇 개를 만들어야 할까요?

풀이 16×4=64

답 64 개

53 선생님은 턱걸이를 12번씩 7회를 했습니다. 모두 몇 번의 턱걸이를 했을까요?

풀이 12×7=84

답 84 번

54 16개씩 포장된 키위가 5상자 있습니다. 키위는 모두 몇 개일까요?

풀이 16×5=80

답 80 개

55 한 판에 14개를 구울 수 있는 머핀 판으로 6번을 구우면 몇 개의 머핀을 만들 수 있을까요?

풀이 14×6=84

답 84 개

연마 Check 칭찬이나 노력할 점을 써 주세요.

맞힌 개수	지도 의견	
개	나의 생각	확인란

올림이 두 번 있는 (두 자리수)×(한 자리 수) ①

월   일

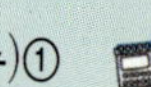 

- 일의 자리와 십의 자리에서 올림이 있는 (두 자리 수)×(한 자리 수)의 곱셈

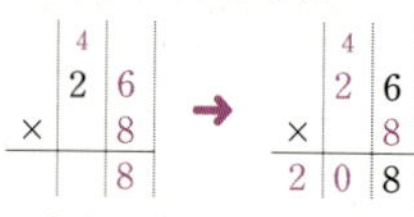

→ 일의 자리에서 계산한 6×8=48과 십의 자리에서 계산한 20×8=160을 더합니다.

핵심 포인트

① (일의 자리)×(일의 자리)을 먼저 계산합니다. (6×8=48)
→ 4는 십의 자리로 보내고 8을 일의 자리로 내려씁니다.
② (십의 자리)×(일의 자리)를 계산합니다. → 20×8=160
③ 십의 자리 계산 결과와 올림한 수를 더합니다. → 160+40=200

[01~12] 빈칸에 알맞은 수를 써넣으세요.

01
```
    1
    2 2
  ×   8
─────────
  1 7 6
```

05
```
  1
    8 2
  ×   8
─────────
  6 5 6
```

09
```
  4
    3 5
  ×   9
─────────
  3 1 5
```

02
```
  5
    1 7
  ×   8
─────────
  1 3 6
```

06
```
  3
    4 9
  ×   9
─────────
  3 9 6
```

10
```
  1
    5 3
  ×   3
─────────
  1 6 5
```

03
```
  2
    5 6
  ×   4
─────────
  2 2 4
```

07
```
  1
    7 7
  ×   2
─────────
  1 5 4
```

11
```
  3
    6 6
  ×   5
─────────
  3 3 0
```

04
```
  4
    2 5
  ×   8
─────────
  2 0 0
```

08
```
  1
    6 3
  ×   4
─────────
  2 5 2
```

12
```
  1
    7 6
  ×   3
─────────
  2 2 8
```

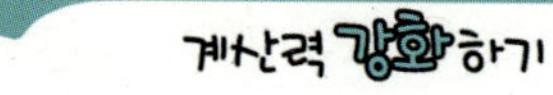

[13~30] 계산을 하세요.

13
```
    2 9
  ×   9
───────
  2 6 1
```

19
```
    2 7
  ×   7
───────
  1 8 9
```

25
```
    4 4
  ×   6
───────
  2 6 4
```

14
```
    4 9
  ×   3
───────
  1 4 7
```

20
```
    2 6
  ×   6
───────
  1 5 6
```

26
```
    4 8
  ×   4
───────
  1 9 2
```

15
```
    3 8
  ×   5
───────
  1 9 0
```

21
```
    1 6
  ×   9
───────
  1 4 4
```

27
```
    4 3
  ×   4
───────
  1 7 2
```

16
```
    2 8
  ×   8
───────
  2 2 4
```

22
```
    3 2
  ×   6
───────
  1 9 2
```

28
```
    2 7
  ×   9
───────
  2 4 3
```

17
```
    2 4
  ×   7
───────
  1 6 8
```

23
```
    5 4
  ×   3
───────
  1 6 2
```

29
```
    3 3
  ×   6
───────
  1 9 8
```

18
```
    3 5
  ×   7
───────
  2 4 5
```

24
```
    6 7
  ×   5
───────
  3 3 5
```

30
```
    5 8
  ×   2
───────
  1 1 6
```

[31~48] 빈칸에 두 수의 곱을 써넣으세요.

31 46 ×6 → 276

37 55 ×6 → 330

43 64 ×8 → 512

32 49 ×3 → 147

38 36 ×8 → 288

44 48 ×7 → 336

33 33 ×8 → 264

39 88 ×2 → 176

45 73 ×9 → 657

34 53 ×5 → 265

40 98 ×2 → 196

46 42 ×7 → 294

35 46 ×9 → 414

41 65 ×3 → 195

47 37 ×4 → 148

36 75 ×4 → 300

42 42 ×5 → 210

48 45 ×7 → 315

49 지하철에서 지상으로 올라가는 계단 수는 59개입니다. 3번 왕복했다면 몇 개의 계단을 오르내린 것일까요?

풀이과정

(1) 계단 수는 59 개입니다.

(2) 왕복 3번이므로 총 6 번 오르내렸습니다.

(3) 오르내린 계단 수는 59 × 6 = 354 개입니다.

```
      5
    5 9
  ×   6
───────
  3 5 4
```

[50~53] 풀이과정을 쓰고 답을 구하세요.

50 선물을 한 개 포장하는데 끈이 34 cm가 필요합니다. 9개의 선물을 포장하려면 몇 cm의 끈이 필요할까요?

풀이   34×9=306

답   306   cm

52 줄넘기를 73번씩 6회를 하였다면 모두 몇 번의 줄넘기를 했을까요?

풀이   73×6=438

답   438   번

51 1봉지에 52개가 담긴 사탕 봉지가 8봉지 있습니다. 사탕은 모두 몇 개일까요?

풀이   52×8=416

답   416   개

53 3개의 모터로 움직이는 장난감을 64개 만들려고 합니다. 모터는 몇 개가 필요할까요?

풀이   64×3=192

답   192   개

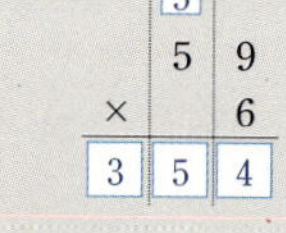

연마 Check   칭찬이나 노력할 것을 써 주세요.

맞힌 개수	지도 의견	
개	나의 생각	확인란

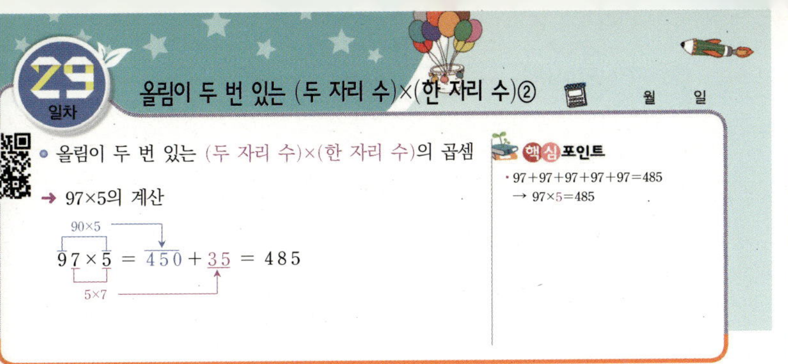

29 일차

올림이 두 번 있는 (두 자리 수)×(한 자리 수)②

월   일

● 올림이 두 번 있는 (두 자리 수)×(한 자리 수)의 곱셈

→ 97×5의 계산

$$97 \times 5 = 450 + 35 = 485$$

핵심 포인트
· 97+97+97+97+97=485
→ 97×5=485

[01~15] 계산을 하세요.

01 59×7 =413	06 38×9 =342	11 77×5 =385
02 58×8 =464	07 85×5 =425	12 52×9 =468
03 66×7 =462	08 56×9 =504	13 13×9 =117
04 47×3 =141	09 26×6 =156	14 34×8 =272
05 72×5 =360	10 49×3 =147	15 19×8 =152

계산력 강화하기

정확하게 풀어보아요

[16~36] 계산을 하세요.

16 95×3 =285	23 78×4 =312	30 93×6 =558
17 85×9 =765	24 94×5 =470	31 58×9 =522
18 67×7 =469	25 49×8 =392	32 97×4 =388
19 88×5 =440	26 69×9 =621	33 92×8 =736
20 59×9 =531	27 76×8 =608	34 84×7 =588
21 99×3 =297	28 95×6 =570	35 98×5 =490
22 75×7 =525	29 69×7 =483	36 87×5 =435

구조화 하기

구조화 하기를 연습하면 서술형도 쉽게 풀어요

[37~57] 두 수의 곱셈을 빈칸에 쓰세요.

37 88 ×4 352	44 68 ×7 476	51 96 ×5 480
38 48 ×9 432	45 89 ×8 712	52 78 ×7 546
39 65 ×9 585	46 88 ×7 616	53 74 ×9 666
40 96 ×7 672	47 79 ×8 632	54 98 ×8 784
41 68 ×8 544	48 99 ×7 693	55 39 ×8 312
42 96 ×8 768	49 86 ×4 344	56 95 ×2 190
43 97 ×8 776	50 38 ×9 342	57 86 ×7 602

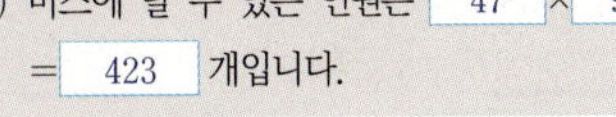

서술형 풀어보기

구조화 해서 풀어보아요

58 47명이 탑승할 수 있는 버스가 9대 있습니다. 모두 몇 명이 탈 수 있을까요?

풀이과정

(1) 버스 한 대에 탈 수 있는 인원은 **47** 명입니다.

(2) 버스가 **9** 대 있습니다.

(3) 버스에 탈 수 있는 인원은 **47** × **9**
= **423** 개입니다.

$$47 \times 9 = 360 + 63 = 423$$

[59~62] 풀이과정을 쓰고 답을 구하세요.

59 한 상자에 74개씩 포장된 젤리 상자가 8개 있습니다. 젤리는 모두 몇 개일까요?

풀이 74×8=592

답 592 개

61 돼지 93마리가 있습니다. 돼지의 다리는 모두 몇 개일까요?

풀이 93×4=372

답 372 개

60 코끼리의 나이는 47살입니다. 거북이는 나이는 코끼리 나이보다 보다 3배 많습니다. 거북이의 나이는 몇 살일까요?

풀이 47×3=141

답 141 살

62 동섭이네 형은 매일 96개의 의자를 나르는 아르바이트를 했습니다. 6일 동안 일을 했다면 몇 개의 의자를 날랐을까요?

풀이 96×6=576

답 576 개

연마 Check 칭찬이나 노력할 점을 써 주세요.

맞힌 개수	지도 의견	확인란
개	나의 생각	

 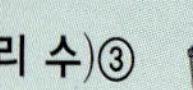   

월 일

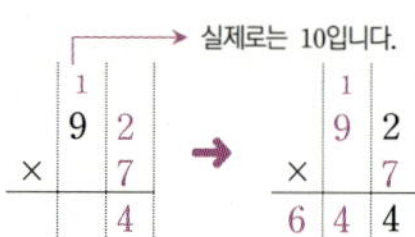

● 올림이 두 번 있는 (두 자리 수)×(한 자리 수)의 곱셈

핵심포인트

실제로는 10입니다.

$$\begin{array}{r} 9\ 2 \\ \times\quad 7 \\ \hline 4 \end{array} \rightarrow \begin{array}{r} 9\ 2 \\ \times\quad 7 \\ \hline 6\ 4\ 4 \end{array}$$

- 일의 자리에서 계산한 $2 \times 7 = 14$와 십의 자리에서 계산한 $90 \times 7 = 630$을 더합니다.
→ $14 + 630 = 644$

① (일의 자리)×(일의 자리)를 먼저 계산합니다.
② (십의 자리)×(일의 자리)를 계산한 뒤, 올림한 수와 더합니다.

[01~15] 계산을 하세요.

01	$\begin{array}{r}7\ 8\\ \times\ 5\\ \hline 3\ 9\ 0\end{array}$	06	$\begin{array}{r}3\ 9\\ \times\ 9\\ \hline 3\ 5\ 1\end{array}$	11	$\begin{array}{r}9\ 6\\ \times\ 4\\ \hline 3\ 8\ 4\end{array}$
02	$\begin{array}{r}8\ 8\\ \times\ 3\\ \hline 2\ 6\ 4\end{array}$	07	$\begin{array}{r}5\ 9\\ \times\ 7\\ \hline 4\ 1\ 3\end{array}$	12	$\begin{array}{r}7\ 9\\ \times\ 6\\ \hline 4\ 7\ 4\end{array}$
03	$\begin{array}{r}2\ 9\\ \times\ 9\\ \hline 2\ 6\ 1\end{array}$	08	$\begin{array}{r}9\ 6\\ \times\ 3\\ \hline 2\ 8\ 8\end{array}$	13	$\begin{array}{r}9\ 5\\ \times\ 9\\ \hline 8\ 5\ 5\end{array}$
04	$\begin{array}{r}7\ 7\\ \times\ 7\\ \hline 5\ 3\ 9\end{array}$	09	$\begin{array}{r}6\ 5\\ \times\ 8\\ \hline 5\ 2\ 0\end{array}$	14	$\begin{array}{r}5\ 8\\ \times\ 7\\ \hline 4\ 0\ 6\end{array}$
05	$\begin{array}{r}3\ 6\\ \times\ 4\\ \hline 1\ 4\ 4\end{array}$	10	$\begin{array}{r}4\ 7\\ \times\ 5\\ \hline 2\ 3\ 5\end{array}$	15	$\begin{array}{r}5\ 4\\ \times\ 3\\ \hline 1\ 6\ 2\end{array}$

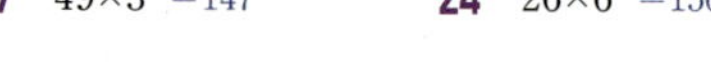

계산력 강화하기

정확하게 풀어보아요

[16~36] 계산을 하세요.

16	$19 \times 9 = 171$	23	$27 \times 7 = 189$	30	$44 \times 6 = 264$
17	$49 \times 3 = 147$	24	$26 \times 6 = 156$	31	$38 \times 4 = 152$
18	$38 \times 5 = 190$	25	$26 \times 9 = 234$	32	$43 \times 4 = 172$
19	$28 \times 8 = 224$	26	$32 \times 6 = 192$	33	$27 \times 9 = 243$
20	$24 \times 7 = 168$	27	$54 \times 3 = 162$	34	$33 \times 6 = 198$
21	$35 \times 7 = 245$	28	$67 \times 5 = 335$	35	$58 \times 2 = 116$
22	$34 \times 5 = 170$	29	$62 \times 9 = 558$	36	$79 \times 3 = 237$

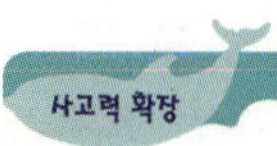 사고력 확장

 구조화 하기

구조화 하기를 연습하면 서술형도 쉽게 풀어요

[37~51] 빈칸에 알맞은 수를 써넣으세요.

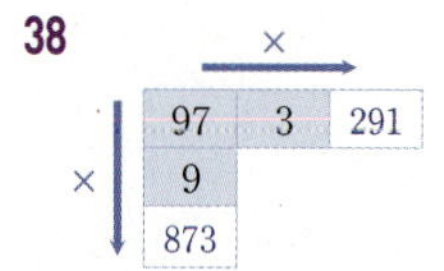

37
×	48	8	384
5			
240			

42
×	66	8	528
2			
132			

47
×	89	4	356
7			
623			

38
×	97	3	291
9			
873			

43
×	83	9	747
6			
498			

48
×	76	9	684
8			
608			

39
×	89	5	445
2			
178			

44
×	69	8	552
7			
483			

49
×	77	9	693
4			
308			

40
×	57	8	456
9			
513			

45
×	94	8	752
3			
282			

50
×	68	6	408
4			
272			

41
×	85	4	340
8			
680			

46
×	49	9	441
5			
245			

51
×	88	8	704
6			
528			

 사고력 확장

 서술형 풀어보기

구조화 해서 풀어보아요

52 탁자 하나에 5개의 의자가 딸린 탁자가 68개 있습니다. 모두 몇 명이 앉을 수 있을까요?

풀이과정

(1) 탁자 하나에 의자는 [5] 개입니다.

(2) 탁자는 [68] 개입니다.

(3) 앉을 수 있는 사람 수는 [68] × [5] = [340] 명입니다.

$$\begin{array}{r} 6\ 8 \\ \times\quad 5 \\ \hline 4\ 0 \\ 3\ 0\ 0 \\ \hline 3\ 4\ 0 \end{array}$$

[53~56] 풀이과정을 쓰고 답을 구하세요.

53 8개씩 포장한 통조림 상자가 87개 있습니다. 통조림은 모두 몇 개 일까요?

풀이 $87 \times 8 = 696$

답 696 개

55 6명이 탈 수 있는 보트가 87대 있습니다. 모두 몇 명이 탈 수 있을까요?

풀이 $87 \times 6 = 522$

답 522 명

54 상자 하나에 92개의 귤이 들어있는 상자가 5개 있습니다. 귤은 모두 몇 개일까요?

풀이 $92 \times 5 = 460$

답 460 개

56 리프트가 99대 있습니다. 리프트 한 대에 4명씩 탄다면 모두 몇 명이 탈 수 있을까요?

풀이 $99 \times 4 = 396$

답 396 명

엄마 Check 칭찬이나 노력할 것을 써 주세요.

맞힌 개수		지도 의견		확인란
	개	나의 생각		

길이와 거리

1 mm 알아보기
1 cm를 10칸으로 똑같이 나누었을 때 작은 눈금 한 칸의 길이를 1 mm라 쓰고, 1 밀리미터라고 읽습니다.

1 km 알아보기
1000 m를 1 km라 쓰고 1 킬로미터라고 읽습니다.

핵심 포인트
- 1 cm=10 mm
- 1 m=100 cm
- 1 km=1000 m=100000 cm =1000000 mm
- 1 mm의 10배는 1 cm
  10 cm의 100배는 1 m
  1 m의 1000배는 1 km

[01~12] 주어진 길이를 읽어보세요.

01 2 cm
읽기 · 2 센티미터

02 7 cm
읽기 · 7 센티미터

03 19 cm
읽기 · 19 센티미터

04 7 cm 1 mm
읽기 · 7 센티미터 1 밀리미터

05 5 cm 4 mm
읽기 · 5 센티미터 4 밀리미터

06 8 cm 2 mm
읽기 · 8 센티미터 2 밀리미터

07 5 km
읽기 · 5 킬로미터

08 6 km
읽기 · 6 킬로미터

09 4 km
읽기 · 4 킬로미터

10 1 km
읽기 · 1 킬로미터

11 3 km 300 m
읽기 · 3 킬로미터 300 미터

12 7 km 200 m
읽기 · 7 킬로미터 200 미터

계산력 강화하기
정확하게 풀어보아요

[13~30] 빈칸에 알맞은 수를 써넣으세요.

13 5 cm = 50 mm
19 2 cm = 20 mm
25 8 cm = 80 mm

14 3 cm = 30 mm
20 60 mm = 6 cm
26 40 mm = 4 cm

15 90 mm = 9 cm
21 10 mm = 1 cm
27 70 mm = 7 cm

16 5 km = 5000 m
22 8 km = 8000 m
28 1 km = 1000 m

17 6 km = 6000 m
23 2000 m = 2 km
29 7000 m = 7 km

18 3000 m = 3 km
24 4000 m = 4 km
30 9000 m = 9 km

[31~34] 길이를 단위에 알맞게 써넣으세요.

31 3 cm보다 19 mm 더 긴 길이:
4 cm 9 mm

33 9 cm보다 46 mm 더 긴 길이:
13 cm 6 mm

32 4 km 보다 201 m 더 먼 거리:
4 km 201 m

34 7 km 보다 1538 m 더 먼 거리:
8 km 538 m

구조화 하기
구조화 하기를 연습하면 서술형도 쉽게 풀어요

사고력 확장

[35~59] 빈칸에 알맞은 수를 써넣으세요.

35 4 cm 2 mm = 42 mm
47 7 cm 1 mm = 71 mm

36 6 cm 5 mm = 65 mm
48 3 cm 9 mm = 39 mm

37 8 cm 4 mm = 84 mm
49 1 cm 3 cm = 13 mm

38 37 mm = 3 cm 7 mm
50 65 mm = 6 cm 5 mm

39 12 mm = 1 cm 2 mm
51 44 mm = 4 cm 4 mm

40 59 mm = 5 cm 9 mm
52 26 mm = 2 cm 6 mm

41 2 km 500 m = 2500 m
53 5 km 100 m = 5100 m

42 7 km 900 m = 7900 m
54 3 km 400 m = 3400 m

43 8 km 600 m = 8600 m
55 4 km 200 m = 4200 m

44 4500 m = 4 km 500 m
56 1600 m = 1 km 600 m

45 3200 m = 3 km 200 m
58 7900 m = 7 km 900 m

46 2800 m = 2 km 800 m
59 5400 m = 5 km 400 m

서술형 풀어보기
구조화 해서 풀어보아요

사고력 확장

60 미림이는 1700 m를 달렸습니다. 몇 km와 몇 m를 달렸는지 구하세요.

풀이과정
(1) 1000 m는 1 km입니다.　(2) 1700 m는 1 km 700 m입니다.

[61~64] 풀이과정을 쓰고 답을 구하세요.

61 연필의 길이를 재보니 78 mm였습니다. 몇 cm 몇 mm 일까요?
풀이 7 cm 8 mm
답 7 cm 8 mm

63 기영이의 집에서 학교까지 거리는 850 m입니다. 기영이가 학교에 갔다 오는 거리는 몇 km 몇 m일까요?
풀이 850×2=1700 m, 1 km 700 m
답 1 km 700 m

62 103 mm 짜리 머리끈 5개를 만들려 합니다. 머리끈 길이를 모두 더한 길이는 몇 cm 몇 mm 일까요?
풀이 103×5=515 mm, 51 cm 5 mm
답 51 cm 5 mm

64 한 개에 111 mm 짜리 나무 막대가 있습니다. 이 나무 막대의 4배 길이를 cm와 mm로 나타내세요.
풀이 111×4=444 mm, 44 cm 4 mm
답 44 cm 4 mm

연마 Check 칭찬이나 노력할 것을 써 주세요.
맞힌 개수 ___ 개
지도 의견
나의 생각
확인란

32 일차 — 시간의 합

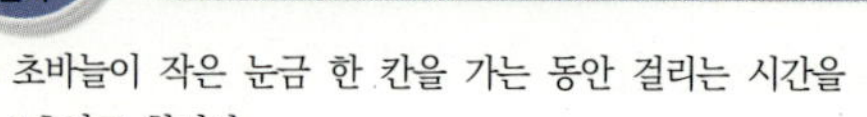

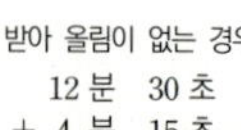

월 일

- 초바늘이 작은 눈금 한 칸을 가는 동안 걸리는 시간을 1초라고 합니다.
- 초바늘이 시계를 한 바퀴 도는 데 걸리는 시간은 60초입니다.

핵심포인트
- 60초는 1분으로 받아 올림을 합니다.
- 60분은 1시간으로 받아 올림을 합니다. 예를 들면 80분은 1시간 20분으로 나타냅니다.

받아 올림이 없는 경우
```
  12 분 30 초
+  4 분 15 초
  16 분 45 초
```

받아 올림이 있는 경우 (35초+40초=75초=1분 15초)
```
    3 분 35 초
+   5 분 40 초
    9 분 15 초
```

[01~15] 빈칸에 알맞은 수를 써넣으세요.

01. 2분 10초 + 4분 40초 = **6분 50초**
02. 5분 5초 + 11분 30초 = **16분 35초**
03. 12분 35초 + 27분 45초 = **40분 20초**
04. 2시 20분 + 3시 20분 = **5시 40분**
05. 9시 20분 + 11시 54분 = **21시 14분**

06. 3분 20초 + 1분 35초 = **4분 55초**
07. 4분 30초 + 3분 20초 = **7분 50초**
08. 33분 15초 + 15분 55초 = **49분 10초**
09. 6시 40분 + 3시 10분 = **9시 50분**
10. 7시 46분 + 1시 35분 = **9시 21분**

11. 6분 25초 + 2분 15초 = **8분 40초**
12. 22분 10초 + 7분 10초 = **29분 20초**
13. 48분 38초 + 8분 29초 = **57분 7초**
14. 5시 5분 + 3시 35분 = **8시 40분**
15. 2시 28분 + 2시 51분 = **5시 19분**

계산력 강화하기

정확하게 풀어보아요

[16~29] 계산을 하세요.

16. 2시 5분 14초 + 4시 35분 32초 = 6시 40분 46초
17. 4시 25분 28초 + 1시 18분 24초 = 5시 43분 52초
18. 1시 26분 47초 + 1시 18분 53초 = 2시 45분 40초
19. 5시 9분 16초 + 1시 12분 23초 = 6시 21분 39초
20. 4시 24분 7초 + 2시 36분 54초 = 7시 1분 1초
21. 6시 45분 19초 + 2시 26분 58초 = 9시 12분 17초
22. 4시 33분 19초 + 3시 52분 42초 = 8시 26분 1초

23. 3시 25분 11초 + 1시 32분 21초 = 4시 57분 32초
24. 4시 35분 14초 + 3시 45분 25초 = 8시 20분 39초
25. 10시 25분 45초 + 9시 33분 45초 = 19시 59분 30초
26. 2시 3분 46초 + 2시 44분 37초 = 4시 48분 23초
27. 5시 12분 12초 + 11시 29분 59초 = 16시 42분 11초
28. 2시 55분 13초 + 3시 14분 55초 = 6시 10분 8초
29. 1시 53분 34초 + 5시 55분 19초 = 7시 48분 53초

구조화하기

사고력 확장 · 구조화 하기를 연습하면 서술형도 쉽게 풀어요

[30~43] 두 수의 덧셈을 빈칸에 쓰세요.

30. 41분 3초 , 11분 27초 → 52분 30초
31. 10분 26초 , 45분 48초 → 56분 14초
32. 4시 20분 , 5시 15분 → 9시 35분
33. 1시 40분 , 7시 10분 → 8시 50분
34. 4시 22분 , 1시 43분 → 6시 5분
35. 36분 31초 , 45분 26초 → 1시 21분 / 57초
36. 1시 35분 , 2시 29분 → 4시 4분

37. 19분 51초 , 33분 8초 → 52분 59초
38. 43분 42초 , 15분 31초 → 59분 13초
39. 1시 50분 , 3시 9분 → 4시 59분
40. 3시 42분 , 5시 56분 → 9시 38분
41. 8시 41분 , 7시 38분 → 16시 19분
42. 23분 17초 , 31분 55초 → 55분 12초
43. 6시 17분 , 7시 50분 → 14시 7분

서술형 풀어보기

사고력 확장 · 구조화 해서 풀어보아요

44 동민이는 25분 16초 동안 책을 읽었고, 수영이는 26분 48초 동안 책을 읽었습니다. 두 사람이 책을 읽은 시간은 모두 몇 분 몇 초일까요?

풀이과정

(1) 동민이는 25분 16초 동안 책을 읽었습니다.
(2) 수영이는 26분 48초 동안 책을 읽었습니다.
(3) 동민이와 수영이는 25분 16초 + 26분 48초 = 52분 4초 동안 책을 읽었습니다.

```
  25 분 16 초
+ 26 분 48 초
  52 분  4 초
```

[45~48] 풀이과정을 쓰고 답을 구하세요.

45 나는 33분 59초 동안 공부를 하고, 4분 15초를 쉬었습니다. 내가 공부한 시간과 쉬는 시간 합하면 모두 몇 분 몇 초일까요?
풀이: 33분 59초 + 4분 15초 = 38분 14초
답: 38분 14초

46 민주는 6시 52분에 집에서 나와 2시간 25분 후에 집에 들어왔습니다. 민주가 집에 들어온 시간은 몇 시 몇 분일까요?
풀이: 6시 52분 + 2시간 25분 = 9시 17분
답: 9시 17분

47 현석이는 24분 12초 동안 버스를 타고, 15분 43초 동안 걸어 병원에 도착했습니다. 현석이가 병원에 가는데 걸린 시간은 몇 분 몇 초일까요?
풀이: 24분 12초 + 15분 43초 = 39분 55초
답: 39분 55초

48 8시 46분에 도서관을 간 윤정이는 2시간 28분 후에 집에 돌아왔습니다. 윤정이가 집에 돌아온 시간은 몇 시 몇 분 일까요?
풀이: 8시 46분 + 2시간 28분 = 11시 14분
답: 11시 14분

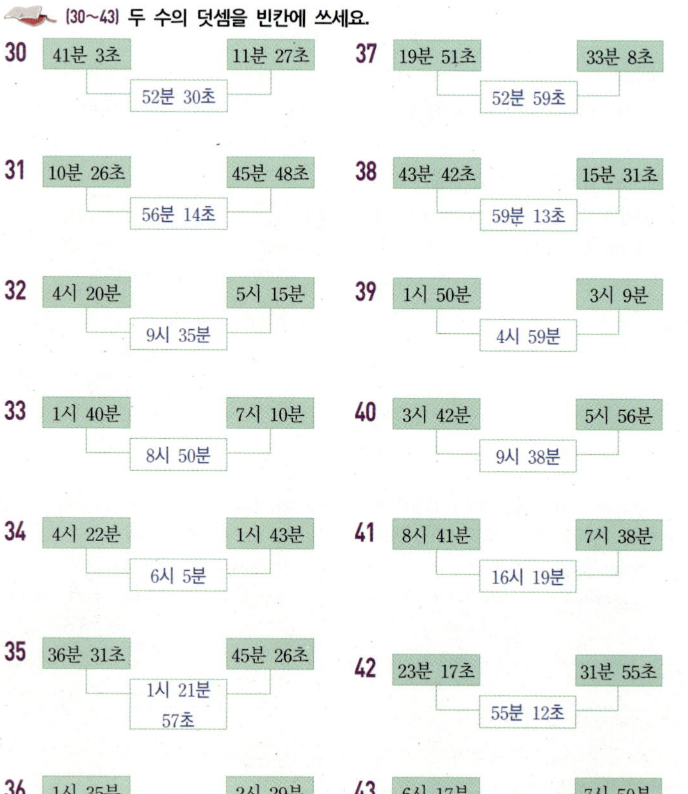

연마 Check 칭찬이나 노력할 점을 써 주세요.

맞힌 개수	지도 의견	확인란
개	나의 생각	

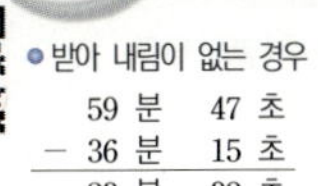

시간의 차

받아 내림이 없는 경우

```
  59 분 47 초
-  36 분 15 초
  23 분 32 초
```

받아 내림이 있는 경우

```
     39   60
  40 분 24 초
-  14 분 32 초
  25 분 52 초
```

핵심 포인트
· 1분은 60초로 받아 내림을 합니다.
· 1시간은 60분으로 받아내림을 합니다.
· 1시간=60분=3600초(60분×60초)

→ 40분에서 1분을 빌려와 60초+24초를 한 뒤 84-32를 계산합니다.

[01~15] 빈칸에 알맞은 수를 써넣으세요.

01	44 분 25 초 − 20 분 20 초 = **24** 분 **5** 초
02	47 분 31 초 − 41 분 44 초 = **5** 분 **47** 초
03	12 시 45 분 − 8 시 15 분 = **4** 시 **30** 분
04	4 시 32 분 − 2 시 41 분 = **1** 시 **51** 분
05	6 시 16 분 − 2 시 22 분 = **3** 시 **54** 분
06	31 분 55 초 − 25 분 34 초 = **6** 분 **21** 초
07	49 분 27 초 − 25 분 30 초 = **23** 분 **57** 초
08	8 시 37 분 − 5 시 25 분 = **3** 시 **12** 분
09	11 시 19 분 − 8 시 31 분 = **2** 시 **48** 분
10	5 시 15 분 − 1 시 36 분 = **3** 시 **39** 분
11	53 분 48 초 − 42 분 23 초 = **11** 분 **25** 초
12	24 분 46 초 − 16 분 51 초 = **7** 분 **55** 초
13	5 시 52 분 − 4 시 47 분 = **1** 시 **5** 분
14	9 시 44 분 − 5 시 56 분 = **3** 시 **48** 분
15	4 시 30 분 − 2 시 44 분 = **1** 시 **46** 분

계산력 강화하기

정확하게 풀어보아요

[16~21] 계산을 하세요.

16	34 분 27 초 − 17 분 35 초 = 16 분 52 초
17	8 시 22 분 − 5 시 35 분 = 2 시 47 분
18	51 분 58 초 − 49 분 59 초 = 1 분 59 초
19	5 시 41 분 − 3 시 48 분 = 1 시 53 분
20	54 분 14 초 − 14 분 25 초 = 39 분 49 초
21	3 시 16 분 − 1 시 24 분 = 1 시 52 분

[22~31] 계산을 하세요.

22	3 시 34 분 20 초 − 1 시 55 분 10 초 = 1 시 39 분 10 초
23	10 시 38 분 45 초 − 4 시 44 분 51 초 = 5 시 53 분 54 초
24	11 시 16 분 21 초 − 8 시 11 분 46 초 = 3 시 4 분 35 초
25	7 시 17 분 19 초 − 3 시 13 분 51 초 = 4 시 3 분 28 초
26	11 시 52 분 24 초 − 3 시 18 분 44 초 = 8 시 33 분 40 초
27	7 시 26 분 11 초 − 5 시 20 분 34 초 = 2 시 5 분 37 초
28	5 시 35 분 26 초 − 2 시 11 분 38 초 = 3 시 23 분 48 초
29	3 시 23 분 32 초 − 1 시 8 분 51 초 = 2 시 14 분 41 초
30	5 시 14 분 16 초 − 2 시 11 분 43 초 = 3 시 2 분 33 초
31	13 시 49 분 23 초 − 10 시 13 분 47 초 = 3 시 35 분 36 초

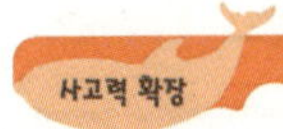

구조화 하기

구조화 하기를 연습하면 서술형도 쉽게 풀어요

[32~45] 두 수의 뺄셈을 빈칸에 쓰세요.

32	2시 47분 / 1시 50분	**57분**
33	8시 52분 / 5시 58분	**2시 54분**
34	45분 12초 / 21분 7초	**24분 5초**
35	39분 46초 / 27분 53초	**11분 53초**
36	42분 55초 / 30분 58초	**11분 57초**
37	1시 29분 / 1시 15분	**14분**
38	11시 38분 / 9시 42분	**1시 56분**
39	7시 30분 / 2시 32분	**4시 58분**
40	57분 49초 / 41분 36초	**16분 13초**
41	38분 52초 / 20분 33초	**18분 19초**
42	48분 11초 / 40분 36초	**7분 35초**
43	2시 51분 / 1시 48분	**1시 3분**
44	12시 54분 / 6시 34분	**6시 20분**
45	10시 56분 / 3시 57분	**6시 59분**

서술형 풀어보기

구조화 해서 풀어보아요

46 승연이는 18분 37초 동안 운동을 하였고, 소아는 9분 41초 동안 운동을 했습니다. 누가 얼마나 더 오래 운동을 했을까요?

풀이과정

(1) 승연이는 **18** 분 **37** 초 동안 운동을 했습니다.

(2) 소아는 **9** 분 **41** 초 동안 운동을 했습니다.

(3) **18** 분 **37** 초 − **9** 분 **41** 초 = **8** 분 **56** 초 이므로 승연 이가 **8** 분 **56** 초 더 오래 운동을 했습니다.

```
   18 분 37 초
-   9 분 41 초
    8 분 56 초
```

[47~50] 풀이과정을 쓰고 답을 구하세요.

47 도연이는 50분 36초 가운데 47분 42초 동안 공부하고 나머지는 쉬었습니다. 도연이가 쉰 시간은 몇 분 몇 초일까요?

풀이 50분 36초−47분 42초=2분 54초

답 2분 54초

48 정석이는 저녁 5시 35분에 집에서 나와서 도서관에 갔고, 8시 42분에 다시 집으로 왔습니다. 정석이가 집에 없었던 시간은 몇 시간 몇 분일까요?

풀이 8시 42분−5시 35분=3시간 7분

답 3시간 7분

49 승조는 46분 28초 동안 운동을 했는데 25분 39초 동안은 걷고, 나머지 시간은 달렸습니다. 승조가 달린 시간은 몇 분 몇 초일까요?

풀이 46분 28초−25분 39초=20분 49초

답 20분 49초

50 소연이네 가족은 3시 56분에 집에서 출발하여 6시 51분에 할머니 댁에 도착했습니다. 할머니 댁을 가는데 걸린 시간은 몇 시간 몇 분일까요?

풀이 6시 51분−3시 56분=2시간 55분

답 2시간 55분

 **연마 Check** 칭찬이나 노력할 점을 써 주세요.

맞힌 개수	지도 의견	확인란
___ 개	나의 생각	

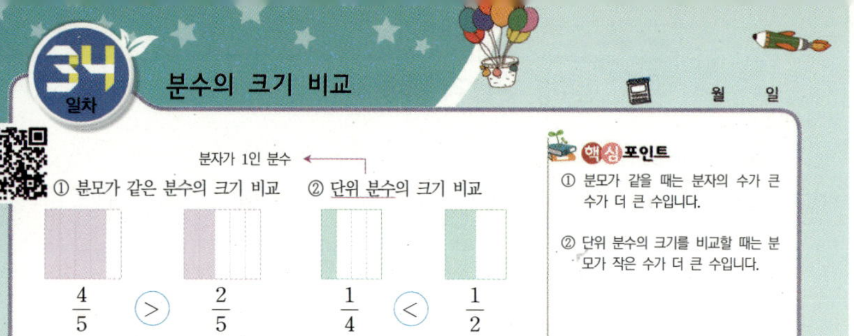

분수의 크기 비교

월   일

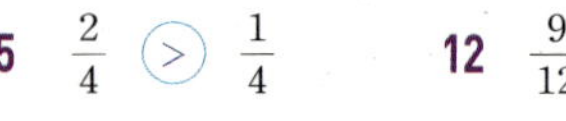

분자가 1인 분수 ←

① 분모가 같은 분수의 크기 비교   ② 단위 분수의 크기 비교

핵심포인트

① 분모가 같을 때는 분자의 수가 큰 수가 더 큰 수입니다.

② 단위 분수의 크기를 비교할 때는 분모가 작은 수가 더 큰 수입니다.

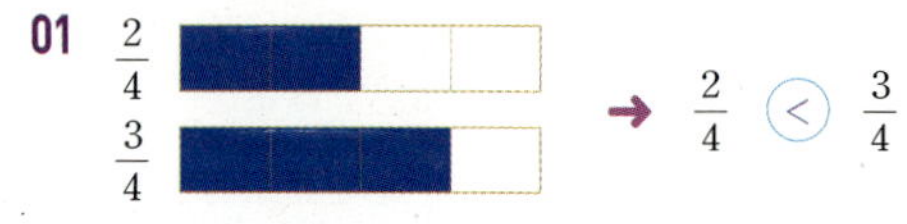

$$\frac{4}{5} \;>\; \frac{2}{5} \qquad \frac{1}{4} \;<\; \frac{1}{2}$$

(01~04) 분수만큼 색칠을 하고, 부등식을 표시해 보세요.

01 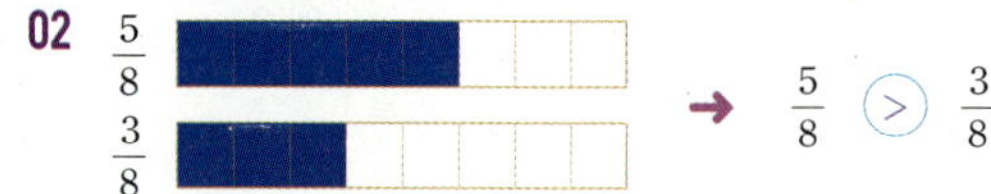 $\dfrac{2}{4}$ $\dfrac{3}{4}$ → $\dfrac{2}{4} \;<\; \dfrac{3}{4}$

02 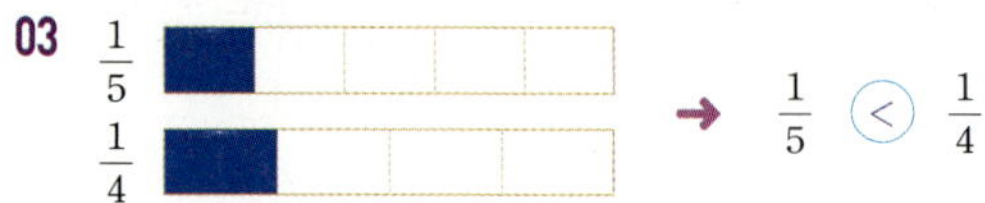 $\dfrac{5}{8}$ $\dfrac{3}{8}$ → $\dfrac{5}{8} \;>\; \dfrac{3}{8}$

03 $\dfrac{1}{5}$ $\dfrac{1}{4}$ → $\dfrac{1}{5} \;<\; \dfrac{1}{4}$

04 $\dfrac{1}{3}$ $\dfrac{1}{6}$ → $\dfrac{1}{3} \;>\; \dfrac{1}{6}$

정확하게 풀어보아요

(05~25) 두 분수의 크기를 비교하여 ○안에 >, =, <를 알맞게 써넣으세요.

05 $\dfrac{2}{4} \;>\; \dfrac{1}{4}$ 12 $\dfrac{9}{12} \;<\; \dfrac{11}{12}$ 19 $\dfrac{3}{5} \;<\; \dfrac{4}{5}$

06 $\dfrac{7}{9} \;>\; \dfrac{2}{9}$ 13 $\dfrac{9}{11} \;>\; \dfrac{3}{11}$ 20 $\dfrac{11}{15} \;<\; \dfrac{13}{15}$

07 $\dfrac{4}{8} \;<\; \dfrac{7}{8}$ 14 $\dfrac{5}{10} \;>\; \dfrac{2}{10}$ 21 $\dfrac{1}{3} \;<\; \dfrac{2}{3}$

08 $\dfrac{5}{7} \;>\; \dfrac{4}{7}$ 15 $\dfrac{11}{13} \;>\; \dfrac{1}{13}$ 22 $\dfrac{1}{6} \;<\; \dfrac{3}{6}$

09 $\dfrac{1}{2} \;>\; \dfrac{1}{3}$ 16 $\dfrac{1}{6} \;<\; \dfrac{1}{3}$ 23 $\dfrac{1}{7} \;<\; \dfrac{1}{5}$

10 $\dfrac{1}{4} \;>\; \dfrac{1}{8}$ 17 $\dfrac{1}{12} \;<\; \dfrac{1}{11}$ 24 $\dfrac{1}{2} \;>\; \dfrac{1}{10}$

11 $\dfrac{1}{17} \;<\; \dfrac{1}{13}$ 18 $\dfrac{1}{5} \;>\; \dfrac{1}{9}$ 25 $\dfrac{1}{5} \;<\; \dfrac{1}{3}$

구조화 하기를 연습하면 서술형도 쉽게 풀어요

(26~31) 분수의 크기를 비교하여 작은 수부터 차례로 쓰세요.

26

$\dfrac{3}{4}$	$\dfrac{1}{4}$	$\dfrac{2}{4}$
$\dfrac{1}{4}$	$\dfrac{2}{4}$	$\dfrac{3}{4}$

29

$\dfrac{5}{7}$	$\dfrac{4}{7}$	$\dfrac{6}{7}$
$\dfrac{4}{7}$	$\dfrac{5}{7}$	$\dfrac{6}{7}$

27

$\dfrac{3}{8}$	$\dfrac{7}{8}$	$\dfrac{5}{8}$
$\dfrac{3}{8}$	$\dfrac{5}{8}$	$\dfrac{7}{8}$

30

$\dfrac{1}{9}$	$\dfrac{1}{6}$	$\dfrac{1}{4}$
$\dfrac{1}{9}$	$\dfrac{1}{6}$	$\dfrac{1}{4}$

28

$\dfrac{1}{4}$	$\dfrac{1}{2}$	$\dfrac{1}{3}$
$\dfrac{1}{4}$	$\dfrac{1}{3}$	$\dfrac{1}{2}$

31

$\dfrac{1}{3}$	$\dfrac{1}{7}$	$\dfrac{1}{5}$
$\dfrac{1}{7}$	$\dfrac{1}{5}$	$\dfrac{1}{3}$

(32~35) 그림에 분수만큼 색칠하고 두 분수의 크기를 비교하여 ○안에 >, =, <를 알맞게 써넣으세요.

32 $\dfrac{8}{10} \;>\; \dfrac{6}{10}$

34 $\dfrac{2}{8} \;<\; \dfrac{7}{8}$

33 $\dfrac{1}{8} \;<\; \dfrac{1}{6}$

35 $\dfrac{1}{12} \;<\; \dfrac{1}{4}$

구조화 해서 풀어보아요

36 민영이는 피자를 $\dfrac{3}{16}$ 만큼, 수민이는 $\dfrac{5}{16}$ 만큼, 현진이는 $\dfrac{8}{16}$ 만큼 먹었습니다. 누가 가장 많은 피자를 먹었는지 구해보세요.

풀이과정

(1) 세 친구가 먹은 피자를 각각 그림으로 색칠해 보세요.

민영	
수민	
현진	

(2) 피자를 가장 많이 먹은 사람은 **현진** 이 입니다.

분모의 크기가 같을 때 분자의 크기가 클수록 더 [**큰** / 작은] 분수입니다.

$$\frac{3}{16} \;<\; \frac{5}{16} \;<\; \frac{8}{16}$$

(37~40) 풀이과정을 쓰고 답을 구하세요.

37 크기가 같은 컵으로 동현이는 $\dfrac{3}{14}$ 만큼, 민영이는 $\dfrac{6}{14}$ 만큼 물을 담았습니다. 누가 더 많은 물을 담았을까요?

풀이 $\dfrac{3}{14} < \dfrac{6}{14}$

답 민영

38 소연, 소이, 도헌이는 물을 각각 $\dfrac{2}{9}$, $\dfrac{4}{9}$, $\dfrac{3}{9}$ 을 마셨습니다. 누가 가장 많은 물을 마셨을까요?

풀이 $\dfrac{2}{9} < \dfrac{3}{9} < \dfrac{4}{9}$

답 소이

39 현정이는 케이크 $\dfrac{1}{6}$ 조각을, 아연이는 $\dfrac{1}{7}$ 조각을 먹었습니다. 누가 더 많은 케이크을 먹었는지 구하세요.

풀이 $\dfrac{1}{6} > \dfrac{1}{7}$

답 현정

40 수박을 윤섭, 미선, 현아가 각각 $\dfrac{1}{5}$, $\dfrac{1}{2}$, $\dfrac{1}{4}$ 씩 먹었습니다. 누가 가장 많이 먹었을까요?

풀이 $\dfrac{1}{2} > \dfrac{1}{4} > \dfrac{1}{5}$

답 미선

연마 Check 칭찬이나 노력할 점을 써 주세요.

맞힌 개수	지도 의견	
개	나의 생각	확인란

소수와 분수의 크기 비교

월   일

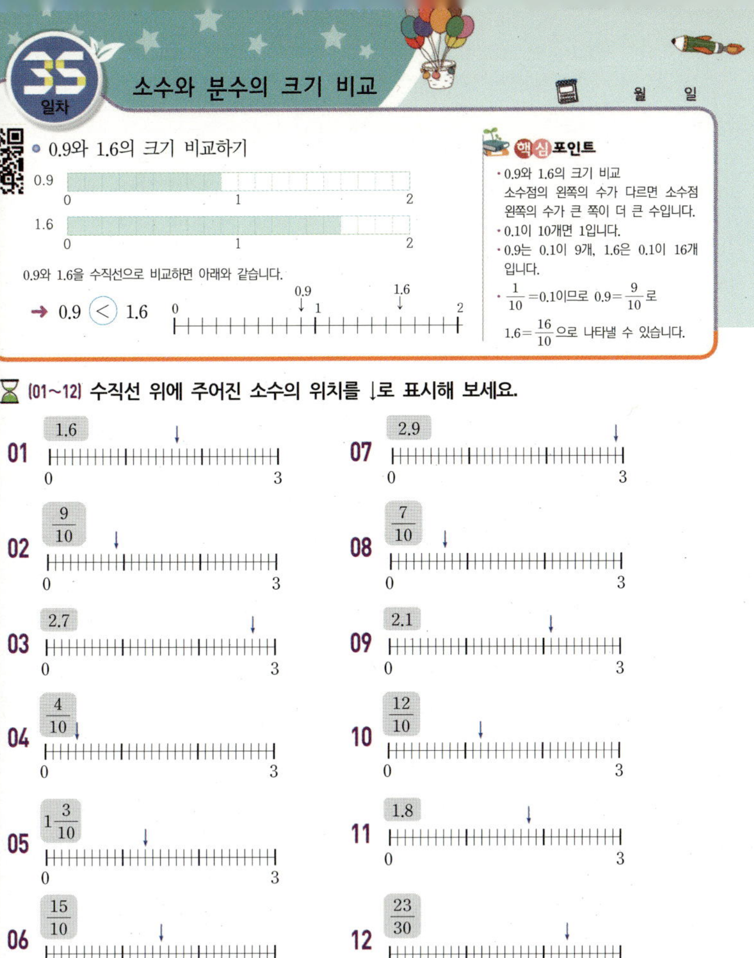

핵심포인트
- 0.9와 1.6의 크기 비교
  소수점의 왼쪽의 수가 다르면 소수점 왼쪽의 수가 큰 쪽이 더 큰 수입니다.
- 0.1이 10개면 1입니다.
- 0.9는 0.1이 9개, 1.6은 0.1이 16개 입니다.
- $\frac{1}{10}$ =0.1이므로 0.9는 $\frac{9}{10}$ 로 1.6은 $\frac{16}{10}$ 으로 나타낼 수 있습니다.

[01~12] 수직선 위에 주어진 소수의 위치를 ↓로 표시해 보세요.

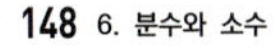
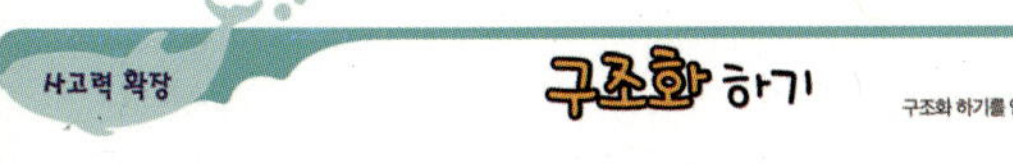

01 1.6 | 0 ———— 3
02 $\frac{9}{10}$ | 0 ———— 3
03 2.7 | 0 ———— 3
04 $\frac{4}{10}$ | 0 ———— 3
05 $1\frac{3}{10}$ | 0 ———— 3
06 $\frac{15}{10}$ | 0 ———— 3

07 2.9 | 0 ———— 3
08 $\frac{7}{10}$ | 0 ———— 3
09 2.1 | 0 ———— 3
10 $\frac{12}{10}$ | 0 ———— 3
11 1.8 | 0 ———— 3
12 $\frac{23}{30}$ | 0 ———— 3

계산력 강화하기

정확하게 풀어보아요

[13~33] 두 소수의 크기를 비교하여 ○안에 >, =, <를 알맞게 써넣으세요.

13 0.2 < 0.7
14 1.9 > 1.5
15 1.4 < 1.7
16 0.5 < 2.1
17 1.6 < 2.5
18 2.9 < 6.3
19 3.7 > 1.2

20 0.3 < 0.7
21 2.4 < 2.7
22 2.8 > 2.2
23 5.4 > 1.9
24 0.3 < 1.2
25 1.8 < 2.2
26 4.7 > 3.2

27 1.1 < 1.5
28 0.4 < 0.8
29 2.2 < 4.1
30 0.6 < 1.8
31 5.8 > 1.4
32 0.4 < 1.6
33 0.2 < 1.1

구조화 하기

사고력 확장

구조화 하기를 연습하면 서술형도 쉽게 풀어요

[34~37] 3.1보다 작은 수를 찾아 모두 ○표하세요.

34 (0.9) 4.8 3.9 ($\frac{7}{10}$)

35 삼점사 (이점오) 3.7 (영점팔)

36 ($\frac{6}{10}$) 팔점구 7.3 (이점이)

37 0.1이 41개인 수 (0.1이 30개인 수) $\frac{1}{10}$ 이 38개인 수 ($\frac{1}{10}$ 이 28개인 수)

[38~41] 0.1이 65개인 수보다 큰 수에 ○표하세요.

38 (7.1) (9.3) 팔점칠 $\frac{1}{10}$ 이 58개인 수

39 사점팔 5.9 (19) ($\frac{1}{10}$ 이 70개인 수)

40 5 (육점칠) 0.1이 57개인 수 ($\frac{1}{10}$ 이 81개인 수)

41 (9.1) (칠점사) 1.1 0.1이 29개인 수

[42~46] 다음 수를 분수와 소수로 나타내 보세요.

42 0.1이 7개인 수

분수	소수
$\frac{7}{10}$	0.7

43 $\frac{1}{10}$ 이 83개인 수

분수	소수
$\frac{83}{10}$	8.3

44 0.1이 11개인 수

분수	소수
$\frac{11}{10}$	1.1

45 영점일이 49개인 수

분수	소수
$\frac{49}{10}$	4.9

46 $\frac{1}{10}$ 이 13개인 수

분수	소수
$\frac{13}{10}$	1.3

서술형 풀어보기

사고력 확장

구조화 해서 풀어보아요

47 민재의 가방은 2.2 kg 이었고, 수아의 가방은 1.4 kg이었습니다. 누구의 가방이 더 무거울까요?

풀이과정

(1) 민재의 가방은 2.2 kg입니다.
(2) 수아의 가방은 1.4 kg입니다.
(3) 2.2 > 1.4 이므로 민재의 가방이 더 무겁습니다.

2.2는 0.1이 22 개입니다.
1.4는 0.1이 14 개입니다.

[48~51] 풀이과정을 쓰고 답을 구하세요.

48 민주는 0.2 L의 물을 마셨고, 민아는 0.6 L의 물을 마셨습니다. 누가 더 많은 물을 마셨을까요?

풀이 0.2 < 0.6
답 민아

49 도희의 컵에는 0.9 L의 물이 들어있고, 승아의 컵에는 $\frac{7}{10}$ L의 물이 들어있습니다. 누구 쪽의 물이 더 많을까요?

풀이 $\frac{7}{10}$ =0.7, 0.9>0.7
답 도희

50 형민이는 1.5 m의 끈을 가지고 있고, 소영이는 1.4 m의 끈을 가지고 있습니다. 누구의 끈이 더 길까요?

풀이 1.5>1.4
답 형민

51 2.1 kg의 책가방과 0.1 kg의 빵 19개 가운데 더 무거운 것은 무엇일까요?

풀이 0.1이 19개 → 1.9, 2.1>1.9
답 책가방

연마 Check   칭찬이나 노력할 점을 써 주세요.

맞힌 개수	지도 의견	확인란
개	나의 생각	

연산마스터
계산력 강화

초등
3-1

5권

총평